Antje Burak

Eine prozessorientierte landschaftsökologische Gliederung Deutschlands

Ein konzeptioneller und methodischer Beitrag
zur Typisierung von Landschaften in chorischer Dimension

FORSCHUNGEN ZUR DEUTSCHEN LANDESKUNDE

Herausgegeben im Auftrag
der Deutschen Akademie für Landeskunde e. V.
von Otfried Baume, Alois Mayr, Jürgen Pohl
und
Manfred J. Müller (†) (federführend)

Als Dissertationsschrift an der Fakultät für Geowissenschaften
der Ruhr-Universität Bochum angenommen.

FORSCHUNGEN ZUR DEUTSCHEN LANDESKUNDE

Band 254

Antje Burak

Eine prozessorientierte landschaftsökologische Gliederung Deutschlands

Ein konzeptioneller und methodischer Beitrag
zur Typisierung von Landschaften in chorischer Dimension

2005

Deutsche Akademie für Landeskunde, Selbstverlag,

24943 Flensburg

Zuschriften, die die Forschungen zur deutschen Landeskunde betreffen, sind zu richten an:

Prof. Dr. Otfried Baume
Lehrstuhl für Geographie und Landschaftsökologie
Universität München
Luisenstraße 37
80333 München

Geographisches Institut
der Universität Kiel
ausgesonderte Dublette

Inv.-Nr. A 18 294

Titelbild: Darstellung eines zusammenhängenden Raumausschnittes Deutschlands (Bildmittelpunkt: Weserbergland) über vier aneinandergrenzende Räume, die über thematisch unterschiedliche Raumtypen dargestellt werden (o.l.: Kopplungstypen; o.r.: Reliefabhängige Hydromorphieflächentypen; u.r.: Typen des klimaabhängigen Wasserangebots; u.l.: Typen der Stoffhaushaltsbeeinflussung). Datengrundlagen und Ableitung der Raumtypen: s. Kap. 4.1 und 4.5.

ISBN: 3-88143-075-X
Alle Rechte vorbehalten
EDV-Bearbeitung von Text, Graphik und Druckvorstufe: Antje Burak
Druck: Clasen Druck, Flensburg
Druck der Kartenbeilage: Landesvermessungsamt Schleswig-Holstein, Kiel

INHALTSVERZEICHNIS

Inhaltsverzeichnis..5
Verzeichnis der Abbildungen...8
Verzeichnis der Tabellen..11
Verzeichnis der Karten..12
Vorwort...14

1	EINLEITUNG...15	
1.1	Problemstellung... 15	
1.2	Entwicklung landschaftsökologischer Raumgliederungen in Deutschland...17	
1.3	Zielsetzung und Aufbau der Arbeit................................22	
2	THEORETISCHE UND METHODISCHE GRUNDLAGEN ZUR TYPISIERUNG VON LANDSCHAFTEN IN CHORISCHER DIMENSION...25	
2.1	Landschaften und Landschaftshierarchien.....................25	
2.1.1	Landschaft: landschaftsökologische Definition und Eigenschaften..26	
2.1.2	Landschaftshierarchien und geographische Dimensionen............27	
2.1.3	Schlussfolgerungen.. 31	
2.2	Landschaftstrukturen und Landschaftsprozesse............31	
2.2.1	Vertikale Strukturen und Prozesse.................................32	
2.2.2	Horizontale Strukturen und Prozesse.............................34	
2.2.3	Kennzeichnung von Landschaftsstrukturen in chorischer Dimension.. 37	
2.2.4	Schlussfolgerungen.. 39	
2.3	Ansätze zur hierarchischen Landschaftsgliederung......40	
2.3.1	Holistischer Ansatz... 40	
2.3.2	Komplex-analytischer Ansatz..41	
2.3.3	Schlussfolgerungen.. 46	
2.4	Zum Einsatz von GIS und Verfahren der digitalen Bildverarbeitung zur Landschaftsklassifikation und Landschaftsgliederung .. 46	

3	KONZEPTION UND METHODIK FÜR EINE PROZESS-ORIENTIERTE LANDSCHAFTSÖKOLOGISCHE GLIEDERUNG IN CHORISCHER DIMENSION	49
3.1	Ziel und Grundzüge des Modells der landschaftsökologischen Prozessgefüge	49
3.1.1	Bedeutung des Bodenwassers und der Flächennutzung für das Modell der landschaftsökologischen Prozessgefüge	52
3.1.1.1	Die Erscheinungsform des Bodenwassers	52
3.1.1.2	Die Flächennutzung als Indikator für die Art und Intensität der anthropogenen Beeinflussung des Stoffhaushaltes	57
3.1.2	Hierarchischer Aufbau	61
3.1.2.1	Prozessgefüge-Haupttyp	62
3.1.2.2	Prozessgefüge-Typ	63
3.1.2.3	Prozessgefüge-Subtyp	64
3.2	Anpassung des Modells der Prozessgefüge an die chorische Dimension	64
3.2.1	Landschaftshaushaltliche Bedeutung des Reliefs in chorischer Dimension und Parametrisierung von Kopplungstypen	66
3.2.2	Ableitung Hydrodynamischer Grundtypen in chorischer Dimension und Bildung von Hydromorphieflächentypen	74
3.2.3	Ableitung der Art, Intensität, Stetigkeit und Periodizität der anthropogenen Beeinflussung der Stoffdynamik: Typen der Stoffhaushaltsbeeinflusung	79
3.2.4	Bildung von Prozessgefüge-Haupttypen über Prozessgefüge-Grundtypen	81
3.2.4.1	Bildung von Prozessgefüge-Grundtypen	81
3.2.4.2	Mosaikanalyse	82
3.2.4.3	Zusammenfassung von Prozessgefüge-Grundtypen zu Prozessgefüge-Haupttypen (Mosaiktypbildung)	88
3.2.5	Bildung von Prozessgefüge-Typen	89
4	GIS-GESTÜTZTE UMSETZUNG DES KONZEPTS FÜR DEUTSCHLAND	91
4.1	Datengrundlagen	91
4.1.1	Digitales Höhenmodell (DHM)	92
4.1.2	Digitale Bodenübersichtskarte 1 : 1 Mio (BÜK 1000)	93
4.1.3	Daten zur Bodenbedeckung (Corine Land Cover)	93
4.1.4	Digitale Klimadaten: Klimatische Wasserbilanz (1961-1990)	94
4.2	Eingesetzte Software	94

4.3	Ablaufschema: Arbeitsschritte..94	
4.4	Darstellung der erzeugten Karten in analoger wie digitaler Form..96	
4.5	Ableitung und Typisierung der Modelleingangsgrößen zur Bildung von Prozessgefüge-Grundtypen.. 97	
4.5.1	Modelleingangsgröße „Kopplungstyp".. 98	
4.5.1.1	Berechnung und Klassifizierung der Geländeneigung und der Reliefenergie..99	
4.5.1.2	Bildung von Relieftypen über Geländeneigung und Reliefenergie 101	
4.5.1.3	Ableitung und Definition von Kopplungstypen........................... 105	
4.5.2	Modelleingangsgröße „Hydromorphieflächentyp".....................117	
4.5.2.1	Ableitung Hydrodynamischer Grundtypen und Bildung Reliefunabhängiger Hydromorphieflächentypen 118	
4.5.2.2	Ableitung Reliefabhängiger Hydromorphieflächentypen...........119	
4.5.3	Modelleingangsgröße „Typ der Stoffhaushaltsbeeinflussung".. 123	
4.6	Bildung von Prozessgefüge-Grundtypen 127	
4.7	Mosaikanalyse und Mosaiktypbildung auf der Grundlage von Prozessgefüge-Grundtyp-Arealen 130	
4.7.1	Inhaltlicher Ausschluss ausgewählter Prozessgefüge-Grundtypen von der Mosaikanalyse.. 130	
4.7.2	Programmentwicklung und Bildung von Mosaiktypen bei verschiedenen Schwellenwerten.. 132	
4.7.3	Vergleich der Ergebnisse der Mosaiktypbildungen (Sensitivitätsanalyse)... 136	
4.7.4	Festlegung eines Schwellenwertes für die Definition von Prozessgefüge-Haupttypen.. 147	
4.8	Prozessgefüge-Haupttypen als Ergebnis der Mosaikanalyse......148	
4.8.1	Inhaltliche und raumstrukturelle Kennzeichnung der Prozessgefüge-Haupttypen.. 150	
4.8.2	Legendenaufbau und Kartendarstellung der Prozessgefüge-Haupttypen.. 154	
4.8.3	Beispiele für die Interpretation von Prozessgefüge-Haupttypen..156	
4.9	Bildung von Prozessgefüge-Typen..158	
4.9.1	Ableitung und Typisierung der Modelleingangsgröße zur Bildung von Prozessgefüge-Typen: Typen des klimaabhängigen Wasserangebots.. 159	

4.9.2	Bildung von Prozessgefüge-Typen durch Kombination der Prozessgefüge-Haupttypen mit Typen des klimaabhängigen Wasserangebots	161
4.9.3	Legendenaufbau und Kennzeichnung der Prozessgefüge-Typen	162
5	DISKUSSION	163
6	ANWENDUNGSASPEKTE UND ÜBERTRAGBARKEIT	179

ZUSAMMENFASSUNG ... 181

LITERATURVERZEICHNIS ... 185

ANHANG ... 203

KARTENANHANG ... 226

KARTENBEILAGE

ANLAGE (CD-ROM)

VERZEICHNIS DER ABBILDUNGEN

Abb. 1	Aufbau der Arbeit	24
Abb. 2	Homogenität und Heterogenität von Landschaftsräumen	28
Abb. 3	Raumzeitliche Hierarchien von landschaftsökologischen Prozessen	29
Abb. 4	Vertikalstruktur der Landschaft	33
Abb. 5	Grundvorstellungen zur Transformation vertikaler in laterale Wasserflüsse	34
Abb. 6	Tope als Grundbausteine heterogener Raumeinheiten	35
Abb. 7	Zusammenhang zwischen der hierarchischen Abfolge von landschaftlichen Teilkomplexen und dem Vorgehen zur Landschaftsgliederung nach holistischem Ansatz	41
Abb. 8	Bildung von Raumtypen durch Kombination typisierter landschaftlicher Teilkomplexe und Aggregierung nach regelhafter räumlicher Anordnung ihrer Areale (Mosaiktypbildung)	42
Abb. 9	Erfassungsmethodik chorischer Raumeinheiten	43
Abb. 10	Schema des Nitrateintrags ins Grundwasser als Beispiel für die Verlagerung von Stoffen in und aus dem Boden	51

Abb. 11 Darstellung der Hierarchie und der Einflussgrößen von landschaftsökologischen Prozessgefügen nach Zepp (1999, S. 452) sowie des Raumgliederungsprinzips über landschaftsökologische Prozessgefüge.. 62
Abb. 12 Einflussgrößen für den Prozessgefüge-Typ........................... 63
Abb. 13 Darstellung der Hierarchie und der Einflussgrößen von landschaftsökologischen Prozessgefügen in chorischer Dimension sowie des Raumgliederungsprinzips... 65
Abb. 14 Regelfunktion des Reliefs nach Kugler (1974)............................ 67
Abb. 15 Beispiel für die Kopplung von Flächen über Wasserflüsse.......... 68
Abb. 16 Kopplungstypen nach Haase et al. (1991d).............................. 70
Abb. 17 Berechnung der einseitigen Konfinität für zwei Typen (A, B) mit jeweils einem Areal... 84
Abb. 18 Rasterzellenbasierte Zählung von Nachbarschaftskontakten im Moving-Window-Verfahren und Aufbau einer Matrix der Nachbarschaftskontakte.. 86
Abb. 19 Beispiel für drei unterschiedliche Arten zur Bestimmung gemeinsamer Grenzkontakte bzw. Grenzlängen zwischen 2 Arealen.. 86
Abb. 20 Prinzip der Verkettung von Grundtyppaaren über gemeinsame Grundtypen.. 89
Abb. 21 Arbeitsschritte zur Bildung von Prozessgefüge-Haupttypen und -Typen in chorischer Dimension.. 95
Abb. 22 Bildung von Prozessgefüge-Grundtypen durch Kombination der Grids der Modelleingangsgrößen Kopplungstyp, Reliefabhängiger Hydromorphieflächentyp und Typ der Stoffhaushaltsbeeinflussung.. 97
Abb. 23 Verfahrensschritte zur Ableitung von Kopplungstypen für Deutschland.. 99
Abb. 24 Lage der Höhenprofile zu den Kopplungstypen A, C, D, E, F, G und H...106
Abb. 25 Beispielhöhenprofil des Kopplungstyps A............................... 108
Abb. 26 Beispielhöhenprofile der Kopplungstypen C und D................. 109
Abb. 27 Beispielhöhenprofile für die Kopplungstypen E und F............. 111
Abb. 28 Beispielhöhenprofil des Kopplungstyps G............................... 112
Abb. 29 Beispielhöhenprofile des Kopplungstyps H..............................113
Abb. 30 Fließdiagramm zur Ableitung von Reliefunabhängigen und Reliefabhängigen Hydromorphieflächentypen............................. 118

Abb. 31 Flächenanteile (in %) der Reliefabhängigen Hydromorphieflächentypen an der Fläche Deutschlands (inkl. Watt)............... 123

Abb. 32 Unterscheidung von Mosaiktypen in Mono- und Polytypen nach der Mosaiktypbildung... 135

Abb. 33 Beispiel für die Reklassifikation von Grundtypen durch Nummern der gebildeten Mosaiktypen...................................... 135

Abb. 34 Entwicklung der Anzahl von Mosaiktypen, Mono- und Polytypen bei verschiedenen Schwellenwerten......................... 137

Abb. 35 Entwicklung der Häufigkeiten von Polytypen aus 2 bis 4 Grundtypen bei Schwellenwerten zwischen 0 und 0,4............... 138

Abb. 36 Beispiel für ein Dendrogramm zur Darstellung der Zusammensetzung von Mosaiktypen über Prozessgefüge-Grundtypen....... 139

Abb. 37 Anzahl von Mosaiktypen bei unterschiedlichen Schwellenwerten, separiert nach Heterogenitätskriterien............................ 140

Abb. 38 Durch Areale von Polytypen bei Schwellenwerten zwischen 0 und 1 eingenommenen Anteile an der Analyse-Fläche........... 142

Abb. 39 Entwicklung der Gesamtanzahl aller sowie der fragmentierten Mosaiktypenareale bei unterschiedlichen Schwellenwerten...... 143

Abb. 40 Entwicklung der Anteile an der Analyse-Fläche, die durch fragmentierte Areale eingenommen werden............................... 144

Abb. 41 Darstellung der Grundtypenareale im Beispielraum „nördliches Nordrhein-Westfalen/Südniedersachsen"................. 145

Abb. 42 Darstellung der Mosaiktypareale bei Schwellenwert 0,2 im Beispielraum „nördliches Nordrhein-Westfalen/ Südniedersachsen"... 145

Abb. 43 Darstellung der Mosaiktypareale bei Schwellenwert 0,1 im Beispielraum „nördliches Nordrhein-Westfalen/ Südniedersachsen"... 146

Abb. 44 Darstellung der Mosaiktypareale bei Schwellenwert 0 im Beispielraum „nördliches Nordrhein-Westfalen/ Südniedersachsen"... 146

Abb. 45 Zunehmendes Abstraktions- und Assoziierungsniveau der Mosaiktypen mit kleiner werdendem Schwellenwert............... 147

Abb. 46 Aufbau der zu Karte 18 und zur Kartenbeilage gehördenden Legende.. 155

Abb. 47 Zusammenstellung unterschiedlicher Klasseneinteilungen von Karten mit Darstellungen der mittleren jährlichen klimatischen Wasserbilanz (mm/Jahr) in Deutschland............. 160

VERZEICHNIS DER TABELLEN

Tab. 1 Informationsgehalt von Grundlagendaten für die chorische Landschaftsordnung in bezug auf Inventar und Mosaik nach Detailstufen.. 45

Tab. 2 Hydrodynamische Grundtypen nach Zepp (1999, S. 141)........... 54

Tab. 3 Ableitung vorherrschender, bodenwassergebundener Prozessrichtungen sowie des vorherrschenden hydrochemischen Milieus aus den Hydrodynamischen Grundtypen........................ 56

Tab. 4 Kategorien der Art, Intensität, Stetigkeit und Periodizität der anthropo-zoogenen Beeinflussung der standörtlichen Stoffdynamik.. 60

Tab. 5 Beziehungen zwischen dem hierarchischen Relieftyp, dem Reliefparameter und der Größe des Berechnungsbezugsraumes...... 71

Tab. 6 Prinzip der Kennzeichnung von Kopplungstypen über Reliefenergie und Hangneigung.. 73

Tab. 7 Ableitung des Hydrodynamischen Grundtyps aus dem Bodentyp (unter Berücksichtigung von Subtypen)...................... 75

Tab. 8 Berücksichtigung verbaler Angaben zum Bodenfeuchteregime zur Ableitung des Hydrodynamischen Grundtyps aus einem Leitbodentyp am Beispiel der Langlegende der Bodengesellschaftseinheiten der Bodenübersichtskarte 1 : 1 Mio.............................. 76

Tab. 9 Kennzeichnung der anthropogenen Stoffdynamik von Bodenbedeckungen/Landnutzungen in Deutschland................................ 79

Tab. 10 Beispiel für die Kennzeichnung von Prozessgefüge-Grundtypen über Kopplungstyp, Reliefabhängigem Hydromorphieflächentyp und Typ der Stoffhaushaltsbeeinflussung.............................. 82

Tab. 11 Grenzkontakthäufigkeiten zwischen den Arealen der Prozessgefüge-Grundtypen A und B in Abb. 19.. 87

Tab. 12 Vergleich von Vektor- und Rasterdaten bezüglich ausgewählter Prozeduren... 92

Tab. 13 Geländeneigungen in Deutschland.. 100

Tab. 14 Klassifikation der Reliefenergie (m/4,41 km^2) und Flächenanteile der Klassen an der Fläche Deutschlands........................ 101

Tab. 15 Cluster auf Grundlage der Reliefenergie und der Geländeneigung sowie ihre Flächenanteile in Deutschland.....................102

Tab. 16 Zusammenfassung der 13 Cluster (vgl. Tab. 15) zu 6 Relieftypen in Anlehnung an Reliefenergieklassen (s. Tab. 14) und nach räumlichen Kriterien..104

Tab. 17 Flächenanteile der Reliefenergieklassen innerhalb der Relieftypen...104

Tab. 18 Flächenanteile der Geländeneigungsklassen innerhalb der Relieftypen..................105

Tab. 19 Geomorphometrische Eigenschaften des Kopplungstyps A.......107

Tab. 20 Geomorphometrische Eigenschaften der Kopplungstypen C und D..................109

Tab. 21 Geomorphometrische Eigenschaften der Kopplungstypen E und F..................110

Tab. 22 Geomorphometrische Eigenschaften des Kopplungstyps G.......112

Tab. 23 Geomorphometrische Eigenschaften des Kopplungstyps H.......113

Tab. 24 Geomorphometrische Eigenschaften der Kopplungstypen I, J und K..................114

Tab. 25 Differenzierungskriterien der 6 Relieftypen zur Ableitung von 11 Kopplungstypen..................115

Tab. 26 Zusammenfassender Überblick über die Kopplungstypen..........116

Tab. 27 Auflistung und Erläuterung aller aus der Bodenübersichtskarte (BÜK1000) abgeleiteten Reliefunabhängigen Hydromorphieflächentypen..................118

Tab. 28 Reliefabhängige Hydromorphieflächentypen.............121

Tab. 29 Typen der Stoffhaushaltsbeeinflussung für Deutschland..........124

Tab. 30 Reihenfolge der Code-Zusammensetzung zur Kennzeichnung eines Prozessgefüge-Grundtyps..................128

Tab. 31 Prozessgefüge-Grundtypen, die mehr als 1 % der Fläche Deutschlands einnehmen..................128

Tab. 32 Statistische Kennzeichnung der Areale der in die Mosaikanalyse eingehenden Modellgrößen sowie der Analyse-Grundtypen..................132

Tab. 33 Ausschnitt aus einer Konfinitätsmatrix (ohne Berücksichtigung von Autokontakten)..................133

Tab. 34 Anteil der Grundtyppaare mit unterschiedlichen ranghöchsten Konfinitätswerten..................136

Tab. 35 Klassifizierung der Klimatischen Wasserbilanz, Anteile der Klassen an der Fläche Deutschlands mit Watt und Typen des klimaabhängigen Wasserangebots und der Intensität der Bodenwasserflüsse..................159

VERZEICHNIS DER KARTEN (KARTENANHANG)

Karte 1 Geländeneigungen (Grad)..................227
Karte 2 Reliefenergie (m/0,81 km^2)..................228
Karte 3 Reliefenergie (m/2,89 km^2)..................229

Karte 4   Reliefenergie (m/4,41 km^2)..230
Karte 5   Reliefenergie (m/9,61 km^2)..231
Karte 6   Reliefenergie (m/26,01 km^2)..232
Karte 7   Kombinationen aus Reliefenergieklassen (m/4,41 km^2,
          Karte 3) und Geländeneigungsklassen (Karte 1)...................... 233
Karte 8   Cluster auf Grundlage von Reliefenergie (m/4,41 km^2)
          und von Geländeneigung (Grad)..234
Karte 9   Relieftypen nach manueller Zusammenfassung von Clustern....235
Karte 10 Kopplungstypen..236
Karte 11 Reliefunabhängige Hydromorphieflächentypen (nach
          Ableitung Hydrodynamischer Grundtypen aus BÜK1000)........237
Karte 12 Flächen mit und ohne Bodenartenschichtung
          (abgeleitet aus BÜK1000)..238
Karte 13 Flächen mit und ohne Bedingungen zur Interflowbildung
          (abgeleitet unter Berücksichtigung der Bodenartenschichtung
          und der Kopplungstypen, Karte 12 und 10)............................239
Karte 14 Reliefabhängige Hydromorphieflächentypen........................... 240
Karte 15 Typen der Stoffhaushaltsbeeinflussung...................................241
Karte 16 Prozessgefüge-Grundtypen...242
Karte 17 Analyse-Grundtypen (nach Ausschluss landschaftsökologisch
          bedeutsamer und ubiquitärer Grundtypen)............................... 243
Karte 18 Prozessgefüge-Haupttypen (nach Filterung von
          Arealen < 400 ha)... 244
Karte 19 Gruppen von Prozessgefüge-Haupttypen 245
Karte 20 Typen des klimaabhängigen Wasserangebots und der Intensität
          der Bodenwasserflüsse (Grundlage: Klimatische Wasserbilanz
          1961-1990)..246
Karte 21 Prozessgefüge-Typen... 247
Karte 22 Gruppen der Naturräumlichen Haupteinheiten und Natur-
          räumliche Haupteinheiten..248
Karte 23 Ergebnis der Mosaiktypenbildung bei Schwellenwert 0 auf
          Grundlage der Kombination der Analyse-Grundtypen
          (Karte 17) und der Typen des klimaabhängigen Wasser-
          angebots (Karte 20)..249

VORWORT

Der vorliegende Band stellt mit wenigen Änderungen meine Dissertationsschrift dar, die im Mai 2004 an der Fakultät für Geowissenschaften der Ruhr-Universität Bochum angenommen wurde. Für die Aufnahme der Arbeit in die Forschungen zur deutschen Landeskunde bin ich der Deutschen Akademie für Landeskunde dankbar.

Die Arbeit entstand unter der Betreuung von Herrn Prof. Dr. Harald Zepp. Ihm danke ich besonders für seinen kritischen, stets respektvollen Umgang mit den Arbeitsergebnissen, seine Denkanstöße sowie sein großes Ver- und Zutrauen. Das zeitaufwendige Verfassen vieler Gutachten und sein Engagement bei der Beschaffung der Daten hat es mir erst ermöglicht diese Arbeit zu realisieren. In diesem Zusammenhang gilt mein Dank auch Herrn Prof. Dr. Heribert Fleer, Herrn Prof. em. Dr. Herbert Liedtke, dem Institut für Länderkunde, der Bundesanstalt für Geowissenschaften und Rohstoffe und dem Land Nordrhein-Westfalen.

Bedeutenden Anteil an der Arbeit hat Frau Prof. Dr. Uta Steinhardt genommen, die die Entstehung der Arbeit von einem frühen Zeitpunkt an begleitet und mich durch ihr fachliches Interesse immer stark motiviert hat; zuletzt hat sie die Begutachtung mit übernommen. Für all dies danke ich ihr sehr.

Viele weitere Menschen haben mich fachlich wie menschlich unterstützt. All jenen gilt mein herzlichster Dank: Herr Dr. Ralf-Uwe Syrbe hat mir vor allem zu Beginn der Arbeit wertvolle fachliche Anregungen gegeben. Herr Dr. Stefan Böcker hat MOSAIK programmiert und mit mir weiterentwickelt, womit er mir eine große Hilfe war. Den Grundstein für MOSAIK hat Herr Denis Pasek gelegt. Bei GIS-spezifischen Problemen stand mir Herr Dr. Stefan Waluga jederzeit hilfsbereit und hilfreich zur Seite, ebenso wie Herr Dr. Johannes Flacke, Herr Axel Wehrmann und Herr Alexander Thimm. Herr Peter Knapp und sein Team haben mich EDV-technisch, Herr Ralf Wieland und Frau Sylvia Steinert mit der Zeichnung von Abbildungen und mit ihrer Hilfe und Beratung bei der Fertigstellung der beiliegenden Karte sehr unterstützt. Das zeitaufwendige Korrekturlesen hat vor allem Herr Dr. Stefan Harnischmacher übernommen; ein herzlicher Dank für die vielen Gespräche, die ständige Diskussionsbereitschaft und die moralische Unterstützung während der Entstehungszeit der Arbeit! Dieser Dank geht ebenso an alle meine Kolleginnen und Kollegen, insbesondere an Frau Kathrin Weiß, Frau Kerstin Schäfer und Herrn Dr. Peter Chifflard. Herrn Hans Clausen und Frau Michaela Becker danke ich für ihre Hilfe bei der Drucklegung.

Außerhalb des universitären Alltags haben mich Hajo Nast, meine Eltern und meine Freunde liebevoll ge- und ertragen, wofür ich allen zutiefst danke.

Bochum, im Oktober 2005

1 EINLEITUNG

1.1 PROBLEMSTELLUNG

Das Ziel von landschaftsökologischen Raumgliederungen ist die Erfassung, Abgrenzung und Kennzeichnung von Landschaftsökosystemen nach ihrer Struktur und ihres Landschaftshaushalts zu einem bestimmten Zeitpunkt. Ihr Zweck liegt in der wissenschaftlichen Erkenntnis und in ihrer Eignung als Grundlage für die Erarbeitung von Planungsmaßnahmen im Hinblick auf eine nachhaltige Nutzung der Landschaft.

Planungen sollen negative Umweltveränderungen, die sich aus der Nutzung der Landschaft ergeben, möglichst vermeiden oder minimieren. Da Umweltveränderungen mit Prozessen verbunden sind, die unterschiedlich schnell ablaufen und deren Auswirkungen z. T. erst viel später *„plötzlich"* erkannt werden (Lechtenbörger 2001, S. 1), müssen Veränderungen über lange Zeiträume beobachtet werden und die Zusammenhänge zwischen Strukturen und Prozessen erkannt werden, um auf Landschaftsveränderungen schließen zu können. Dabei müssen diese Zusammenhänge auch für größere Räume erkannt werden, denn Umweltveränderungen reichen weit über die lokale Ebene hinaus (z. B. großräumige Grundwasserabsenkungen, extreme Hochwasserereignisse, Desertifikation). Um *„ökologische Bedingungen, Risiken und Nutzungseignungen"* in größeren Räumen erfassen und bewerten zu können, sind neue Ansätze erforderlich (Volk & Steinhardt 1999, S. 11). Neben der Frage nach geeigneten Parametern und Indikatoren zur Erfassung von Prozessen, Funktionen und Landschaftszuständen stellt sich das Problem der Definition größerer Bezugsräume, für die Szenarien und Leitbilder im Hinblick auf eine naturverträgliche und nachhaltige Nutzung und Entwicklung entworfen werden können. Nach Mosimann (1993, S. 356) *„verlangen die Planungs- und Umweltschutzpraxis vielfältige und möglichst aktuelle Aussagen zu ökologischen Zuständen, Prozessen und Funktionszusammenhängen in der Landschaft. Die dabei für die Praxis geforderte einfache Durchschaubarkeit klar nachvollziehbarer Einzelaussagen schließt eine zunehmende Komplexität der dahintersteckenden Verfahren nicht aus"*. Planungen zukünftiger Entwicklungen sind nur über die Erfassung und Bewertung von Strukturen und Prozessen *„in ihrer Bedeutung und in ihrer Stellung innerhalb des gesamten Raumes als Bestandteil eines integrierten Systems"* möglich (Volk & Steinhardt 1999, S. 11). Deshalb bieten sich als Bezugsräume weder administrative noch naturräumliche Raumeinheiten an: administrative Raumeinheiten stimmen nicht mit landschaftsökologisch definierten überein, bei der Abgrenzung naturräumlicher Raumeinheiten werden landschaftsökologische Prozesse und deren Beeinflussung oder gar Steuerung durch den Menschen nicht berücksichtigt.

Bezugsräume, die auf der Grundlage der prozessorientierten Arbeitsansätze von Mosimann (1990) und Zepp (1991c, 1999) erstellt werden, stellen eine Lösung dieses Problems dar: Prozesse werden für die Klassifikation und Typisierung von Landschaften in den Mittelpunkt gerückt. Zepp (1991c, 1999) bezieht in seinem Modell der landschaftsökologischen Prozessgefüge zudem explizit die anthropogene Beeinflussung des Stoffhaushaltes ein. Somit ist es auf dieser Grundlage möglich, inhaltlich begründet und nachvollziehbar Bezugsräume abzugrenzen, diese haushaltlich-prozessual zu kennzeichnen und darauf aufbauend Prognoseszenarien abzuleiten, *„die schließlich auch für die Entwicklung von Leitbildern im Rahmen der Raum- und Landschaftsplanung eingesetzt werden können"* (Dollinger 2002, S. 167). Ein Beispiel stellen die landschaftsökologisch begründeten Landschaftsleitbilder[1] von Mosimann et al. (2001) sowie von Klug (2000) dar.

Die Umsetzung prozessorientierter Klassifikationen erfolgte bislang nur auf topischer (vgl. Duttmann 1993, Bräker 2000, Zepp 1991b, Burak 1998) oder mikrochorischer Ebene (vgl. Menz 2001, Laux & Zepp 1997). Für eine Anwendung dieser Konzepte auf größere Räume fehlten bisher sowohl ein entsprechend angepasstes Konzept, in dem heterogene Strukturen eines größeren Raumes erfasst werden, als auch eine Methodik zur Umsetzung. Mit der Schaffung großräumiger Bezugsräume sind seit langem methodische Probleme verbunden, da die vertikale wie horizontale Landschaftsstruktur sowie die vertikal und lateral gerichteten Prozesse erfasst werden müssen. Einige Arbeiten tragen jedoch zur Lösung eines Teils der Probleme bei (vgl. Dollinger 1998, 2002, Garten 1976, Knothe 1987, Syrbe 1993, Haase et al. 1991d, Haase & Mannsfeld 2002). Hier sind vor allem die Arbeiten von Haase et al. (1991d) zu nennen, die sich mit der expliziten Einbeziehung der räumlichen Dimension und den mit dem Dimensionswechsel verbundenen Merkmals- und Parameteränderungen beschäftigen. Für Sachsen wurde auf Grundlage der Erkenntnisse des Autorenkollektivs ein umfassendes Kartenwerk im Maßstab 1 : 50 000 erarbeitet (vgl. Haase & Mannsfeld 2002): Chorische Raumeinheiten werden gebildet, abgegrenzt, typisiert und bewertet. Zusätzlich wird eine Methode vorgestellt, mit deren Hilfe landschaftsökologische Leitbilder für diese Raumeinheiten entwickelt werden können. Die Umsetzung der Methode wird am Beispiel der Westlausitz demonstriert. Das Kartenwerk wurde unter Einsatz von Geographischen Informationssystemen (GIS[2]) geschaffen. Die Erkenntnisse der zuvor genannten Arbeiten werden in der vorliegenden Arbeit mit dem Modell der landschaftsökologischen Prozessgefüge verknüpft und GIS-gestützt auf Grundlage digitaler Raumdaten für Deutschland umgesetzt.

---

[1] zum Leitbildbegriff vgl. Wiegleb (1997), Plachter et al. (2002), Knospe (1998), Härtling & Lehnes (2000)

[2] Geoinformationssysteme sind Systeme zur Erfassung, Speicherung, Manipulation, Analyse und Darstellung von Raumdaten.

Der Einsatz von GIS hilft bei den inhaltlichen und methodischen Problemen nicht direkt weiter. Mit einem GIS kann jedoch die Landschaftsanalyse – vor allem bei bereits vorliegenden digitalen Raumdaten – sehr viel schneller durchgeführt werden. Dies trifft für kleine wie große Untersuchungsräume zu. Landschaftsanalysen und -gliederungen mit Hilfe von GIS beinhalten nach Mosimann & Duttmann (1992, S. 336) die Entwicklung eines geoökologischen Informationssystems (vgl. Duttmann 1993, Durwen 1996, Haase & Mannsfeld 2002). In einem solchen werden nicht nur Karten bereitgehalten, die über geoökologische Standortbedingungen und Prozesszusammenhänge informieren, sondern auch durch Normierung aufeinander abgestimmte Basisdaten und Informationen zum Verfahren der Raumgliederung an sich. Informationssysteme sind somit mehr als Systeme zur Bereithaltung von Daten. *„Der Übergang von Daten zur Information stellt einen Qualitätssprung dar [...] Der nächste Sprung bringt uns von der Information zum Wissen. Damit sind Begriffe wie Vergleichen, Lernen, Schlußfolgern verbunden"* (Bartelme 1995, S. 173). Gerade deshalb besitzt *„der Einsatz von GIS in der Landschaftsanalyse, [bei] ökologischen und naturschutzfachlichen Fragestellungen, insbesondere in der Ökosystemforschung und bei planerisch relevanten Fragestellungen [...] eine hohe gesellschaftliche Relevanz"* (Blaschke 1997, S. 76, vgl. Kratz & Suhling 1997).

1.2 ENTWICKLUNG LANDSCHAFTSÖKOLOGISCHER RAUMGLIEDERUNGEN IN DEUTSCHLAND

Die Landschaftsökologie und die mit ihr verbundenen Ansätze und Methoden zur Klassifikation und Typisierung von Natur- und Landschaftsräumen haben sich in der Bundesrepublik Deutschland und in der DDR unterschiedlich entwickelt (vgl. dazu auch Löffler 2002a, S. 258-261). Die vorliegende Arbeit verbindet die aus den unterschiedlichen Entwicklungen resultierenden Erkenntnisse.

In der Bundesrepublik stellt die Naturräumliche Gliederung – im Folgenden als NRG abgekürzt – von Meynen & Schmithüsen (1952-1963) aufgrund ihrer vollständigen Abdeckung Deutschlands bisher die am meisten genutzte Informationsgrundlage über die naturräumliche Ausstattung dar. Die NRG wurde durch *„Analyse physiognomischer Kriterien wie Relief, Boden, Regionalklima, Wasserhaushalt und Vegetation"* erarbeitet (Zepp & Ehlich 1998, S. 140), der anthropogene Einfluss wurde dabei nicht berücksichtigt. Mit der NRG hat man Deutschland erstmals in natürliche Raumeinheiten differenziert (Liedtke 1984, S. 606). Die hierarchische Abgrenzung der Naturräume im Rahmen der Naturräumlichen Gliederung (als Werk und später als Methode) erfolgte nach dem *„Gesamtcharakter der Landesnatur"* (Meynen & Schmithüsen 1952-1963, S. 6) und wurde durch Linien dargestellt. Die Landesnatur umfasst dabei den

„*Gesamtkomplex der anorganischen Ausstattung*" eines nicht vom Menschen geschaffenen oder gestalteten Raumes (Schmithüsen 1967, S. 125). Die Einschränkung des Begriffs „naturräumlich" auf den „*physikalisch-chemischen Seinsbereich der Landschaft*" war schon während der Umsetzung der NRG ein Kritikpunkt von Paffen (1953). Ein weiterer war, dass die „*Wechselwirkungsdynamik und die sich in ihr abspielenden Vorgänge*" nicht berücksichtigt werden (Paffen 1953, S. 36 ff). Doch die NRG hatte die Abgrenzung von Naturräumen zum Ziel[3] und weniger deren inhaltliche Kennzeichnung im heutigen landschaftsökologischen Sinn. Die Linienführung zur Abgrenzung der Naturräumlichen Einheiten ist nach Klink (1991) das Fragwürdigste an der NRG: Die inhaltliche Kennzeichnung erfolgt nur in Textbänden unter Betonung der individuellen Züge der naturräumlichen Einheiten. Die Abgrenzung selbst ist Ergebnis nicht mehr nachvollziehbarer subjektiver Entscheidungen (Klink 1991), die die nachträgliche Kontrolle und das Erkennen der zugrunde gelegten Theorien unmöglich machen (Finke 1996, S. 95). Dadurch sind die naturräumlichen Einheiten untereinander nicht vergleichbar (Liedtke 1984, S. 606) und die typischen Merkmale einer naturräumlichen Einheit können durch die fehlende vergleichende Betrachtungsmöglichkeit gar nicht erst herausgearbeitet werden (Klink 1991). Trotz ihrer Mängel war die NRG ein „*sehr sinnvoller und wissenschaftlich neuer Ansatz zur arealen Strukturierung unserer natürlichen Umwelt*" (Liedtke 1984, S. 606). Die Bemühungen, den Ansatz der NRG unter Berücksichtigung der kritisierten Punkte zu verbessern bzw. gänzlich neue Ansätze zur Naturraumgliederung bzw. Landschaftsgliederung zu entwickeln, sind nach der Teilung Deutschlands in beiden Landesteilen unterschiedlich verfolgt worden. Dabei blieben die Forschungen der Bundesrepublik hinter denen der DDR weit zurück.

Den Gedankengängen Karl Marx folgend, war es die „*moralische Pflicht*" eines sozialistischen Staates, „*seinen Bürgern den Naturraum so naturnah wie möglich zu erhalten*" (Liedtke 1984, S. 607). Durch Zusammenarbeit von Wissenschaftlern mit Praktikern wurde eine ökologische Landschaftslehre entwickelt, die zum theoretischen wie methodischen Ausbau der Naturräumlichen Gliederung beigetragen hat. Insbesondere die Gruppe um E. Neef, G. Haase und H. Richter hat vor allem den Boden, die Vegetation und das Mesoklima analysiert und typisiert. Darauf aufbauend wurden naturräumliche Einheiten ausgegliedert (Klink 1982, S. 88). Zur theoretischen Begründung der Raumgliederung in verschiedenen Maßstäben war die Lehre Neefs (1963b) von den Dimensionen des Naturraumes, seinen Ordnungsstufen und den für sie maßgeblichen Gesetzmäßigkeiten von großer Bedeutung.

---

[3] Der Ausgangspunkt für die Entwicklung der NRG lag darin, „*Deutschland nach den Unterschieden seiner Landesnatur in Gebiete zu gliedern, die für viele Zwecke als Bezugseinheit dienen können*" (Schmithüsen 1953, S. 1).

Der Entwicklungsvorsprung in der DDR lag vor allem darin, dass es theoretische Ansätze gab, die über *„landschaftsökologische Detailuntersuchungen der verschiedenen Bestandteile des Geokomplexes"* hinausgingen (Klink 1982, S. 88). Dazu zählen beispielsweise die Modelle zur Darstellung des Systems Naturlandschaft durch Herz (1968) und Richter (1968) sowie die Herausstellung ökologischer Hauptmerkmale (z. B. das Bodenfeuchteregime) als integrative Merkmale des Landschaftshaushalts durch Neef, Schmidt & Lauckner (1961). Diese Erkenntnisse spiegeln sich beispielsweise in der Landschaftstypisierung für das nordsächsische Flachland von Hubrich & Schmidt (1968) wider, die auf Grundlage von Bodenfeuchteregime, Bodenform, genetischem Materialtyp und Relief entwickelt wurde. Die Karte der Naturraumtypen für das Gebiet der ehemaligen DDR von Barsch und Richter (Richter 1978, Barsch & Richter 1981) im Maßstab 1 : 500 000 bzw. 1 : 750 000 ist ein Beleg für die Umsetzung des Entwicklungsvorsprungs im kleinen Maßstab: Die ausgegliederten Naturraumtypen sind das Ergebnis einer geoökologisch orientierten Reliefklassifikation (Zepp & Ehlich 1998, S. 143), die Reliefform, Gesteinsuntergrund und Verwitterungsdecke, Bodenwasserhaushalt, Bodenform und Klima berücksichtigt (Klink 1982, S. 89). Neben der integrativen Erfassung der vertikalen Landschaftsstruktur wurde in chorischer Dimension vor allem auch die Arealstruktur heterogen zusammengesetzter Räume untersucht. Dabei spielt neben der Beschreibung der Maß- und Größenverhältnisse von Topgefügen die Analyse der formalen Anordnung von Arealen eine Rolle, auf deren Grundlage heterogen zusammengesetzte Räume abgegrenzt werden können (vgl. Garten 1976, Knothe 1987, Schmidt 1965). In Haase et al. (1991d) sind diese Erkenntnisse umfassend zusammengetragen.

In der Bundesrepublik gab es entgegen der weit entwickelten ökologischen Landschaftsforschung in der DDR nur zum Teil methodisch weiterführende Ergebnisse (Klink 1982, S. 88), weil die Ergebnisse nur in den einzelnen Untersuchungsgebieten gültig waren (vgl. Klink 1966, Marks 1979). Die Naturraumtypisierung selbst ist für die entsprechenden Untersuchungsgebiete nachvollziehbar, aber ebenso wie der NRG fehlt es an einer Systematik, die nicht an einen speziellen Naturraum/Landschaftsraum gebunden, sondern unabhängig vom Landschaftstyp ist.

Anfang der 80er Jahre trat das Bemühen Landschaftseinheiten zu typisieren aufgrund des methodischen Stillstandes in den Hintergrund (Mosimann 1990, S. 8). Mit Erarbeitung der Kartieranleitung Geoökologische Karte 1 : 25 000 (Leser & Klink 1988) wurde jedoch erneut Bewegung in die Forschung gebracht. Die Bestrebung war, in der Kartieranleitung (durch Erfahrungen, neue geoökologische Erkenntnisse und erprobte Schätzverfahren) die Erfassung von Einzelparametern zu standardisieren und ein Konzept zur Ökotopgliederung durch Berücksichtigung von Strukturgrößen und Prozessbedingungen vorzulegen. Auch wenn dieses Konzept mit erheblichen Mängeln behaftet ist (noch zu statisch, keine Hierarchie, keine Systematik, keine Anleitung zur praktischen, normierten Umsetzung), hat dieses die methodische Diskussion wieder entfacht und zudem in eine neue Richtung (Berücksichtigung von Prozessen und lateralen Beziehungen) gewiesen (Mosimann 1990, S. 10). Es fehlte allerdings an einer Systematik, Landschaftsräume nach ihrem Wirkungsgefüge zu vergleichen. 1991 wurde vor diesem Hintergrund der Versuch unternommen, die Karte der NRG zu einer landschaftsökologischen Karte weiterzuentwickeln (Renners 1991). Von den Naturräumlichen Einheiten ausgehend wurden diese anhand von Relief, Klima, Nährstoff- und Wasserhaushalt inhaltlich charakterisiert. Dies bedeutet zwar eine Verbesserung der inhaltlichen Kennzeichnung, doch gerade die Unzulänglichkeiten der Raumabgrenzungen bleiben – trotz kleiner Berichtigungen der Grenzlinienführung – bestehen und sind weiter zu kritisieren. Anfang der 90er Jahre wurden dann zeitgleich neue methodische Ansätze von Mosimann (1990) und Zepp (1991c, 1999) vorgestellt. Die Konzepte zielen darauf ab, unter Auswahl einer begrenzten Anzahl integrativer Merkmale (die eine Vielzahl von Strukturmerkmalen widerspiegeln) den Landschaftshaushalt zu charakterisieren und Räume nach ihrer Struktur und ihrem Prozessgeschehen hierarchisch abzugrenzen und zu typisieren (Sporbeck et al. 1997, S. 26ff). Sie sind hierarchisch aufgebaut, im Prinzip maßstabsunabhängig anzuwenden und berücksichtigen den Wasserhaushalt auf hierarchisch höchster Ebene: Mosimann (1990) gliedert die Hauptklassen nach der vorherrschenden Bodenwasserform (z. B. Ökotop mit Grundwassereinfluss) und Prozessrichtung (z. B. lateraler Wasserabfluss) aus, Zepp (1991c, vgl. auch 1999) kombiniert den *„Hydrodynamischen Grundtyp"* (z. B. Staunässe-Typ) mit der Art und Intensität der *„geogenen und anthropogenen Beeinflussung der standörtlichen Stoffdynamik"* (z. B. atmosphärische Einträge bei gleichzeitiger periodischer Stoffentnahme). An dieser Stelle beschreitet Zepp insofern Neuland, als dass er den anthropogenen Einfluss explizit mit in die prozessorientierte Landschaftstypisierung einbezieht. Bei Mosimann (1990) gehen insgesamt 30 primäre und abgeleitete Einzelmerkmale in die Typisierung ein (vgl. Mosimann 1990, S. 50). Zur weiteren hierarchischen Untergliederung der Haupttypen verwendet Mosimann (1990) klar beschriebene Gruppen, die dominierende klimaökologische, wasserhaushaltliche und stoffhaushaltliche Merkmale beinhalten. Bei Zepp (1991c, 1999) werden die Typen durch Hinzunahme von Prozess-, Bilanz- und Zustandsgrößen des ökosystemaren, standörtlichen Stoff- und Energieumsatzes charakterisiert.

Das Ziel von Klassifikationssystemen zur Typisierung anthropogen beeinflusster Ökosysteme ist im Prinzip das gleiche wie das zur Typisierung von Räumen, die nicht oder wenig vom Menschen beeinflusst werden: das funktionale Gefüge zu erfassen, zu beschreiben, zu typisieren sowie Räume unterschiedlichen Gefüges voneinander abzugrenzen. Derartige Typisierungen wurden beispielsweise für Siedlungsökosysteme von Ellenberg (1973a) (Typen menschlichen Einflusses) und von Blume & Sukopp (1976) (Hemerobiesystem), für Agrarökosysteme von Haber (1971) (Theorie der differenzierten

Landnutzung) entwickelt. Ellenberg (1973a) hat gleichzeitig vorgeschlagen, *„den nach Art und Ausmaß unterschiedlichen Einfluss des Menschen auf die natürlichen Ökosysteme in eine Klassifikation unbedingt aufzunehmen, da eine Nichtberücksichtigung des räumlich-funktionalen Zusammenhangs graduell unterschiedlich vom Menschen beeinflusster Ökosysteme praktisch wenig brauchbar sein wird"* (zit. in Finke 1996, S. 151). Damit hat er auf die notwendige Verknüpfung der Klassifikationssysteme von Naturökosystemen mit anthropogen beeinflussten Ökosystemen hingewiesen, wie sie Zepp (1991c, 1999) vorgenommen hat. Einer praktischen Anwendung der Ansätze von Mosimann (1990) und Zepp (1991c, 1999) steht das Fehlen ausreichend normierter und validierter sowie handhabbarer Methoden zur Ableitung, Schätzung und Berechnung von Prozesskennwerten und Prozessgrößen entgegen (Duttmann 1993, S. 90). Aber im kleinen Maßstab können über qualitative Verfahren die Verflechtung der Komponenten aufgezeigt und Landschaftstypen ähnlichen Wirkungsgefüges ausgesondert werden (Renners 1991, S. 26).

Die Dringlichkeit der Erarbeitung einer prozessorientierten landschaftsökologischen Raumgliederung Deutschlands in kleinem Maßstab wird immer deutlicher geäußert, z. B. wurde 1997 im Rahmen der Aufstellung naturschutzfachlicher Landschaftsleitbilder aus Mangel an Alternativen auf eine Aggregierung der Naturräumlichen Einheiten von Meynen & Schmithüsen (1952-1963) mit gleichzeitiger Forderung nach einer Neuentwicklung zurückgegriffen (vgl. Finck et al. 1997). Landschaftsgliederungen, die einen rein praktischen Zweck verfolgen, gibt es in einer Vielzahl (z. B. Karten zur Bodengüte, zur Bodenerosion, zur Schwermetallbelastbarkeit). Diese leisten jedoch einen nur sehr eingeschränkten Beitrag zur Landeskunde, da sie zumeist keine grundlegenden Informationen zum Landschaftshaushalt und dem Landschaftsgefüge zum Inhalt haben, und ihnen in dieser Hinsicht wenig didaktische Bedeutung beikommt. Viele Raumgliederungen geben ein bestimmtes Potenzial, eine Funktion oder – vor allem in digitaler Form – Daten zu einzelnen Kompartimenten der Landschaft wieder, was zum Systemverständnis der Landschaft wenig beiträgt (vgl. Zepp 1994).

Eine aktuelle, gesamtdeutsche landschaftsökologische Raumgliederung stellt die *„multivariat-statistisch abgeleitete ökologische Raumgliederung für Deutschland"* im Rahmen der Ökologischen Flächenstichprobe dar (Schmidt 2002). Parameter, die einzelne Faktoren kennzeichnen (Höhe über NN, Niederschlagshöhe etc.), werden über eine multivariate Clusteranalyse klassifiziert. Hinter dieser Gliederung steht kein ökologisches Raumstrukturmodell, vielmehr zeichnen sich die Räume durch gleiche Werteverteilungen verschiedener Größen und Parameter aus. In den 2002 publizierten *„landnutzungsbezogenen Raumtypen und Hemerobiestufen ihrer Ökosysteme"* von Glawion werden die anthropogene Beeinflussung der Ökosysteme (nach Zepp 1999), die anthropogene Veränderung wasser-, feststoff- und wärmehaushaltlicher Parameter sowie charakteristische Merkmale des natürlichen Standorthaushalts berücksichtigt. Das Vorgehen kann als quasi-topisch bezeichnet werden, die Aggregierung von Raumeinheiten erfolgt allein nach inhaltlichen und nicht nach raumstrukturellen Kriterien.

Somit ist festzustellen, dass für das Bundesgebiet keine systematische, komplexe landschaftsökologisch orientierte Raumgliederung vorliegt. Die aktuellste, komplexe landschaftsökologische Raumgliederung stellt diejenige über geoökologische Landschaftstypen von Burak & Zepp (2003) dar, die im Rahmen dieser Arbeit erstellt wurde und deren Erstellung mit dem Vorgehen in dieser Arbeit weitestgehend identisch ist.

1.3 ZIELSETZUNG UND AUFBAU DER ARBEIT

Ziel dieser Arbeit ist es, Landschaften in chorischer[4] Dimension über **landschaftsökologische Prozessgefüge** systematisch zu erfassen, zu typisieren und räumlich voneinander abzugrenzen. Deutschland soll über Landschaftsräume einheitlichen landschaftsökologischen Prozessgefüges gegliedert werden. Wichtigstes Unterziel ist es, ein entsprechendes Konzept und eine zur Umsetzung geeignete GIS-gestützte Methodik zu entwickeln. Die Herausforderung liegt darin, Landschaften nach ihrem inhaltlichen wie räumlichen Gefüge systematisch zu ordnen.

Die **inhaltliche Ordnung** baut auf der Erfassung ausgewählter Größen des Wasser- und Stoffhaushaltes einer Landschaft auf und basiert auf dem Modell der landschaftsökologischen Prozessgefüge von Zepp (1991c, 1999). In diesem werden die Intensität der Bodenwasserflüsse sowie die Art und Intensität der anthropogenen Stoffhaushaltsbeeinflussung über direkte Stoffeinträge und -entnahmen berücksichtigt. Diese Flüsse beeinflussen den systeminternen Stoffbestand eines Landschaftsökosystems und die dort stattfindenden Stofftransformationsprozesse ebenso wie die prozessuale laterale[5] Verbindung von benachbarten Landschaften. Bodenwasser- und Stoffflüsse sind Ausdruck der Wechselwirkungen der Landschaftskomponenten Klima, Bodenbedeckung, Relief und Boden, und damit Bestandteil wie integrativer Ausdruck des landschaftsökologischen Prozessgefüges. Die **räumliche Ordnung** basiert auf der Analyse räumlicher Anordnungen von Arealen ähnlichen Prozessgefüges. Regelhaft auftretende Anordnungen werden aufgedeckt und als räumliches und inhaltliches Gefüge abgegrenzt. Methodisch stützt sich die räumliche Ordnung vor allem auf die Arbeit von Garten (1976).

---

[4] choros = griech. Gruppe
[5] lateral = lat. seitlich

Das Modell von Zepp (1991c, 1999) wird inhaltlich und methodisch modifiziert, um auf Grundlage für Deutschland flächendeckend vorliegender, in sich inhaltlich homogener digitaler Raumdaten landschaftsökologische Prozessgefüge in chorischer Dimension abzugrenzen und zu typisieren. Dazu werden GIS und Verfahren der digitalen Bildverarbeitung eingesetzt. Ergebnisse sind analoge und digitale Karten in den Maßstäben 1 : 5,5 Mio. und 1 : 1 Mio., die Prozessgefüge auf drei verschiedenen Hierarchieebenen sowie Teilkomplexe und Zwischenergebnisse darstellen. Diese halten Informationen zum vertikalen wie horizontalen Landschaftsaufbau bereit und zeigen prozessuale Zusammenhänge zwischen den Strukturen auf. Über die Herausstellung prozessualer Zusammenhänge soll die dynamische Sichtweise der Landschaft und das Verständnis für die Funktionsweise von Landschaften gefördert werden. Nicht zuletzt aus diesen Gründen wurde eine modifizierte Karte der Prozessgefüge-Haupttypen in den Nationalatlas der Bundesrepublik Deutschland aufgenommen (vgl. Burak & Zepp 2003).

Das vorgestellte Verfahren kann auf andere Raumgliederungen übertragen werden, denn das im Rahmen der Arbeit entwickelte Java-basierte Programm MOSAIK (Böcker 2003) ermöglicht die automatische Abgrenzung heterogen zusammengesetzter Räume auf *jeder* Maßstabsebene. Damit wird es möglich, Raumgliederungen – auf einem inhaltlich korrekten Konzept aufbauend – schnell und zweckgerichtet vorzunehmen.

Die Arbeit ist der Abb. 1 entsprechend aufgebaut. Nach der Einleitung in Kap. 1 werden in Kap. 2 für das Verständnis der Arbeit erforderliche theoretische und methodische Grundlagen zur Typisierung und Klassifikation von Landschaften dargestellt. Die Teilkapitel des Kapitels 2 enden jeweils mit einer Schlussfolgerung, in der die wichtigsten, für die weitere Arbeit relevanten Punkte herausgestellt werden. Die Entwicklung der Konzeption und Methodik wird nach einer Darstellung des Ausgangsmodells von Zepp (1991c, 1999) in Kap. 3 dargelegt. Anschließend (Kap. 4) wird dieses dann schrittweise für Deutschland umgesetzt und die Teil- und Endergebnisse dargestellt. Die Ergebnisse werden in Kap. 5 diskutiert, bevor in Kap. 6 Anwendungen vorgestellt werden und die Übertragbarkeit des Konzepts und der Methode diskutiert wird.

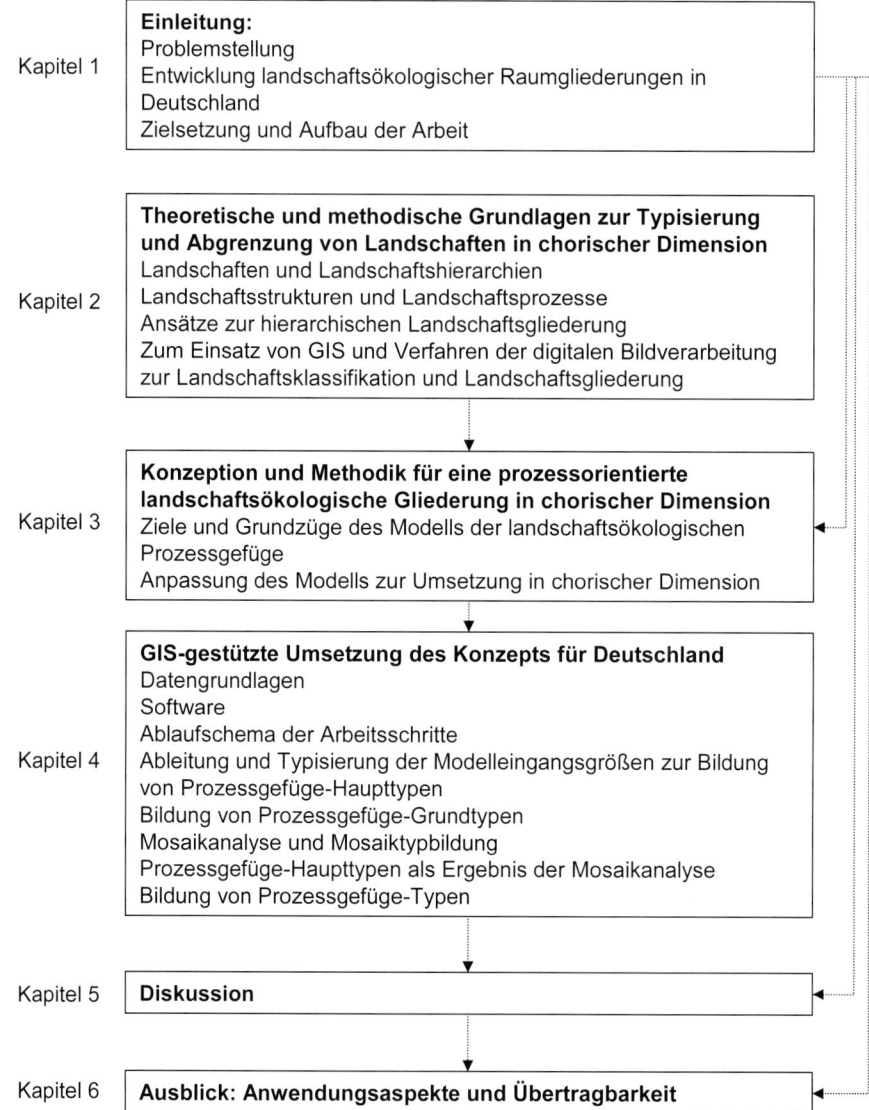

Abb. 1   Aufbau der Arbeit

2 THEORETISCHE UND METHODISCHE GRUNDLAGEN ZUR TYPISIERUNG VON LANDSCHAFTEN IN CHORISCHER DIMENSION

Die Erfassung, Abgrenzung, Typisierung und kartographische Darstellung von Landschaften auf unterschiedlichen Maßstabsebenen gehört zu den klassischen Forschungsaufgaben der Geographie und Landschaftsökologie. Im folgenden Kapiteln werden diejenigen Begriffe und Zusammenhänge aufgegriffen, die für das Verständnis dieser Arbeit notwendig sind.

Das Kap. 2 führt

- von der geowissenschaftlichen Definition der Begriffe Landschaft und Landschaftsraum und über die Bedeutung von Landschaftshierarchien und geographischen Dimensionen (Kap. 2.1),
- über die Darstellung der Strukturen und Prozesse von Landschaften (Kap. 2.2),
- zu den damit eng verbundenen Ansätzen zur Landschaftsklassifikation (Kap. 2.3).

Abschließend werden in Kap. 2.4 der Einsatz von Geographischen Informationssystemen und Verfahren der digitalen Bildverarbeitung zur Landschaftsgliederung behandelt.

2.1 LANDSCHAFTEN UND LANDSCHAFTSHIERARCHIEN

Im alltäglichen wie wissenschaftlichen Sprachgebrauch wird der Begriff Landschaft häufig und in unterschiedlichen Kontexten gebraucht. Je nach Bezug existieren deshalb individuelle Definitionen und Assoziationen, die einem einheitlichen Verständnis des Begriffes entgegenstehen. Vor allem in der geographischen und landschaftsökologischen Forschung ist der Begriff viel diskutiert (vgl. Klink et al. 2002, Schenk 2002, Schreiber 1994, Naveh & Lieberman 1994, Hard 1970, Troll 1950, Lautensach 1952, Neef 1967, Leser 1997, Herz 1984). Um so notwendiger ist es, eine allgemeine Definition des Landschaftsbegriffes voranzustellen, denn diese bestimmt – auf einen konkreten Zweck bezogen – die Auswahl der kennzeichnenden Merkmale. Durch die Typisierung wird das Objekt Landschaft immer abstrakter dargestellt, um so mehr, wenn diese – wie in dieser Arbeit – in kleinem Maßstab erfolgt. Landschaften können einander in ausgewählten Eigenschaften ähnlich sein, in ihrer konkreten Ausbildung aber bleiben sie immer individuell und einmalig (vgl. Neef 1967, S. 31f).

2.1.1 Landschaft: landschaftsökologische Definition und Eigenschaften

"In European Landscape Ecology, landscape is mostly treated as a system, as a holistic concept that takes in the interrelations between biotic and abiotic components, as well as the human impact upon them" (Volk & Steinhardt 2002, S. 2).

Landschaft ist eine *„allgemeine Bezeichnung für einen durch einheitliche Struktur und gleiches Wirkungsgefüge geprägten konkreten Teil der Erdoberfläche von variabler flächenhafter Ausdehnung. Geowissenschaftlich wird die Landschaft als Landschaftsökosystem betrachtet, um auf den erdräumlich relevanten Funktionszusammenhang von Geosphäre, Biosphäre und Anthroposphäre hinzuweisen"* (Lexikon der Geowissenschaften 2001, S. 228f). Landschaft ist also gleichzeitig Landschaftsökosystem und dessen räumlicher Repräsentant. Der Tradition der deutschen und europäischen Landschaftsökologie folgend wird in dieser Arbeit der Begriff **Landschaft** verwendet[6].

Volk & Steinhardt (2002, S. 8f) haben die wichtigsten Eigenschaften von Landschaften herausgestellt, die hier aufgegriffen und z. T. ergänzend erläutert werden:

1. Landschaften sind das Resultat natürlicher und anthropogen induzierter Prozesse, die auf unterschiedlichen Zeitskalen ablaufen. Strukturen überlagern sich, weshalb unterschiedliche Räume unterschiedliche Eigenschaften aufweisen. Diese Eigenschaften bestimmen die gegenwärtigen wie zukünftigen Prozesse in einer Landschaft.

2. Landschaften ändern sich, wobei die Änderungen unterschiedlich schnell ablaufen (langsam und allmählich bis plötzlich eintretend). Demnach bleibt keine Landschaft über eine längere Periode stabil[7].

3. In Landschaften setzen nach einer Störung des Gleichgewichts Prozesse ein, die in physikalisch-chemischer wie biologischer Hinsicht zur Einstellung eines neuen Gleichgewichts führen.

4. Obwohl in Landschaften zum Teil unerwartete und unerklärbare Prozesse ablaufen, lassen sich viele Entwicklungen prognostizieren.

---

[6] Der Begriff „Landschaft" ist in Europa ein in den Geowissenschaften entwickelter Begriff, während in Nordamerika der Begriff „Landschaftsökosystem" verbreitet ist, weil dort die Wurzeln der Landschaftsökologie in der Biologie liegen (Volk & Steinhardt 2002, S. 3ff).

[7] Nach Aurada besteht *„eine Zeitdiskontinuität zwischen physiogenen Prozessabläufen und ihrer anthropogenen Beeinflussung"* (1982, S. 48, zit. in Dollinger 1998, S. 60). Alle Landschaftsmerkmale ändern sich mit der Zeit, dennoch lassen sie sich je nach Zeit- und Raumdimension in stabile und labile Merkmale einteilen. Die Reliefgestalt außerhalb des Mikrobereiches verändert sich gegenüber dem Bodenfeuchteregime – das an sich den jahreszeitlichen Schwankungen unterliegt – wenig. Somit ist das Relief als stabiles (stabileres) Merkmal, das Bodenfeuchteregime als labiles (labileres) Merkmal zu bezeichnen.

5. Landschaften sind offene Systeme, in die Energie, Stoffe und Organismen eingebracht und abgeführt werden: offen für vertikale Einflüsse, für Einflüsse aus der Umgebung sowie für den internen Austausch zwischen einzelnen Flächen.

6. Landschaften sind heterogen zusammengesetzt, sowohl in vertikaler wie horizontaler Richtung. In vertikaler Richtung setzen sie sich aus Schichten zusammen (Atmosphäre, Vegetation, Boden, Grundwasser, Gestein etc.), in horizontaler Richtung aus Raumeinheiten (patches), die sich in bestimmten Mosaiken wiederholen: *„Landscape is a mosaic of patches"* (Klijn & de Haes 1994, S. 100). Die Grenzen zwischen Raumeinheiten können scharf oder unscharf ausgeprägt (mit unterschiedlich starkem Merkmalsgefälle und -kontrast), natürlich oder anthropogen verursacht (Schreiber 1994, S. 29) sowie für den Austausch von Energie, Stoffen und Organismen durchlässig oder undurchlässig sein, wodurch sie entweder als Membran oder Barriere fungieren.

7. Landschaften sind Ausschnitte der Erdoberfläche mit variabler Flächengröße, für die es keine standardisierten Unter- oder Obergrenzen und damit keine Raum-Zeit-bezogenen Standardgrößen oder Standardmaßstäbe gibt. Diese werden individuell durch die Auffassung einer Landschaft festgesetzt.

Zur begrifflichen Trennung wird für einen Ausschnitt der Erdoberfläche hier der Begriff **Landschaftsraum** gebraucht. Landschaftsräume weisen – dem Arealprinzip von Herz (1984, S. 22) folgend – charakteristische Merkmalskombinationen und -korrelationen auf. Dieses kann um die Prozesskomponente erweitert werden, so dass ein Areal (= Landschaftsraum) zusätzlich durch charakteristische Prozesskombinationen und -korrelationen gekennzeichnet ist (s. Kap. 2.2). Die Auswahl der Merkmale und Prozesse, auf deren Grundlage Landschaften abgegrenzt werden sollen, ist neben dem Zweck der Abgrenzung von der Maßstabsebene abhängig.

2.1.2 Landschaftshierarchien und geographische Dimensionen

„Man darf sich den Übergang [...] von Landschaftseinheiten [...] in die Bereiche der nächstkleineren Analysemaßstäbe anschaulich als beträchtliche Zunahme der Beobachtungshöhe über der Erdoberfläche vorstellen. [...] Die Information wird abstrakter, der Verlust an Detailinformationen jedoch kompensiert durch Gewinn an Übersichtsinformation" (Herz 1973, S. 92). Mit der Veränderung der Betrachtungshöhe grenzen sich zuvor heterogen zusammengesetzte Räume gegenüber ihrer Umgebung als homogene Einheit ab. Landschaftsräume, die auf einer räumlichen Maßstabsebene gegeneinander abgegrenzt werden, bilden durch charakteristische Nachbarschaften übergeordnete,

homogene Landschaftsräume (Abb. 2). Homogene Landschaftsräume zeichnen sich somit durch charakteristische Mosaike (Assoziationen) an untergeordneten Landschaftsräumen aus. Dabei muss der Grad der Heterogenität *zwischen* den untergeordneten Landschaftsräumen größer sein als der *innerhalb* der jeweiligen Landschaftsräume (Steinhardt 1999, S. 49f).

Jede auf diese Weise definierte Maßstabsebene bezeichnet Neef (1967, S. 70) als **geographische Dimension**, die zugleich mit einer bestimmten räumlichen und inhaltlichen Ordnung verbunden ist. Große Maßstabsebenen werden im deutschsprachigen Raum als **topische**[8] Dimension bezeichnet, deren Raumeinheiten nach Neef (1967) nicht mehr sinnvoll räumlich untergliederbar sind, was – wie Dollinger (1998, S. 63) anmerkt – ein Widerspruch zu der hierarchischen Ordnung der Landschaft ist und durch die Theorie der landschaftsanalytischen Maßstabsebenen durch Herz (1973) wissenschaftstheoretisch widerlegt wurde. Somit kann sich eine topische Einheit theoretisch aus subtopischen Räumen zusammensetzen. Dennoch wird topischen Einheiten eine nichtteilbare Homogenität zugesprochen, wodurch sie als kleinste *sinnvolle* Einheit definiert sind. Als Begriff für die kleinste theoretische, nicht mehr teilbare Einheit führt Löffler (2002b, S. 51ff) den englischen Begriff „econ" ein (vgl. Kap. 2.2.1).

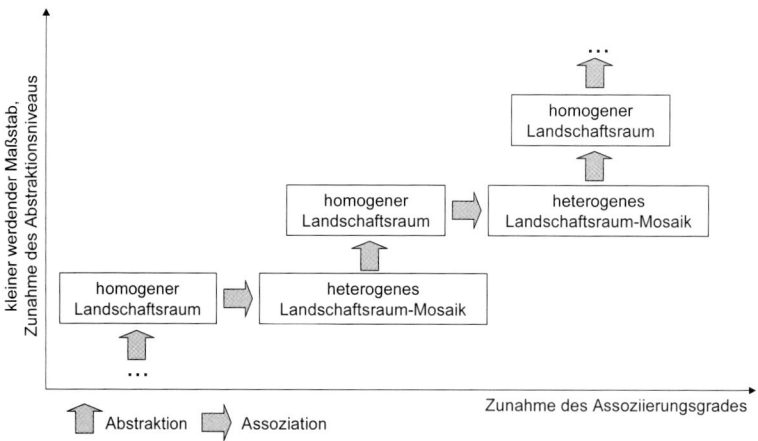

Abb. 2 Homogenität und Heterogenität von Landschaftsräumen (nach Herz 1973, S. 92, verändert)

Mittlere Maßstabsebenen werden als **chorische** Dimension, kleine als **regionische** und globale als **geosphärische** Dimension bezeichnet; die Landschaftsräume werden der Dimension entsprechend als Tope (z. B. Biotope, Geotope),

---

[8] von topos (griech.) = Ort, Stelle

Chore oder Region bezeichnet. Innerhalb der chorischen und regionischen Dimension gibt es Abstufungen (Sandner 2002, S. 23), weil die entsprechenden Maßstabsebenen sehr viel größer gefasst werden als in topischer Dimension (vgl. Abb. 3). Die chorische Dimension wird in nano-, mikro-, meso- und makrochorische Dimensionen, die regionische in mikro-, meso- und makroregionische unterteilt. Anstelle dieser Begriffe werden andere benutzt (z. B. Standort, Fliesengefüge), eine Zusammenstellung findet sich bei Leser (1997, S. 202-205). In der englischsprachigen Literatur werden unterschiedliche Maßstabsebenen als „scale" bezeichnet: *„Scale refers to the spatial and temporal dimension of an object or a process"* (Turner et al. 2001, S. 27). Zwecks begrifflicher Angleichung in der deutschsprachigen landschaftsökologischen Literatur wird die Einführung des Begriffs „Skala" favorisiert (vgl. Steinhardt 1999, S. 55).

Neben der räumlichen Dimension kommt auch der zeitlichen Dimension ein neue Rolle zu (vgl. Steinhardt & Volk 2001, S. 137ff, Klijn & de Haes 1994): Je höher die räumliche Dimension, um so mehr rücken weniger labile Prozesse in den Vordergrund der Kennzeichnung (Abb. 3), denn *„functional and structural changes are slower in systems of a higher level than in systems of a lower level"* (Müller 1992, zit. in Huber 1994, S. 40).

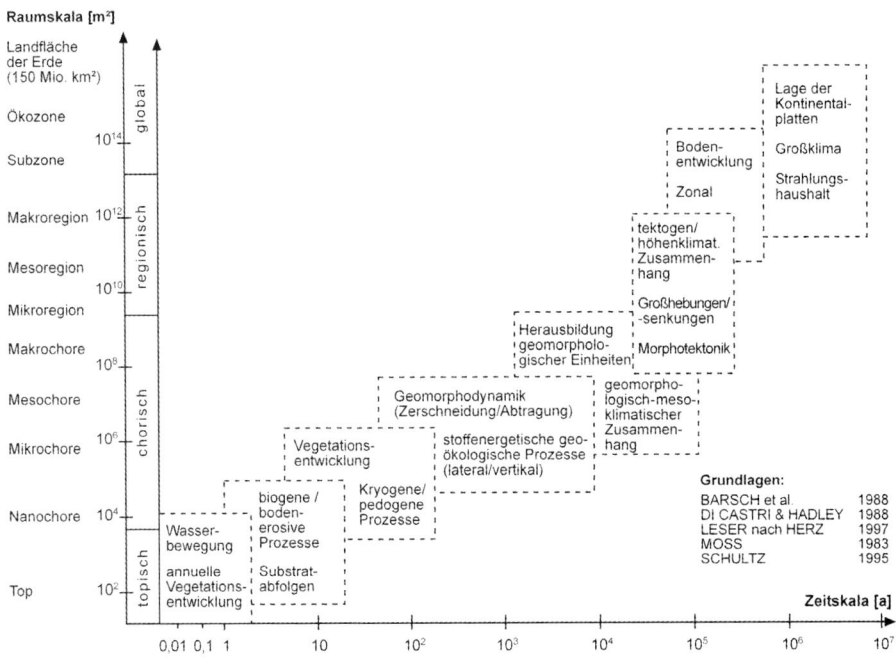

Abb. 3 Raumzeitliche Hierarchien von landschaftsökologischen Prozessen (nach Steinhardt & Volk 2001, S. 144 und Steinhardt & Volk 2000, S. 81) (Zeichnung: S. Steinert)

Müller (1992) bezieht die Systemtheorie vor allem auf die in Räumen ablaufenden Prozesse (nach Müller 1992, zit. in Huber 1994, S. 39ff):

- Jeder Prozess ist an eine bestimmte räumliche wie zeitliche Dimension gebunden.
- Auf verschiedenen Maßstabsebenen beschreiben unterschiedliche Variablen den gleichen Prozess.
- Systeme in gleicher Dimension können anhand ihrer Relationsgefüge unterschieden werden. Dabei sind Relationen innerhalb eines Systems häufiger und intensiver als zwischen Systemen.
- Muster, die innerhalb einer Maßstabsebene geordnet erscheinen, wirken auf einer übergeordneten zufällig verteilt und ungeordnet. Aus den unterschiedlichen Mustern resultieren unterschiedliche Prozessintensitäten.
- Funktionale und strukturelle Änderungen erfolgen in übergeordneten Systemhierarchien langsamer als in untergeordneten. Somit zeigen sich Instabilitäten in großen Systemen erst nach größeren Zeiträumen.
- Übergeordnete Systeme regeln untergeordnete Systeme, in dem sie den untergeordneten einen physikalischen und chemischen Rahmen vorgeben (z. B. Klima oder Relief), in dem das untergeordnete System wirken kann.
- In der Hierarchie bestimmen die Energie- und Stoffflüsse der untergeordneten Systeme die übergeordneten in größerem Maße als umgekehrt. Übergeordnete Systeme filtern und dämpfen diese Flüsse ab.

Die hierarchischen Gesetzmäßigkeiten sind für das geographische Arbeiten in unterschiedlichen Maßstabsbereichen und deren Übergängen inhaltlich und vor allem methodisch von großer Bedeutung, da mit einem Dimensionswechsel andere Merkmale und Prozesse an Bedeutung gewinnen. Beim Wechsel von einer untergeordneten Dimension in eine übergeordnete nimmt der Allgemeinheitsgrad der Aussagen zu und Größen, die zuvor räumlich darstellbar waren (z. B. Bodentyp), treten zugunsten von denen zurück, die Zusammenhänge und Beziehungen der untergeordneten Räume integrativ widerspiegeln (z. B. Bodengesellschaft) (vgl. Sandner 2002, S. 25). Jeder Übergang in eine höhere Dimension bedeutet eine Aggregierung und Homogenisierung von Informationen und Landschaftsräumen (entspricht einer Generalisierung), jeder Übergang in eine niedrigere Dimension eine Disaggregierung und Heterogenisierung (vgl. Herz 1973, S. 92, Leser 1997, S. 197, Steinhardt 1999, S. 59).

An den mit Dimensions- bzw. Skalenwechseln (down- und upscaling) verbundenen inhaltlichen und methodischen Problemen wird derzeit nicht nur in der Geographie und Landschaftsökologie (vgl. Syrbe 1999, Haase & Mannsfeld 2002, Krönert et al. 2001, Steinhardt & Volk 1999), sondern beispielsweise auch in der Hydrologie gearbeitet (vgl. Kleeberg et al. 1999). Ein ausgereiftes methodisches Instrumentarium ist bisher – trotz der grundsätzlichen Vorstellung zur Herangehensweise – nicht verfügbar (Steinhardt 1999, S. 52).

2.1.3 Schlussfolgerungen

Landschaft wird in dieser Arbeit als dynamisches und hierarchisches System aufgefasst, das auch anthropogen beeinflusst und gesteuert wird. Landschaften sind auf verschiedenen Maßstabsebenen – objektorientiert betrachtet – mit allen „darüber und darunterliegenden" Landschaften inhaltlich wie räumlich verbunden (spatially nested ecosystems, vgl. Klijn 1994a). Dabei sind sie auf jeder Maßstabsebene über unterschiedliche Merkmals- und Prozesskombinationen, die je nach Maßstabsebene unterschiedlich große räumliche Reichweiten aufweisen, erfassbar. Die Landschaftsauffassung und die Landschaftshierarchien bestimmen die Konzeption und Methodik der Typisierung von Landschaften in chorischer Dimension: Landschaften müssen der chorischen Dimension entsprechend über sinnvoll ausgewählte Merkmals- und Prozesskombinationen erfasst und heterogene Raumstrukturen berücksichtigt werden, um darauf aufbauend Landschaften abzugrenzen und zu typisieren. Abschließend wird ein Raum über die typisierten Landschaftsräume gegliedert.

2.2 LANDSCHAFTSTRUKTUREN UND LANDSCHAFTSPROZESSE

„Eine Landschaft besitzt durch die Zusammensetzung und Anordnung einzelner Landschaftselemente ein ihr eigenes, charakteristisches Gepräge, über das sie identifiziert und beschrieben werden kann" (Walz 1999a, S. 2).

Der Begriff Landschaftsstruktur weist ebenso wie der der Landschaft eine doppelte Bedeutung auf, die sich auf die inhaltliche wie räumliche Ausprägung bezieht. Allgemein bedeutet Struktur, dass Bestandteile eines Systems in bestimmter Weise über Relationen miteinander verbunden sind. Bestandteile einer Landschaft stellen zum Einen Elemente und Faktoren dar, die den inhaltlichen Aufbau einer Landschaft bestimmen (vertikale Landschaftsstruktur). Zum Anderen sind untergeordnete Teilräume ebenfalls Bestandteil einer Landschaft, deren Art und räumliche Anordnung die horizontale Landschaftsstruktur bestimmen. Ausdruck der Relationen sowohl zwischen den inhaltlichen als auch zwischen den räumlichen Bestandteilen sind Prozesse: *„Structure refers to the spatial relationships between distinctive ecosystems, that is, the* *distribution of energy, materials, and species in relation to the sizes, shapes, numbers, kinds, and configurations of components"* (Forman & Godron 1986, zit. in Turner & Gardner 1991a, S. 4f).

2.2.1 Vertikale Strukturen und Prozesse

Unter der **vertikalen Struktur der Landschaft** versteht man die stockwerkartig übereinander und die sich z. T. überlagernden Schichten der Atmosphäre, Pedosphäre, Lithossphäre, Hydrosphäre und Biosphäre (Haase & Richter 1991, S. 31), die von der Anthroposphäre vollständig oder in Teilen überlagert werden. Eine Schicht kann über zeitinvariante Zustandsparameter oder über Zeitreihen repräsentierende Parameter definiert (Neumeister 1979, S. 20) und als eine strukturell-funktionale Einheit aufgefasst werden (Billwitz 1997, S. 667). Über die Kombination von schichtweise gebildeten Typen (räumliche Überlagerung der unterschiedlichen Typareale) lassen sich Landschaftsräume komplex kennzeichnen, die dann als vertikal homogen bezeichnet werden können (vgl. Billwitz 1997, S. 667). Einen komplexen Landschaftsraum als homogen zu bezeichnen, der von mehreren Merkmalen gleichermaßen repräsentiert wird, ist nur dadurch zulässig, dass sich die Schichten gegenseitig bedingen und einen engen Zusammenhang aufweisen (Syrbe 1999, S. 467). Diesen Zusammenhang hat Herz (1984, S. 25ff) in seinem Korrelationsprinzip der Areale formuliert.

Die zwischen den Schichten ablaufenden Prozesse werden nach Haase (1979, S. 8) in geo-chemisch-geophysikalische, ökologische und technogene Prozesse unterschieden:

(a) *geo-chemisch-geophysikalische Prozesse:* z. B. Umsatz von Strahlungsenergie und Wärmeenergie

(b) *ökologische Prozesse:* z. B. Umsatz von Wasser, Umsatz von gelösten, klastischen oder gasförmigen anorganischen und organischen Substanzen

(c) *technogene Prozesse:* z. B. anthropogener Eintrag und Entnahme von künstlichen wie natürlichen Stoffen

Die kleinste Einheit, die ausschließlich in vertikaler Richtung heterogen zusammengesetzt ist, wird von Löffler (2002b, S. 51ff) über den englischen Begriff „Econ" beschrieben, was mit Ökon ins Deutsche übersetzt werden kann. Da sich bereits Tope aus untergeordneten Landschaftsräumen zusammensetzen, diese wiederum aus untergeordneten usw., stellen Ökone die kleinste mögliche Einheit dar, deren räumliche Ausprägung gegen eine Flächengröße von 0 geht. Ökone sind somit Gedankenkonstrukte, die wegen der auf jeder Maßstabsebene möglichen Homogenität und Heterogenität (vgl. Kap. 2.1.2) aus methodischen Gründen eingeführt wurde (vgl. Löffler 2002b,

S. 51ff). Die bislang vorherrschende Auffassung, dass in topischen Landschaften vertikal gerichtete Prozesse (z. B. Niederschlag, Verdunstung und Versickerung von Wasser) gegenüber lateral gerichteten vorherrschen, sind deshalb nicht haltbar, weil sich auch Ökotope bereits heterogen zusammensetzen. In Ökonen dagegen ist die vertikale Richtung der Stoff- und Energieumsätze gegenüber lateralen von größerer Bedeutung, *„da Energie- und Stoffinputs hauptsächlich über die Erdoberflächennahe Luftschicht in das System gelangen und dann nacheinander die Subsysteme Vegetation, Relief, Boden und Gestein durchlaufen und so zwischen diesen eine stoffliche und energetische Verbindung herstellen"* (Klug & Lang 1983, S. 71) (vgl. Abb. 4).

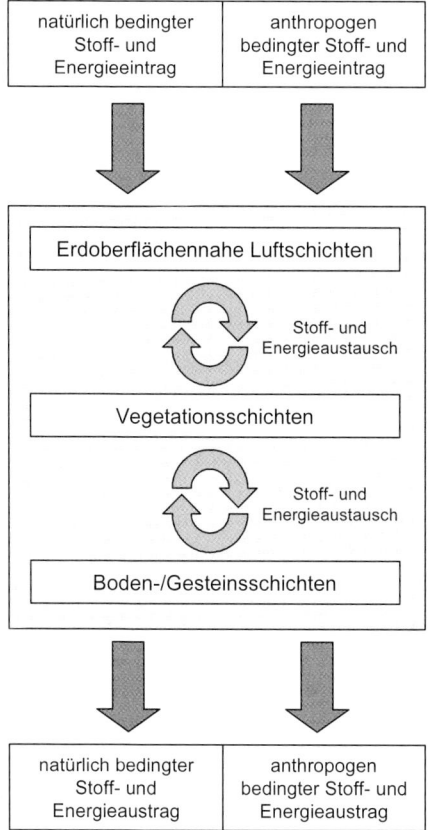

Abb. 4   Vertikalstruktur der Landschaft (nach Billwitz 1997, S. 667)

Nachdem die vertikalen Prozesse ein Ökon in vertikaler Richtung durchlaufen haben, können diese in laterale Richtung umgelenkt werden (vgl. Abb. 5) (Steinhardt 1999, S. 51). Diese bilden dann die Grundlage für die Verbindung von benachbarten Raumeinheiten (vgl. Kap. 2.2.2).

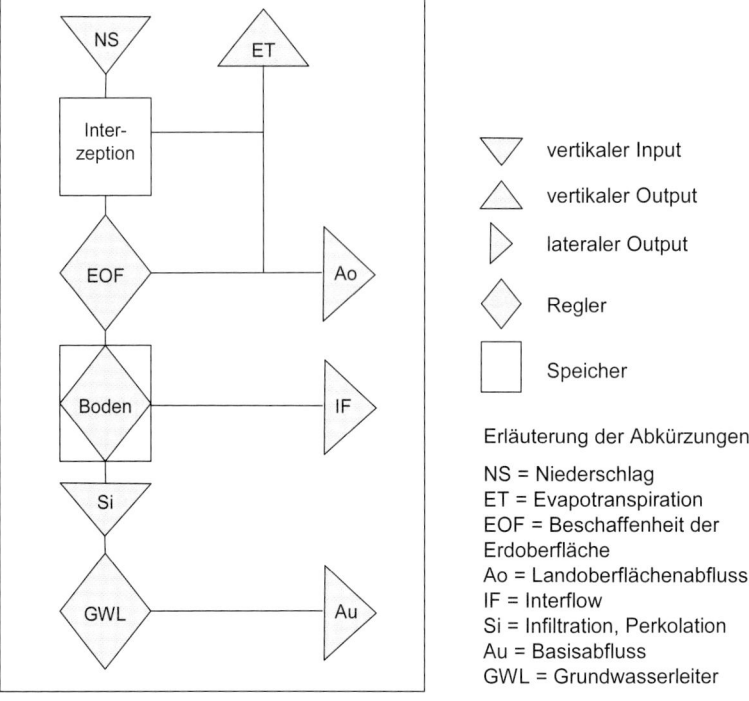

Abb. 5 Grundvorstellungen zur Transformation vertikaler in laterale Wasserflüsse (nach Steinhardt 1999, S. 51)

2.2.2 Horizontale Strukturen und Prozesse

Unter der **horizontalen Struktur** eines Raumes versteht man nach Herz (1975, zit. in Haase 1991a, S. 37) den Wechsel von Werteverteilungen benachbarter Landschaftsräume, die in bezug auf die Werteverteilung von Merkmalen homogene Ausschnitte darstellen und durch Grenzen oder Grenzsäume voneinander abgegrenzt sind. Ein Landschaftsraum höherer Dimension (z. B. chorischer Dimension) zeichnet sich durch heterogen ausgebildete Werte und Typen innerhalb der einzelnen übereinander liegenden Schichten und somit durch ein Nebeneinander von untergeordneten Landschaftsräumen aus (vgl. Abb. 6 und Kap. 2.1.2).

In räumlicher Aufsicht bilden die untergeordneten Landschaftsräume **Mosaike**[9]. Landschaftsräume, die *„zumeist in typischer Wiederholung und unter Einbehaltung bestimmter Lagebeziehungen auftreten, machen das Wesen*

---

[9] Herz (1984, S. 43) benutzt synonym für den Begriff „Mosaik" den Begriff „Gefüge".

der größeren ökologischen Raumeinheiten aus. Diese sind mithin stets durch mehrere Ökosystemtypen, die in einem bestimmten Anordnungsmuster ("pattern") auftreten, gekennzeichnet" (Klink 1978, S. 64). In ihrer Zusammensetzung charakteristische Mosaike können als regelhaft definiert werden (Mosaiktypen) und als Grundlage für die Bildung übergeordneter Landschaftsräume dienen, in dem sie eine eigenständige neue Ganzheit bilden, die sich in vielen Eigenschaften von benachbarten Landschaftsräumen gleichen Ranges deutlich abheben (Billwitz 1997, S. 684). Innerhalb eines übergeordneten Landschaftsraums können die untergeordneten Räume ähnlich oder unterschiedlich ausgebildet sein. Herz (1984, S. 39-43) spricht in seinem Prinzip der Polarität von Ähnlichkeits- und Gegensatzgruppen. Die Grenzen eines Gefüges finden sich dort, wo Änderungen in der inhaltlichen Vergesellschaftung und/oder in der räumlichen Anordnung der untergeordneten Landschaftsräume eintreten.

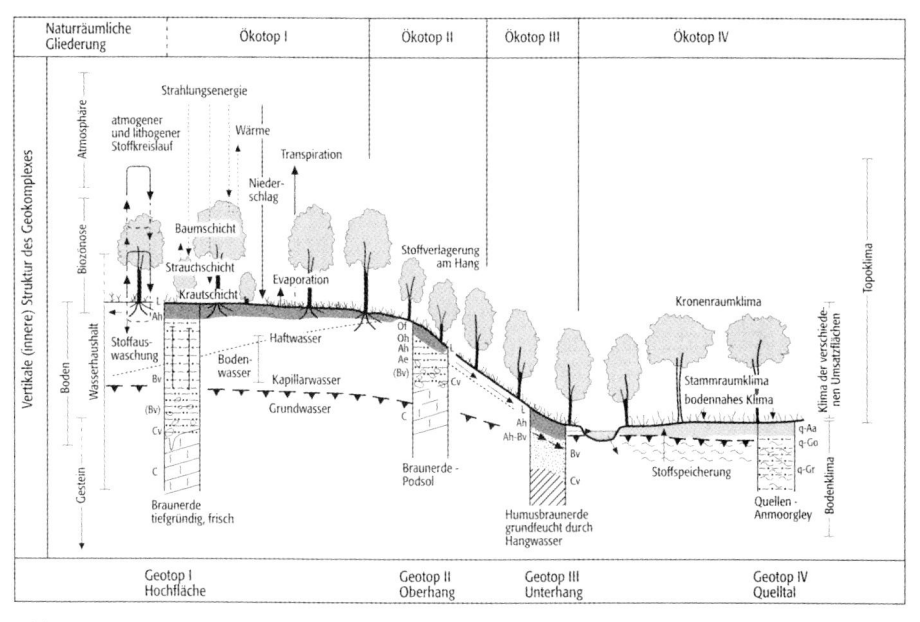

Abb. 6   Tope als Grundbausteine heterogener Raumeinheiten (nach Klink aus Brunotte et al. 2002, S. 6)

Betrachtet man die einzelnen Einheiten der Mosaike statisch, existieren zwischen diesen keine Beziehungen. Prozessorientiert betrachtet bilden sie jedoch ein Netzwerk, in dem Einheiten durch laterale Prozesse verbunden sind, die ein- wie beidseitig gerichtet sein können[10]. *„The concept of patterns and*

---

[10] Einseitig gerichtete Prozesse sind z. B. hangwassergebundene Prozesse, beidseitig gerichtete z. B. Überflutungsprozesse.

networks are closely related to the concept of structure. Structure is a holistic concept that refers to the characteristic relations that make that the whole is more than the sum of its composing parts" (Antrop 2000, S. 259). Insgesamt zeichnet sich das Prozessgeschehen in einem Landschaftsraum chorischer Dimension durch vertikale wie laterale Prozesse aus: vertikale Prozesse laufen vor allem innerhalb jeder einzelnen untergeordneten Einheit ab, wobei alle Schichten miteinander verbunden sein können (Klug & Lang 1983, S. 90). Die lateralen Prozesse laufen innerhalb und zwischen Raumeinheiten ab. Auf eine Raumeinheit bezogen dringen diese innerhalb einer Schicht (beispielsweise über die Atmosphäre oder die Pedosphäre) als Input durch die permeable Raumgrenze ein und verlassen die Raumeinheit innerhalb eines bestimmten Zeitabschnitts als Output (Klug & Lang 1983, S. 88). *„Zu den lateralen Stoff- und Energietransfers gehören der ober- und unterirdische Abfluss von Wasser auf dem Festland, Strömung, Brandung und Wellenenergie an der Küste, die Fortbewegung von Eis, Transport von Luftmassen und Sand durch Winde sowie Massenbewegungen durch die Schwerkraft. Mit dem Wasser erfolgt zugleich der horizontale Transfer gelöster Substanzen und verschiedener Feststoffe; durch den Wind werden Staub und Gas, von beiden zugleich auch Schadstoffe, transportiert"* (Klug & Lang 1983, S. 88).

Obwohl die landschaftsökologischen Prozesse von vielen Faktoren abhängen, werden viele landschaftsökologische Prozesse von Relief und Boden gesteuert, denn gemeinsam vermitteln sie über ihre Eigenschaften zwischen den Geokomponenten (Haase & Richter 1991, S. 33, Turner et al. 2001, S. 251). Das Relief bestimmt über Neigung, Wölbung und Exposition, der Boden vor allem über dessen Wasserleitfähigkeit die Intensität wassergebundener Prozesse und deren Richtung. So herrschen beispielsweise in schwach geneigten Bereichen mit leitfähigen Böden vertikale Wasserflüsse vor, während in stärker geneigten Bereichen laterale gegenüber den vertikalen überwiegen. In relativen Senken sammeln sich Luft sowie Wasser und verlagerte Stoffe (Quellen-Senken-Gefüge). Die Höhenlage bestimmt unter anderem die Niederschlagshöhen und gemeinsam mit der Exposition die Lufttemperaturen, die wiederum entsprechende Prozessintensitäten bestimmen (z. B. Verdunstung). Die Intensitäten der vertikalen und lateralen Prozesse bestimmen die Stärke der Wechselbeziehungen benachbarter Landschaftsräume. Schmidt (1978) hat aus diesen genetischen bedingten Beziehungen drei Grundtypen der Anordnung abgeleitet, die von Haase (1991c, S. 65) (vgl. auch Syrbe 1999) als Kopplungstypen bezeichnet werden. Diese Kopplungstypen werden anhand der intensivsten vertikalen oder horizontalen (überwiegend wassergebundenen) Stoffverlagerungen unterschieden (s. Kap. 3.2.1). Als Folge der Relief- und Bodendifferenzierungen passen sich Vegetationsgesellschaften und z. T. die Landnutzung an die landschaftsökologischen Gegebenheiten an und bestimmen darüber die charakteristische räumliche Struktur eines Landschaftsraums. Die Landschaftsstruktur ist damit Ausdruck der naturräumlichen Vielfalt und der anthropogenen Wirtschaftsweise (Walz 1999a, S. 2).

Natürliche wie anthropogen bedingte Strukturen steuern Prozesse, die auf die Strukturen zurückwirken und diese verändern. Diese Wechselwirkungen bauen spiralenartig aufeinander auf und führen zur Entwicklung einer Landschaft. Laterale Prozesse haben dabei vor allem Änderungen der horizontalen Struktur zur Folge: Anordnungsmuster, Maß- und Größenverhältnisse der Areale verändern sich. Vertikale Prozesse führen zu Änderungen der Wertebereiche von Merkmalen und Prozessen, so dass sich z. B. der Grad der Heterogenität und die inhaltliche Zusammensetzung innerhalb eines Raumes ändern kann (vgl. Turner et al. 2001, S. 251 und Syrbe 1999, S. 481).

2.2.3 Kennzeichnung von Landschaftsstrukturen in chorischer Dimension

Die Analyse und Kennzeichnung von Landschaftsstrukturen in chorischer Dimension stand in der DDR viel stärker im Blickpunkt der Forschung als in der BRD (alte Bundesländer), weil die geographische Forschung in der DDR auf die Lösung *„gesellschaftlicher und volkswirtschaftlicher Aufgaben"* ausgerichtet war (vgl. Haase 1991b, S. 5). Diese Aufgaben waren vor allem mit der Sicherung der Lebensgrundlagen (Erhaltung des Ertragspotenzials, des Entsorgungspotenzials, des Grundwasserschutzes) und damit mit der optimalen Nutzung der gegebenen Strukturen verbunden (vgl. Haase & Hubrich 1991c, S. 194ff). Haase et al. (1991d) haben Grundprinzipien über die vertikale und horizontale Gliederung von Naturräumen in chorischer Dimension formuliert, welche die Forschungserkenntnisse der Landschaftsforschung in bezug auf die Vorstellungen von der Struktur des Naturraumes und der davon bestimmten Funktionsweisen und Dynamik theoretisch und standardisierend zusammenfassen.

Die **inhaltliche Kennzeichnung** (vertikale Landschaftsstruktur) erfolgt über Komponentenmerkmale, die die Eigenschaften einzelner Komponenten (Boden, Relief, Klima, Vegetation etc.) detaillierter kennzeichnen (Haase 1991c, S. 62). Komponentenmerkmale in chorischer Dimension sind z. B. Kombinationen bzw. Gesellschaften von Bodenformen, Reliefformen, Hydrotopen oder aktuellen Vegetationsformen. Dazu können Zusatzangaben gemacht werden, z. B. zum Gestein, zur Reliefamplitude, zu den Hangneigungen, zur Kleinformendichte etc. Zur Typisierung können einzelne Komponentenausprägungen nach Flächenangaben klassifiziert werden, und aus deren Kombination Flächentypen gebildet werden. Stehen Flächentypen niederrangiger Einheiten zur Verfügung, ist es möglich Mosaiktypen abzuleiten (Syrbe 1999, S. 487).

Die **Kennzeichnung der räumlichen Struktur** (horizontale Landschaftsstruktur) erfolgt über Gefügemerkmale, die die räumliche Anordnung und Verteilung sowie die dynamische Verbindung von Einheiten beschreiben (nach Haase 1991c, S. 65, vgl. auch Syrbe 1999, S. 480ff und Billwitz 1997, S. 685-689):

- *Kopplungseigenschaften:* Über die Kopplungseigenschaften werden die Art der die Einheiten verknüpfenden Prozesse (Kopplungen), deren Richtung und zeitliches Verhalten beschrieben (Syrbe 1999, S. 481). Die Kopplungseigenschaften werden durch die Reliefformen und die Wasserleitfähigkeit der Böden vorgegeben (vgl. Kap. 3.2.1).
- *Anordnungsmuster:* Über die Anordnungsmuster werden Formen und Lagebeziehungen der Teilareale typisiert (vgl. Syrbe 1999, S. 485). Dabei spielen die unmittelbaren Nachbarschaftsverhältnisse eine Rolle, die mit Hilfe von Kontakthäufigkeiten ermittelt werden können (vgl. Kap. 3.2.4.2). Die Anordnungsmuster können genetische oder funktionale Zusammenhänge aufzeigen.
- *Mensureigenschaften:* Über Mensureigenschaften werden die Maß- und Größenverhältnisse der Areale gekennzeichnet. Zur Beschreibung der Mensureigenschaften eignen sich eine Vielzahl von Landschaftsstrukturmaßen (vgl. McGarigal & Marks 1994 sowie Walz 2002). Vor allem die Größe und räumliche Verteilung der Areale sind von Bedeutung, denn beispielsweise weisen dispers verteilte Einheiten im Vergleich eine größere Grenzlänge und damit mehr Möglichkeiten zur Nachbarschaft zu anderen Einheiten als räumlich konzentriert auftretende. Davon können dynamische Beziehungen abhängen. Je mehr Kontakte zwischen unterschiedlichen Einheiten bestehen, um so mehr Beziehungen sind zwischen diesen möglich. Anordnungsmuster und Mensureigenschaften hängen somit eng zusammen.
- *Innere räumliche Heterogenität:* Die Anzahl der Typen, die eine größere Einheit bilden, bestimmen den Grad der Heterogenität eines Raumes. Räumlich sehr heterogen zusammengesetzte Räume weisen auf kleinräumig wechselnde Verhältnisse hin. Somit muss die innere räumliche Heterogenität im Zusammenhang mit Mensureigenschaften und Anordnungsmustern betrachtet werden.

Der Zusammenhang zwischen Lagebeziehung, Form und Größe von Arealen, räumlicher Verteilung und innerer räumlicher wie inhaltlicher Heterogenität wird im Patch-Matrix-Konzept[11] deutlich (vgl. Forman & Godron 1986, For-

---

[11] Einzelne Patches stellen Raumeinheiten dar, die in eine Umgebung (Matrix) eingebettet sind. Die Matrix wird dabei aus dem am stärksten räumlich zusammenhängenden Patchtyp gebildet (vgl. Beierkuhnlein 2002, S. 73ff). Einzelne Landschaften zeichnen sich durch charakteristische Patch-Matrix-Konfigurationen aus, die sich über Landschaftsstrukturmaße operationalisieren lassen, und somit eine Grundlage für die Landschaftstypisierung darstellen können. Die Quantifizierung räumlicher Strukturen (Mensur, Anordnung, innere räumliche Heterogenität) über Landschaftsstrukturmaße bildet vor allem in der nordamerikanischen Landschaftsökologie einen Schwerpunkt der Forschung (vgl. Turner et al. 2001, S. 3ff, Zebisch 2002), während sie in Deutschland erst an Bedeutung gewinnt (vgl. Zebisch 2002, Walz et al. 2001, Walz 1999a). Ohne das Verständnis der inhaltlichen und räumlichen Strukturen sowie den Funktionsweisen von Landschaften können Landschaftsstrukturmaße jedoch nicht sinnvoll eingesetzt werden.

man 1995), das die Grundlage vieler explizit räumlichen Ansätze bildet (Blaschke 2001, S. 84).

Komponenten- wie Gefügemerkmale können über Kompositions- und Rahmenmerkmale ausgedrückt werden: Kompositionsmerkmale beziehen sich auf ein bestimmtes Areal und kennzeichnen dieses individuell, während Rahmenmerkmale Eigenschaften für alle Areale eines bestimmten Typs beschreiben (z. B. über Durchschnittswerte). Rahmenmerkmale eignen sich daher für die Kennzeichnung von Landschaftstypen.

2.2.4 Schlussfolgerungen

Vertikale wie horizontale Landschaftsstrukturen können dem Hierarchieverständnis nach auf jeder Maßstabsebene untersucht und zur Beschreibung von Landschaften herangezogen werden. Trotzdem spielt vor allem in höheren Dimensionen (wie der chorischen Dimension) die räumliche Orientierung von Landschaftsräumen und deren dynamische Verbindung, die vor allem durch die Oberflächenform und die Bodeneigenschaften vorgegeben werden, eine größere Rolle als in unteren Maßstabsebenen. Analysen der Nachbarschaftslagen, der Werte- bzw. Typenheterogenität sowie der Größe und Form der Teilräume tragen zur Aufklärung der horizontalen Landschaftsstruktur bei: „*Landscape structure refers to the spatial pattern of distinct landscape elements, such as their size, shape, configuration, number, and type*" (Whiters & Meentemeyer 1999, S. 218). Obwohl damit zunächst raumstrukturelle Kriterien im Vordergrund stehen, kann über die Raumstruktur auf Prozesskombinationen geschlossen werden. Deshalb kann man Choren als Aktivitätsbereich für aktuell ablaufende Prozesse auffassen (Haase 1979, S. 16). Innerhalb von Choren können chorisch wirksame geoökologische Prozesse erforscht und quantifiziert werden (z. B. Geländewindsysteme, Gebietswasserhaushalt und den darauf bezogenen Stoff- und Materialhaushalt[12]), wie es Leser (1997, S. 241) – bei gleichzeitiger Bemängelung der alleinigen Konzentration auf raumstrukturelle Ansätze – fordert. Die Gesamtheit der vertikal wie lateral gerichteten geo-chemisch-geophysikalischen, ökologischen und technogenen Prozesse an einem Standort bezeichnet Zepp (1991c, 1999) als „*landschaftsökologisches Prozessgefüge*". Dieses kann unter anderem integrativ beispielsweise über Merkmale und Größen wie das Bodenfeuchteregime, die Durchsi-

---

[12] Chorisch quantifizierbare Vertikalprozesse sind Niederschlag und Strahlung, chorisch quantifizierbare Lateralprozesse Talwindsysteme, Grundwasserströme und Oberflächenabfluss mit Nährstoffaustrag in den Vorfluter (Leser 1997, S. 249). Während vertikale Prozesse durch ausgewählte Werte (Maximum, Minimum, Durchschnitt, Residuen) für den Gesamtraum repräsentativ gekennzeichnet werden können, ergeben sich für die Erfassung der lateralen Prozesse methodische Schwierigkeiten, da diese an den „Ein- und Ausgängen" einer Chore erfasst werden müssen (Klug & Lang 1983, S. 91).

ckerungshöhe, den ökochemischen Pufferbereich und die biotische Aktivität erfasst werden (Zepp 1999, S. 456). Diese Zusammenhänge bilden die Grundlage zur Systematisierung von Landschaftsräumen (Kap. 3), weshalb Prozessgefüge auf jeder Maßstabsebene ausgewiesen werden können.

2.3 ANSÄTZE ZUR HIERARCHISCHEN LANDSCHAFTSGLIEDERUNG

Landschaftsräume lassen sich nach zwei verschiedenen inhaltlichen Ansätzen hierarchisch räumlich abgrenzen: Entweder nach holistischem oder komplex-analytischem Ansatz. Der Unterschied zwischen den beiden Ansätzen liegt in der Auffassung von Landschaften: Der holistische setzt die Existenz von Landschaften a priori voraus, während der komplex-analytische von der auf einem methodischen Konzept basierenden Konstruktion von Landschaften ausgeht (Löffler 2002a, S. 258). Aus diesem Grund schließen sich die Ansätze gegenseitig aus (vgl. Leser 1997, S. 219). Unabhängig von der Wahl des Ansatzes muss zur Bildung von Typen ein inhaltliches Konzept vorhanden sein, dass die Eigenschaften und die Homogenität der Typen definiert.

2.3.1 *Holistischer Ansatz*

Hierarchische Landschaftsgliederungen nach holistischen Ansatz sind mit einem **deduktiven Vorgehen** verbunden (downscaling): Größere Einheiten werden nach am stärksten trennenden Merkmalen in kleinere Einheiten differenziert. Das Abgrenzungskriterium für die Grundeinheiten ist das gesamtheitliche, holistische Erscheinungsbild einer Landschaft. Dieses Erscheinungsbild spiegelt korrelative Merkmalskomplexe wider und entsteht durch das Zusammenspiel von Gestein, Relief, Boden, Vegetation, Klima und Landnutzung. Dieses Zusammenspiel äußert sich in charakteristischen Landschaftsmustern (Davidson 1992, S. 29). In Abhängigkeit vom Betrachtungsmaßstab und von der Stabilität gegenüber Veränderungen, wird bei der Abgrenzung von Räumen eine hierarchische Gewichtung der landschaftlichen Teilkomplexe vorgenommen (vgl. Klijn & de Haes 1994, S. 92). *"One component of the ecosystem acts as the primary control for a particular type of regionalization, and its extent of influence is mapped"* (Bailey & Wiken 1985, S. 268). Anhand der hierarchisch untergeordneten Teilkomplexe werden die Großräume in kleinere Teilräume untergliedert (s. Abb. 7). Innerhalb einer Maßstabsebene kann in Abhängigkeit der unterschiedlichen landschaftlichen Ausprägungen die Hierarchie von Landschaftsraum zu Landschaftsraum eine andere sein. Während im Mittelgebirge das Relief den übergeordneten Teilkomplex einer Raumeinheit bildet, kann dies im Flachland beispielsweise der Boden oder der Grundwasserflurabstand sein.

Landschaftsgliederung nach holistischem Ansatz

Hierarchische Abfolge landschaftlicher Teilkomplexe: Der übergeordnete Teilkomplex bestimmt über seine Arealgrenze den zu differenzierenden Raum. Dieser wird über die Areale der untergeordneten Teilkomplexe unterteilt.

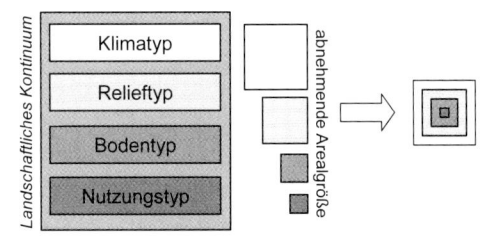

Klimatyp
Relieftyp
Bodentyp
Nutzungstyp

Abb. 7   Zusammenhang zwischen der hierarchischen Abfolge von landschaftlichen Teilkomplexen und dem Vorgehen zur Landschaftsgliederung nach holistischem Ansatz

Dieser Ansatz entspricht im deutschsprachigen Raum der Naturräumlichen Gliederung (NRG), im englischsprachigen Raum dem *„landscape approach"* (Davidson 1992, S. 29) oder auch *„holistic-descriptive approach"* (Domon et al. 1989, S. 69). Die Landschaftsräume werden nach gesamtheitlichem Erscheinungsbild ausgeschieden und begründet, weshalb landschaftshaushaltliche Zusammenhänge mit diesem Verfahren nicht berücksichtigt werden (Leser 1997, S. 210). Die abgegrenzten Räume können anhand ihres Inventars typisiert werden (nomothetische Kennzeichnung). Um Räume miteinander vergleichen zu können, sollten auch größere Räume trotz ihrer individuellen Züge und trotz der mit der Typisierung verbundenen Generalisierung typisiert werden. Die rein ideographische Kennzeichnung macht einen Vergleich von Räumen unmöglich, wie die Erfahrungen mit den Naturräumlichen Haupteinheiten (Meynen & Schmithüsen 1953-1962) zeigen[13].

2.3.2   *Komplex-analytischer Ansatz*

Hierarchische Landschaftsgliederungen nach komplex-analytischem Ansatz sind mit einem **induktiven Vorgehen** verbunden (upscaling): Kleinere Raumeinheiten werden zu größeren aggregiert, wobei die kleineren durch die Kombination von inhaltlich gleichrangig nebeneinander stehenden landschaftlichen

---

[13]   Renners (1991) hat im Nachhinein die Naturräumlichen Einheiten typisiert und damit die „leeren" Räume mit Inhalt gefüllt.

Teilkomplexen entstehen, die bereits typisiert sind (Abb. 8). Der komplex-analytische Ansatz verlangt somit grundsätzlich *„im Vorhinein die Definition der zu kartierenden, ggf. zu messenden Geofaktoren"* (Zepp 1999, S. 441). Erst nach der separaten räumlichen Differenzierung der einzelnen Geofaktoren *„können aus der Verknüpfung und räumlichen Überlagerung Einheiten nach nachvollziehbaren, gut dokumentierten Methoden gebildet werden"* (Zepp 1999, S. 441).

Durch räumliche Überlagerung der Teilkomplexkarten bzw. durch deren Kombination entstehen Raumtypen, die sich jeweils durch eine bestimmte Kombination der Teilkomplextypausprägungen unterscheiden. Jeder Raumtyp bildet Areale. Charakteristische regelhafte Anordnungen von Arealen unterschiedlicher Raumtypen werden zu neuen, größeren Areale zusammengefasst (aggregiert). Eine Aggregierung nach inhaltlichen Kriterien und räumlichen Lagebeziehungen wird in dieser Arbeit als **Mosaiktypbildung** bezeichnet. Das Ergebnis einer Mosaiktypbildung sind Raumeinheiten, die ähnliche und/oder gegensätzliche Teilräume aufweisen (Abb. 8). Regelhafte Anordnungen können auf jeder Dimensionsstufe definiert werden (vgl. Kap. 2.1.2)

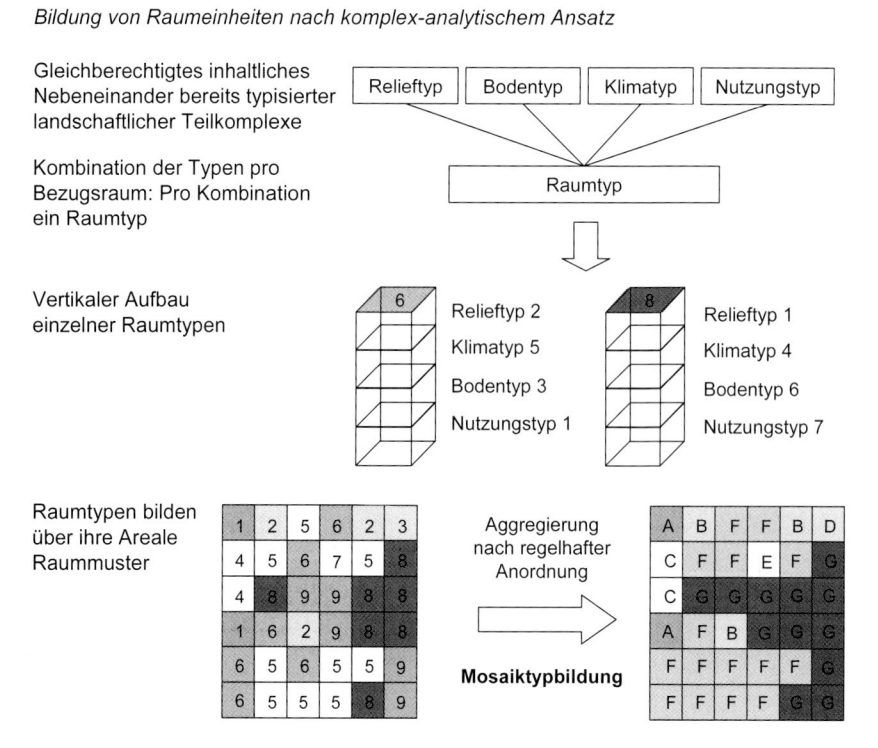

Abb. 8 Bildung von Raumtypen durch Kombination typisierter landschaftlicher Teilkomplexe und Aggregierung nach regelhafter räumlicher Anordnung ihrer Areale (Mosaiktypbildung)

Der komplex-analytische Ansatz entspricht im deutschsprachigen Raum der durch Richter (1967) eingeführten Naturräumlichen Ordnung (NO), die neben der Abgrenzung von Landschaftsräumen deren inhaltliche Darstellung zum Ziel hatte und vor allem in der ehemaligen DDR entwickelt und praktiziert wurde (Schmidt 1965, Garten 1976, Möller 1982, Knothe 1987). Die inhaltliche Kennzeichnung erfolgt nicht nur über statische, sondern vor allem über integrative Merkmale wie das Bodenfeuchteregime (vgl. Hubrich & Schmidt 1968, Hubrich & Thomas 1978). Erst über letztgenannte wird die haushaltlich-prozessuale Kennzeichnung einer Landschaft möglich (vgl. Leser 1997, S. 212). Davidson (1992, S. 33f) nennt den komplex-analytischen Ansatz *„parametric approach"*, Domon et al. (1989, S. 71) *„selective-qualitative"* und *„selective-descriptive"*.

Die schrittweise Aggregierung von topischen Datengrundlagen aus stellt die optimale Form einer induktiven Raumgliederung dar. Dies ist in den meisten Fällen zum Einen wegen fehlender Datengrundlagen und zum Anderen wegen des arbeitstechnischen Aufwandes schwer möglich. Eine weitere Möglichkeit stellt jedoch die Übertragung von Ergebnissen einer Maßstabsebene, die auf topischen Datengrundlagen erzeugt wurden, auf andere Räume der gleichen Maßstabsebene dar (vgl. Syrbe 1999, 2002) (Abb. 9).

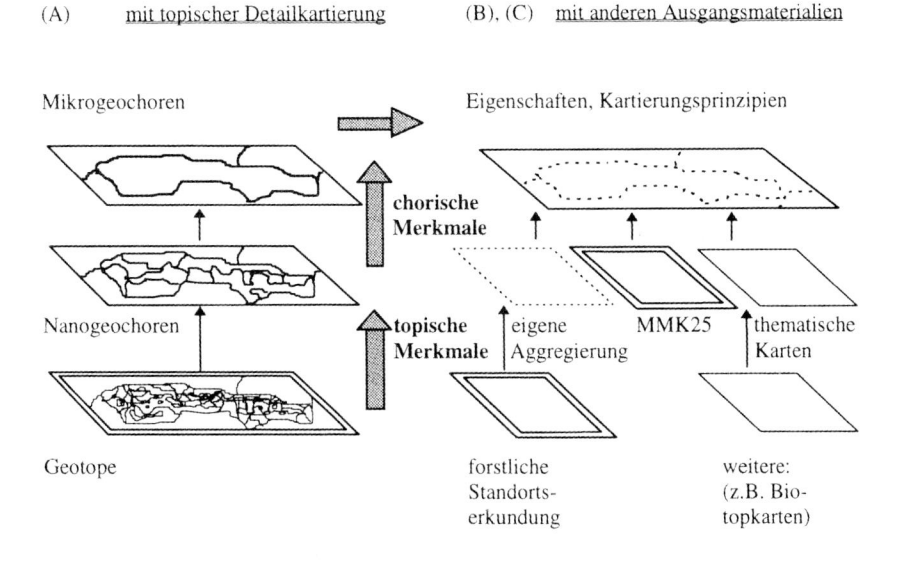

Abb. 9 Erfassungsmethodik chorischer Raumeinheiten (aus Syrbe 1999, S. 473)

Doch auch ein solches Vorgehen ist nicht immer umsetzbar, wie Neef (1967, S. 71) feststellt: *„Die chorologische Arbeitsweise wird bei der Behandlung immer größerer Verbände bei immer kleiner werdendem Maßstab mehr und* *mehr auf Teile des Inhaltes verzichten müssen. Sie wird dabei die in der vorangehenden Dimensionsstufe gewonnenen Ergebnisse und erarbeiteten Verbände nutzbar machen und nur noch indirekt auf die topologische Basis zurückgreifen können"*. So bilden oftmals bereits aggregierte Daten die Basis für eine Raumgliederung, die nicht von ganz unten aus (d. h. topischer Ebene) „nach oben" führt, sondern von „der Mitte" aus. Vor diesem Hintergrund hat Mannsfeld (1976) als methodische Feinabstufung zwischen den beiden Verfahren (von ganz oben, von ganz unten aus) *„vier Intensitätsstufen der chorischen Naturraumerkundung"* definiert. Die Intensitätsstufen sind jedoch eher als Detailstufen der Grundlagendaten aufzufassen, die in Anlehnung an Mannsfeld (1976) wie folgt verstanden werden:

(a) *Detailstufe A:* In der Stufe A bilden Erkenntnisse aus topischen Untersuchungen die Datengrundlage für die Bildung höherrangiger Einheiten. Einzelne Merkmale können vollständig und umfassend angegeben werden. Diese Datengrundlage ist als die inhaltlich fundierteste im Rahmen der Naturräumlichen Ordnung zu bezeichnen und kann schwerpunktmäßig im Maßstabsbereich zwischen 1 : 5 000 und 1 : 25 000 bereitgestellt werden. Die Bildung höherrangiger Einheiten erfolgt innerhalb eines detailliert analysierten Raumes von „ganz unten" aus.

(b) *Detailstufe B:* Die in der Qualitätsstufe A gewonnenen Erkenntnisse können bei Vorliegen hoch auflösender räumlicher Daten auf weitere Teile eines Gebietes übertragen werden. Eine auf dieser Datengrundlage aufbauende Aggregierung erfolgt zwar auch von „ganz unten" aus, ist jedoch aufgrund der zugrunde liegenden regionalisierten Daten als weniger inhaltlich fundiert gegenüber der Stufe A zu bezeichnen. Die höherrangigen Einheiten erhalten einen stärker hypothetischen Charakter. Die Stufe B ist als Kombination der Detailerkundung und der kontrollierbaren Extrapolation anzusehen (Mannsfeld & Haase 1991, S. 133). Daten der Stufe B bilden vor allem in dem Maßstabsbereich zwischen 1 : 10 000 und 1 : 50 000 die Datengrundlage.

(c) *Detailstufe C:* Die Datengrundlagen der Detailstufe C bauen auf der Interpretation und Ableitung thematischer Karten auf, die Partialkomplexe zum großen Teil noch ausreichend detailliert kennzeichnen. Die darauf aufbauende Aggregierung bzw. Differenzierung hat deshalb einen sehr viel hypothetischeren Charakter als die der Stufen A und B. In den Maßstabsbereich zwischen 1 : 500 000 und 1 : 200 000 greift man zweckmäßigerweise auf Daten der Stufe C zurück. Zwischen den Stufen A & B und den Stufen C & D besteht ein großer Sprung in der inhaltlichen Datenqualität.

(d) *Detailstufe D:* In der Detailstufe D können viele der Inventarmerkmale auf Grundlage thematischer Karten nur noch näherungsweise angegeben bzw. grob abgeschätzt werden. Die Detailstufe D gilt schwerpunktmäßig für den Maßstabsbereich zwischen 1 : 200 000 und 1 : 1 000 000.

Nach Syrbe (1999, S. 473) ist es zweckmäßig, auf Karten neben den Bearbeitern auch Angaben zu den inhaltlichen Qualitäten der Ausgangsdaten zu machen, um die Inhalte darauf aufbauend gebildeter Raumeinheiten adäquat einschätzen zu können. Einen Überblick, was diese Detailstufen auf einzelne Teilkomplexe bezogen bedeuten, gibt Tab. 1.

Tab. 1 Informationsgehalt von Grundlagendaten für die chorische Landschaftsordnung in bezug auf Inventar und Mosaik nach Detailstufen (verändert nach Mannsfeld 1976, S. 82)

		Inhaltliche Merkmale	Stufe A	Stufe B	Stufe C	Stufe D
Inventar	Relief	Oberflächenformen u. -eigenschaften	●	●	●	O
	Geologischer Bau und Boden	Gesteinsverhältnisse und Substrate sowie Bodenformen und Trophieverhältnisse	●	●	♦	O
	Wasser und Wasserhaushalt	Wasserhaushalt des Bodens	●	O	□	□
		Wasserhaushalt der Oberflächengewässer	♦	□	□	--
		Grundwasserverhältnisse	O	O	□	□
	Klima	Makroklima	♦	♦	♦	O
		Mesoklima	O	□	□	--
	Bios	Vegetationsgliederung	♦	□	□	□
Mosaik		Topgefüge	●	●	O	--
		Chorengefüge	●	●	♦	□

● vollständig und umfassend, ♦ ausreichend, O näherungsweise,
□ grobe Einschätzung, -- keine Bestimmung möglich

Unabhängig vom Detailgrad der Grundlagendaten[14] werden – wegen des gegenseitigen Ausschlusses der Ansätze – nach einem der Ansätze größere Einheiten durch Aggregierung oder aber kleinere Einheiten durch Differenzierung geschaffen. Eine Kombination der Ansätze ist nur dann möglich, wenn diese aufeinander aufbauen: Induktiv gebildete Räume können über Merkmale, die nicht zu deren Bildung beigetragen haben, auf deduktivem Weg differenziert werden (vgl. Kap. 4.9). Zuvor müssen die induktiv gebildeten Räume als

---

[14] Alle Flächen eines Datensatzes müssen die gleiche inhaltliche Auflösung enthalten (z. B. Bodentypen oder Bodengesellschaften). Ist dies nicht der Fall, muss eine Datenbasis nach solchen Kriterien geschaffen werden (Syrbe 1999, S. 474).

in sich homogen definiert werden: Denn deren Differenzierung führt ggf. dazu, dass sich die entstandenen Teilräumen auf untergeordneter Ebene anders zusammensetzen, als diejenigen, die die Bildung der größeren Raumeinheit begründen.

2.3.3 Schlussfolgerungen

In dieser Arbeit sollen – aus vertikal wie horizontal gerichteten Prozessen bestehende – landschaftsökologische Prozessgefüge von Landschaften typisiert werden. Die Entwicklung des Konzeptes und des methodischen Vorgehens ist deshalb in erster Linie mit dem komplex-analytischen Ansatz verbunden. Landschaftliche Teilkomplexe werden zunächst separat analysiert und typisiert, darauf aufbauend werden deren komplexe räumliche wie inhaltliche Abhängigkeiten untersucht und interpretiert (Zepp 1999, S. 441). Zwischenergebnis sind Teilkomplexkarten, die jeweils typisierte Ausprägungen mit deren zugehörigen Arealen darstellen. Durch deren gezielte Überlagerung entstehen räumlich kleinste gemeinsame Geometrien (KGG), inhaltlich Prozessgefüge-Grundtypen. Diese stellen die Basis für die Mosaiktypbildung dar, einen zentralen Punkt in dieser Arbeit darstellt: topologische Beziehungen werden GIS-gestützt analysiert, um darauf aufbauend auf induktivem Weg größere Raumeinheiten zu bilden. Obwohl sich die resultierenden Landschaftsräume heterogen zusammensetzen, ist es wegen der Hierarchie von Landschaften (vgl. Kap. 2.1.2) zulässig, die entstehenden Typen als homogen zu bezeichnen. In dieser Arbeit werden, im Anschluss an deren induktiven Bildung, Raumeinheiten deduktiv differenziert, womit die beiden Raumgliederungsansätze aufeinander aufbauend verwendet werden.

2.4 ZUM EINSATZ VON GIS UND VERFAHREN DER DIGITALEN BILDVERARBEITUNG ZUR LANDSCHAFTSKLASSIFIKATION UND LANDSCHAFTSGLIEDERUNG

„One of the most extensively used tools in modern ecology is the GIS" (Withers & Meentemeyer 1999, S. 214).
Der Einsatz von Geographischen Informationssystemen (GIS) zur Bearbeitung und Analyse von digitalen, raumbezogenen Daten ist Standard geworden. Ein zentrales Kriterium für ein GIS ist – im Gegensatz zu reinen Informationssystemen – *„die Integration von geometrischen und thematischen Attributen räumlicher Objekte"* (Blaschke 1997, S. 69). Dabei ist das Generieren neuer Informationen ein Spezifikum von GIS durch theoriegeleitete Kombination vorliegender Datenbestände. Dies bedeutet, dass ausgewählte Analyseschritte

zielorientiert nacheinander durchgeführt werden (Blaschke 1997, S. 70). GIS bieten eine technische Lösung bisher gebräuchlicher Verfahren (Dollinger 1997, S. 40), um große Datenmengen in relativ kurzer Zeit zu verarbeiten und Verfahren zu automatisieren. Die Beispiele der vorliegenden GIS-gestützt erstellten digitalen landschaftsökologischen Karten in topischer Dimension (z. B. Huber 1994, Duttmann 1993, Menz 2001) machen dies ebenso deutlich, wie diejenigen in chorischer und regionalischer Dimension (z. B. Brabyn 1996, Hargrove & Luxmoore 1998). Karteninhalte und Verfahren unterscheiden sich vor allem bezüglich der Parameterauswahl und des methodisch-inhaltlichen wie methodisch-technischen Konzepts. Räumliche Beziehungen von Raumeinheiten, die besonders bei der Analyse von Landschaftsstrukturen in chorischer Dimension eine herausragende Rolle spielen, werden in keiner der vorliegenden Arbeiten berücksichtigt. Ebenso fehlt die Implementierung entsprechender Verfahren in herkömmlichen GIS: *„Although GIS have been developed rapidly as tools for the storage, retrieval and display of geographic data, they have been less rapid to develop in the area of spatial analysis"* (Fotheringham & Rogerson (1993), zit. in Blaschke 1997, S. 79).

Analysemethoden, die sich eignen, um räumliche Beziehungen explizit zu berücksichtigen, lassen sich in zwei Gruppen fassen: in eine vertikale, multivariate mit horizontaler Komponente und in eine horizontale, univariate. Von diesen werden viele zur Bearbeitung landschaftsökologischer Fragestellungen eingesetzt, wobei sich nicht alle rein GIS-technisch umsetzen lassen[15]. Eine Beschreibung der einzelnen Methoden finden sich unter anderem bei Fortin (1999), Turner et al. (1991, S. 93ff) und Blaschke (1997, S. 98-114).

Unter **vertikalen, multivariaten Analysemethoden mit horizontaler Komponente** werden Methoden verstanden, mit denen mehrere Datenschichten gleichzeitig analysiert oder miteinander logisch verknüpft werden. Mehrere Datenschichten können gleichzeitig über multivariate Clusterverfahren (z. B. in ArcInfo) analysiert werden. Die logische Verknüpfung erfolgt mit Hilfe von Overlaytechniken: *„Wo ist...? Was ist an der Stelle x,y? Was ist im Umkreis von...? Was grenzt an...?"* (Blaschke 1997, S. 85). Darüber hinaus ist es möglich, Karten über logische und/oder algebraische Funktionen zu verknüpfen, in dem diese miteinander kombiniert werden. Über die Kombinationen von Merkmalsausprägungen werden Attributkombinationen geschaffen, die dabei helfen können spezifische Mosaike abzugrenzen (Huber 1994, S. 67).

Horizontale, univariate Methoden ermöglichen die Analyse der Abhängigkeit eines Sachverhaltes gegenüber seiner Umgebung. Dies ist über Verfahren der nachbarschaftsbezogenen, sogenannten map algebra möglich (Blaschke 1997, S. 85), über die für jede Rasterzelle ein neuer Wert innerhalb unter-

---

[15] Neben Fernerkundungssoftware (ERDAS, eCognition) stehen eigenständige Programme wie FRAGSTATS (McGarigal & Marks 1994).

schiedlich (focal, zonal oder global) definierter Bezugsräume berechnet werden; die Operationen sind die gleichen, als würden einzelne Zahlen algebraisch miteinander verknüpft (Burrough & McDonnel 1998, S. 184). Horizontale Strukturen werden im Rahmen der Berechnung von Landschaftsstrukturmaßen analysisiert und deskriptiv-quantitativ über diese beschrieben: Formen, Größen, geometrische Proportionen, Fragmentierung, Homogenität, Autokorrelationen, räumliche Streuungen. Für die Analyse kategorialer Daten eignen sich join-count-statistics (Fortin 1999, S. 264): Die horizontale Analyse kann sich auf die Analyse von regelmäßigen oder unregelmäßig verteilten events (point pattern) beziehen oder aber auch auf surface patterns, bei denen die Musterbeschreibung und -analyse (Mustererkennung) im Vordergrund steht (vgl. Fortin 1999, S. 263ff, Cliff & Ord 1981, Turner & Gardner 1991a). Surface pattern methods setzten regelmäßig angeordnete Rasterzellen voraus (Fortin 1999, S. 263), wobei sich jede Rasterzelle durch Homogenität (eine Merkmalsausprägung) auszeichnet. Über surface pattern methods werden die räumlichen Strukturen in Form von Mustern bzw. Mosaiken identifiziert, die sich aus den Rasterzellen ergeben. Methoden der Mustererkennung stellen zudem eine Möglichkeit zur automatischen Generierung übergeordneter Raumeinheiten nach deren Lage zueinander dar. Ähnliche Muster von Arealen bilden einen komplexen, vertikal und horizontal strukturierten Raum ab, der über vertikale wie horizontale Prozesse gleichzeitig ein System bildet. Methoden zur Mustererkennung wurden schon früh in der Materialprüfung und Medizin entwickelt (vgl. Haralick et al. 1973, Ernst 1991). Dabei handelt es sich vor allem um digitale Bildverarbeitungsverfahren wie die Bildsegmentierung, die in der Fernerkundung vor allem zur Landnutzungsklassifikation eingesetzt wird (vgl. Blaschke 1997). Bei der Bildsegmentierung wird ein Bild in zusammenhängende Teilbereiche unterteilt, die sich nicht überlappen und die eine Bedeutung nach zuvor festgelegten Einheitlichkeitskriterien tragen (Ernst 1991, S. 225). Die Textursegmentation stellt eine Methode unter den Segmentierungsverfahren dar, mit der heterogen zusammengesetzte Muster als Teilbereiche eines Bildes erfasst werden (Ernst 1991, S. 228ff). Eine Textur zeichnet sich durch die periodische Anordnung von Grundstrukturen aus (Ernst 1991, S. 228). Größe, Form, Art und Nachbarschaftsbeziehungen der eine Textur bildenden Elemente spielen eine entscheidende Rolle. In bezug auf die Abgrenzung heterogen zusammengesetzter Landschaftsräume können Prinzipien der Mustererkennung genutzt werden, wobei dabei vor allem die Nachbarschaftsbeziehungen im Vordergrund stehen (vgl. Kap. 3.2.4.2, 3.2.4.3 sowie 4.7.2).

3 KONZEPTION UND METHODIK FÜR EINE PROZESSORIENTIERTE LANDSCHAFTSÖKOLOGISCHE GLIEDERUNG IN CHORISCHER DIMENSION

Die Entwicklung des konzeptionellen und methodischen Vorgehens für eine prozessorientierte Landschaftsgliederung und -typisierung in chorischer Dimension baut auf dem Modell der landschaftsökologischen Prozessgefüge von Zepp (1991c, 1999) auf. Dieses hierarchisch aufgebaute Modell steht neben dem Konzept der prozessorientierten Klassifikation von Geoökosystemen von Mosimann (1990) für eine Richtungsänderung in der Erfassung und Abgrenzung von Landschaften (Bollmann 2002, S. 318): Denn während bislang die Erfassung im Wesentlichen auf Strukturgrößen basierte, werden bei Zepp Landschaften über landschaftsökologische Prozessgefüge gekennzeichnet, die sich über ausgewählte, integrative Merkmale fassen lassen. In dem Modell wird dem Wasser- und Stoffhaushalt eine große Bedeutung zugemessen (Bollmann 2002, S. 317f) und der anthropogene Einfluss auf die Stoffdynamik besonders herausgestellt. Die Abgrenzung von Raumeinheiten ist dabei von sekundärer Bedeutung (Zepp 1991c, S. 144). Das Modell ist prinzipiell nicht dimensionsabhängig angelegt, doch die in Zepp (1991c, 1999) beschriebenen Modelleingangsgrößen können landschaftsökologische Prozessgefüge nur in topischer Dimension abbilden (s. Kap. 3.1). Deshalb wird das Modell in dieser Arbeit so modifiziert, dass auch Prozessgefüge größerer Landschaften erfasst werden können (s. Kap. 3.2). Damit ist nicht nur eine Anpassung der Modelleingangsgrößen zur Darstellung von Prozessgefügen heterogen zusammengesetzter Räume auf chorischer Maßstabsebene, sondern gleichzeitig die Entwicklung einer Methodik zur Umsetzung des Konzepts verbunden.

3.1 ZIEL UND GRUNDZÜGE DES MODELLS DER LANDSCHAFTSÖKOLOGISCHEN PROZESSGEFÜGE

Ziel des Prozessgefüge-Modells ist die **systematische integrative Erfassung, Abgrenzung und Typisierung von Landschaften** über landschaftsökologische Prozessgefüge. Unter einem landschaftsökologischen Prozessgefüge kann die Gesamtheit räumlich und zeitlich neben- und nacheinander ablaufender landschaftsökologischer Prozesse verstanden werden: *„Prozesse greifen ineinander, beeinflussen und bedingen sich gegenseitig"* (Zepp 1991c, S. 136). Um Prozessgefüge zu erfassen, werden Prozesse auf unterschiedlichen Hierarchieebenen direkt oder indirekt (über ökologische Hauptmerkmale), einzeln oder in ihrem Zusammenspiel betrachtet, die im Landschaftshaushalt[16] eine bedeutsame Rolle spielen (Zepp 1991c, S. 136f):

- Aufbau organischer Substanz,
- Mineralisierung,
- Humifizierung organischer Bestandsabfälle,
- Stoffeintrag durch Düngung,
- Stoffentnahme durch die Ernte von Kulturpflanzen,
- Bildung und Abfluss von Kaltluft sowie
- alle Prozesse des Wasserumsatzes an einem Standort: Niederschlag, Verdunstung, Transpiration, Oberflächenabfluss, Infiltration, kapillarer Aufstieg, Versickerung, Hangwasserabfluss und Grundwasserneubildung (nach Zepp 1991c, S. 136, ergänzt).

Die genannten Prozesse sind nach ihrem Raumbezug zu unterscheiden: Prozesse mit einer räumlichen Komponente werden als **Flüsse** aufgefasst. Dies sind beispielsweise Abfluss von Kaltluft, Bewegung von Wasser in der Atmosphäre sowie auf und in dem Boden. Sie können als vertikal oder lateral gerichtete Inputs in einen Landschaftsraum eindringen, diesen durchfließen und als Output wieder verlassen (Klug & Lang 1983, S. 87-88). Prozesse, die auf Raumskalen ablaufen, die um Größenordnungen kleiner sind als die der zuvor genannten Prozesse, sind **Stofftransformationsprozesse** wie Humifizierung und Mineralisierung.

In- und Outputs, über die Stoffe in einen Landschaftsraum gelangen bzw. diesen verlassen, werden in dieser Arbeit als **Stoffflüsse** bezeichnet. Dies sind vor allem vertikal gerichtete, direkte anthropogene Stoffeinträge und -entnahmen, die den standörtlichen Stoff- und Energieumsatz im Extremfall nicht nur beeinflussen, sondern steuern (Zepp 1999, S. 451). Stoffe können dabei direkt wassergebunden (z. B. in Form von flüssigem Dünger oder Pflanzenschutzmittel) oder indirekt wassergebunden in den Boden gelangen (z. B. nach Aufbringung fester Substanzen). Nach dem Aufbringen fester Substanzen werden diese vom Niederschlagswasser gelöst oder mitgeführt, in den Boden und ggf. bis ins Grundwasser transportiert (vgl. Abb. 10). Unter Stoffflüssen werden auch direkte anthropogene Ein-/Aufträge und Entnahmen von Feststoffen (z. B. Abbau von Bodenschätzen, Aufhaldung von Material) und natürliche Massenbewegungen (z. B. Bergsturz) gefasst (vgl. Zepp 1999, S. 452). **Wasserflüsse** (Niederschlag, Verdunstung, Oberflächenabfluss, Versickerung,

---

[16] Landschaftshaushalt = Funktionszusammenhang zwischen den verschiedenen Landschaftshaushaltsfaktoren wie Boden, Klima, Wasser, Pflanzen, Tier und Mensch

Zwischenabfluss und Grundwasserabfluss) dienen als Transportmedium für Stoffe und wirken auf den systeminternen Stoffbestand, indem sie die im Boden und auf dem Boden stattfindenden Stofftransformationsprozesse steuern.

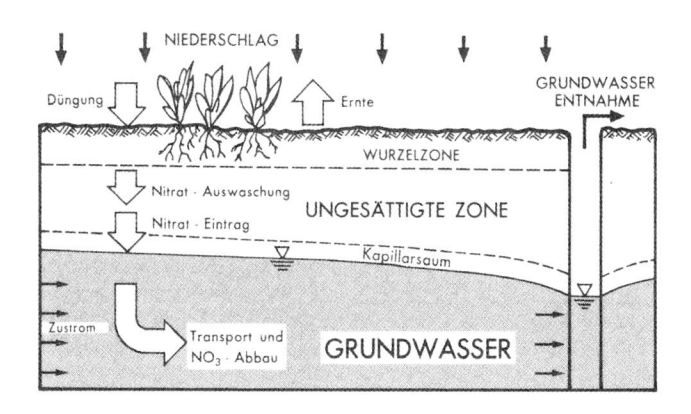

Abb. 10 Schema des Nitrateintrags ins Grundwasser als Beispiel für die Verlagerung von Stoffen in und aus dem Boden (aus Endlicher 1991, S. 124)

Da Veränderungen in einer Landschaft immer durch einen bestimmten Input ausgelöst werden (Klug & Lang 1983, S. 101, vgl. auch Mosimann in Leser 1997), liegt im Modell der Prozessgefüge das Hauptaugenmerk auf vertikal oder lateral gerichteten In- und Outputs in Form von Wasser- und Stoffflüssen und auf dem durch diese geprägten systeminternen Zustand: *„Inputänderungen verändern zunächst Flüsse in den Prozeßkaskaden und damit auch den Zustand der Elemente in dem betreffenden Subsystem; durch deren Abhängigkeitsrelationen werden abhängige Korrelationsvariablen beeinflusst. Diese übertragen die ihnen zugefügten Transformationen auf die an sie gekoppelten Korrelationsvariablen bzw. Elemente des gleichen oder eines anderen Teilprozesses"* (Klug & Lang 1983, S. 101). Somit erfolgt eine *„wechselseitige Anpassung der Elemente aus dem Prozess- und Korrelationssystem an sich verändernde Input-Outputbeziehungen"* (Klug & Lang 1983, S. 100).

Stoffflüsse können nach Zepp (1991c, 1999) integrativ (unter anderem) über den aus der Flächennutzung abgeleiteten Typ der Stoffhaushaltsbeeinflussung unter Berücksichtigung von Wasserflüssen, über die Stoffe zu- bzw. abgeführt werden, beschrieben werden. Das Verhältnis der Wasserflüsse zueinander kann über die Erscheinungsform(en) des Bodenwassers erfasst werden, der systeminterne Zustand über das/die quantitative(n) Bodenfeuchteregime(s), die biotische(n) Aktivität(en) und den/die ökochemischen Pufferbereich(e) (Zepp 1991c, 1999).

3.1.1 Bedeutung des Bodenwassers und der Flächennutzung für das Modell der landschaftsökologischen Prozessgefüge

Dem Bodenwasser kommt in dem Modell der Prozessgefüge sowohl für die Erfassung von Wasserflüssen als auch für diejenige des systeminternen Zustands eine entscheidende Rolle zu. In Kap. 3.1.1.1 wird deshalb die Stellung des Bodenwassers in dem Modellaufbau erläutert und dargelegt, warum über die Erscheinungsform des Bodenwassers der Bodenwasser- und Stoffhaushalt integrativ gekennzeichnet werden kann. In Kap. 3.1.1.2 wird die Indikatorfunktion der Flächennutzung für die Beurteilung der Art und Intensität der anthropogenen Beeinflussung des Stoffhaushaltes begründet.

3.1.1.1 Die Erscheinungsform des Bodenwassers

„Wasser ist aus geoökologischer Sicht der bedeutendste, die Standortbedingungen differenzierende Prozeßfaktor in der Landschaft und der wichtigste Stofftransporteur" (Mosimann 1990, S. 13). Dies gilt besonders für den im Boden befindlichen Teil des Wassers, zu dem neben dem Sicker-, Stau- und Hangwasser auch das im Boden befindliche Grundwasser zählt (vgl. Scheffer & Schachtschabel 2002, S. 209). Das Bodenwasser beeinflusst das Pflanzenwachstum, das Nutzungspotenzial, die Grundwasserneubildung, das Filterpotenzial und den vertikalen wie lateralen Transport von Nähr- und Schadstoffen (Sandner 1999, S. 78). Das Pflanzenwachstum und das Nutzungspotential wird deshalb stark vom Bodenwasser beeinflusst, weil sich das Bodenwasser auf das hydrochemische Milieu im Mineralboden und im Humuskörper auswirkt. Durch den Wechsel zwischen wassergesättigtem und wasserungesättigtem Zustand beeinflusst es die ablaufenden chemischen und mikrobiologischen Stofftransformationen[17] (Zepp 1999, S. 129), denn *„alle Prozesse der Bodenbildung sind an die Anwesenheit von Wasser gebunden und finden damit innerhalb des Stabilitätsfeldes vom Wasser statt, das durch die Zersetzung von H_2O in H_2 (unter stark reduzierenden Bedingungen) und in O_2 (unter stark oxidierenden Bedingungen) begrenzt wird"* (Scheffer & Schachtschabel 2002, S. 138). Dadurch regelt das Bodenwasser über den Wasserhaushalt hinaus auch den Stoffhaushalt im Boden, dessen sichtbarster Ausdruck hydromorphe

---

[17] Bei Wassersättigung, die durch Stauwassereinfluss, Grundwasseranstieg oder Überflutung bedingt ist, wird der in den Bodenporen vorhandene Sauerstoff innerhalb weniger Stunden bis zu zwei Tagen durch aerobe Mikroorganismen für den oxidativen Abbau organischer Substanz verbraucht. Ist der Sauerstoff verbraucht, übernehmen anaerobe Mikroorganismen den Abbau der organischen Substanz. Dabei nehmen anstelle des Sauerstoffs anderer Substanzen Elektronen auf (Aufnahme von Elektronen = Reduktion). Redoxreaktionen im Boden betreffen vor allem Umwandlung von den Elementen Eisen (Fe), Mangan (Mn), Kohlenstoff (C), Stickstoff (N) und Schwefel (S), die an vielen chemischen und biologischen Vorgängen im Boden beteiligt sind (Scheffer & Schachtschabel 2002, S. 140ff).

Profilmerkmale sind. Weiterer sichtbarer Ausdruck für die Stoffumsatzbedingungen ist die Humusform eines Bodens. Der Abbau der organischen Substanz verläuft unter reduzierenden Bedingungen sehr viel langsamer als unter oxidierenden. Daher kommt der Humusauflage eines Bodens für das im Boden vorherrschende hydrochemische Milieu eine Indikatorfunktion zu, wie Hütter (1999, S. 102) herausstellt: *„Die Humusform ist als morphologisch-genetische Organisationsform des Humus ein integratives Abbild der stofflichen Zusammensetzung des Humus und der Stoffumsatzbedingungen."*

Neben der Regelung des standörtlichen Wasser- und Stoffhaushaltes bilden Bodenwasserflüsse eine Grundlage *„für die flächenhafte Abschätzung von Art und Intensität vertikaler oder lateraler Stoffausträge"* bzw. lateraler Stoffeinträge in den bzw. aus dem Boden (Zepp 1999, S. 129). Somit kann über Bodenwasserflüsse auch die wasser- und stoffhaushaltliche Kopplung benachbarter Flächen abgeschätzt werden, was vor allem in mittleren und kleinen Maßstäben bedeutsam ist (vgl. Kap. 3.2.1).

Die dargestellte **Multifunktionalität** des Bodenwassers begründet dessen zentrale Rolle *„bei der Struktur- und Prozessforschung sowie bei der Geoökologischen Raumgliederung"* (Zepp 1995, S. 12) sowie seine Bedeutung als ökologisches Hauptmerkmal (Neef 1967, S. 64f). Deshalb wird dieses bei vielen landschaftsökologischen Klassifikationsansätzen typbildend oder typbeschreibend verwendet (vgl. Mosimann 1990, Hubrich & Schmidt 1968, Duttmann 1993, Richter 1978, Renners 1991, Hubrich & Thomas 1978). Das Bodenwasser wird dabei vor allem in Form der Bodenfeuchte berücksichtigt, unter der das im Boden befindliche, gegen die Schwerkraft zurückgehaltene Wasser (Haftwasser) verstanden wird (Scheffer & Schachtschabel 2002, S. 209). Ihre zeitliche und räumliche (d. h. tiefenabhängige) Variabilität wird durch das **Bodenfeuchteregime** (BFR) gekennzeichnet, das Zepp (1991a, S. 2) als *„zeit- und tiefenspezifisch wechselnde Bindungsintensität des Bodenwassers während der Vegetationsperiode oder im Ganzjahresraum"* definiert. Das BFR *„wird von der Verteilung und Menge der Niederschläge, der Durchlässigkeit und Speicherkraft des Bodens sowie vom Hang- und Grundwasser gesteuert"* (Leser et al. 1993, S. 55). Neef und seine Schüler haben den Begriff *„Bodenfeuchteregimetyp"* (Neef et al. 1961) eingeführt (Zepp 1995, S. 19). Zepp (1991b) quantifiziert das BFR über Wasserspannungen und unterscheidet sich damit z. B. von Thomas-Lauckner & Haase (1967) oder Mosimann (1990), die das BFR über Bodenwassergehalte quantifizieren (vgl. Zepp 1995, S. 19f). Diese und weitere Ansätze zur Typisierung des **quantitativen BFR** stellt Zepp vor (1991a, S. 2-4; 1995, S. 19ff).

Im Gegensatz zum quantitativen BFR kann der **allgemeine Standortwasserumsatz und die Haupterscheinungsform des Bodenwassers** (Sicker-, Grund-, Stau- oder Hangwasser) über den BFR-Grundtyp gekennzeichnet werden. Der allgemeine Standortwasserumsatz und die Haupterscheinungsform des Bodenwassers spiegeln Eigenschaften des Bodens (Bodenart und

Bodenartenschichtung), die Lage im Relief, die klimatischen Verhältnisse und die Kopplung zu benachbarten Flächen integrativ wider. In der Regel sind mit dem BFR-Grundtyp jahreszeitlich wiederkehrende, typische Änderungen der Bodenfeuchte verbunden. Einen zwingenden Rückschluss auf das quantitative BFR lassen die BFR-Grundtypen jedoch nicht zu. Weil der BFR-Grundtyp die Hydrodynamik eines Bodens kennzeichnet, wird der BFR-Grundtyp bei Zepp (1991c) und in dieser Arbeit als **Hydrodynamischer Grundtyp** bezeichnet. Wegen der mit den Bodenfeuchteänderungen verbundenen Stofftransformationen kann der Hydrodynamische Grundtyp vor allem aus bodentypdiagnostischen Bodenmerkmalen abgeleitet werden.

Zepp definiert 7 Hydrodynamische Grundtypen, die hier (s. Tab. 2) durch den Hangnässe-Typ ergänzt werden. Deren Ableitung basiert auf folgenden Merkmalen (vgl. Entscheidungsleiter in Zepp 1999, S. 140):

- Stauwassereinfluss in Abhängigkeit der Bodentiefe
- Grundwasserflurabstand
- Hangneigung
- Einfluss periodischer Überflutungen

Tab. 2 Hydrodynamische Grundtypen nach Zepp (1999, S. 141), Hangnässe-Typ ergänzt

Hydrodynamischer Grundtyp	Abkürzung
Sickerwasser-Typ	SI
Stauwasser-Typ	ST
Grundwasser-Typ	GR
Kombinierter Grund- und Stauwasser-Typ	GS
Kombinierter Grundwasser- und Überflutungs-Typ	GÜ
Hangwasser-Typ	HW
Hangnässe-Typ	HN
Abfluss-Typ	AB

Die Hydrodynamischen Grundtypen lassen indirekt Rückschlüsse auf die Fließrichtung des Bodenwassers zu, auch wenn diese – im Gegensatz zu Mosimann (1990)[18] (Sicker- bzw. Stauwassersystem mit lateralem Zufluss

---

[18] Bei Mosimann (1990, S. 23) entsprechen die Hydrodynamischen Grundtypen den „*Bodenwasserformtypen*".

etc.) – nicht explizit genannt werden. So lässt beispielsweise der Hangwasser-Typ oder der Hangnässe-Typ auf die laterale Fließrichtung des Bodenwassers schließen (s. Erläuterungen zu den beiden Typen).

Beim **Sickerwasser-Typ** dominieren ungehinderte vertikale Wasserflüsse ohne Vernässungen im Wurzelraum (Zepp 1991c, S. 141). Dies setzt eine ausreichend hohe Durchlässigkeit des Bodens voraus, um den um die Verdunstung reduzierten infiltrierten Niederschlag abzuführen. Zusätzlich spielt nach Klug & Lang (1983, S. 95) die Durchlässigkeit des geologischen Untergrundes neben der Häufigkeit und Intensität der Niederschläge eine entscheidende Rolle.

Beim **Stauwasser-Typ** herrschen im Zustand der Wassersättigung anaerobe Bedingungen, bei Teilsättigung aerobe Bedingungen. Der Wechsel dieser Phasen zeichnet sich in Form von hydromorphen Merkmalen in Form von Fleckungen und Marmorierungen ab. Der Stauwasser-Typ zeichnet sich zumeist durch eine Bodenartenschichtung aus, die die vertikale Versickerung hemmt. Als eine Sonderform des Stauwasser-Typs wird in dieser Arbeit der **Hangnässe-Typ** ausgewiesen: Er ist meist mit Hangneigungen größer 2°, einer undurchlässigeren Bodenschicht, über der das Bodenwasser lateral als Zwischenabfluss (Interflow) abfließen kann, und mit dem Auftreten hydromorpher Merkmale verbunden. Hydromorphe Merkmale dienen als Indiz für zeitweilige anaerobe Bedingungen, die durch Stauwasser hervorgerufen werden. Der Hangnässe-Typ entspricht dem Hangwasser-Typ von Zepp (1999). Hydromorphe Merkmale setzt Zepp (1991c, S. 141) nicht zwingend für die Ausweisung des Hangwasser-Typs voraus. Um diese Unterschiede zu verdeutlichen, wird für die Ausweisung des **Hangwasser-Typs** in dieser Arbeit allein eine Bodenartenschichtung[19] und die Hangneigung als relevant angesehen. Denn *„Zwischenabfluss bildet sich, wenn mit zunehmender Hangneigung und/oder schichtweisem Aufbau des Bodenprofils (einschließlich des Untergrundgesteins) die vertikale Sickerung gegenüber einer lateralen Fließbewegung zurücktritt"* (Wohlrab, Meuser & Sokollek 1999, S. 92). Der Hangnässe-Typ umfasst demnach Hangbereiche die einen größeren lateralen Wasserzufluss als -abfluss aufweisen, was zu einer Vernässung und Ausbildung hydromorpher Merkmale führt, während sich der Hangwasser-Typ durch einen größeren Wasserabfluss als -zufluss und vorherrschend aerobe Verhältnisse auszeichnet. Eine Differenzierung in Typen mit lateralem Zu- oder Abfluss (Efluitope und Afluitope) nach dem Vorbild von Mosimann (1990, S. 19) kann nur in topischen Arbeitsmaßstäben erfolgen (Duttmann 1993, S. 166).

---

[19] Die Schichten müssen dabei ausgeprägte Unterschiede in ihren bodenhydrologischen Eigenschaften aufweisen, *„um die vertikale Wasserbewegung zu unterbinden und das zusickernde Wasser lateral abzuleiten"* (Kämpf et al. 1998, vgl. dazu auch von der Hude 1991).

Der **Grundwasser-Typ** wird ausgewiesen, wenn sich der Grundwasserflurabstand maximal 2 m unter der Geländeoberfläche befindet (vgl. Entscheidungsleiter bei Zepp 1999, S. 140). Die Stoffumsätze sind im Bereich des Gr-Horizontes durch reduzierende Bedingungen geprägt. Vertikal abwärts gerichtete Wasserflüsse existieren nur in den nicht grundwassererfüllten Bodenschichten. Dort können – je nach Grundwasserflurabstand und Wasserleitfähigkeit der Grundwasserdeckschichten – durch kapillaren Aufstieg auch vertikale, aufwärts gerichtete Bodenwasserflüsse vorkommen (vgl. Scheffer & Schachtschabel 2002, S. 226). Herrscht in den obersten 13 dm des Bodens gleichzeitig Stauwassereinfluss, kann der **kombinierte Grund- und Stauwasser-Typ** ausgewiesen werden (vgl. Entscheidungsleiter bei Zepp 1999, S. 140). Der **kombinierte Grundwasser- und Überflutungs-Typ** zeichnet sich zusätzlich zu den Bedingungen des Grundwassertyps gestellt werden, durch periodische Überflutungen aus (vgl. Entscheidungsleiter bei Zepp 1999, S. 140). Zu Zeiten der Überflutung ist der Boden wassergesättigt und anaerobe Stoffumsätze herrschen vor. Durch die Überflutungen werden zugleich gelöste und mitgeführte Stoffe sowohl abgelagert als auch abgeführt.

Unter dem **Abfluss-Typ** werden die Oberflächen gefasst, die keine Versickerung zulassen (z. B. versiegelte Flächen oder Felsflächen), sowie Bereiche, die aufgrund fehlenden Feinmaterials die nahezu ungehinderte Versickerung in große Tiefen ermöglichen (z. B. Blockschutthalden) (Zepp 1999, S. 141). Der Abflusstyp zeichnet sich durch sehr schnelle vertikale oder laterale Abflüsse aus, über die gelöste Stoffe sowie Feststoffe transportiert werden.

Da die Richtung der Bodenwasserflüsse aus den Hydrodynamischen Grundtypen nicht explizit deutlich wird, ordnet Tab. 3 jedem Typ Angaben zur potenziellen Prozessrichtung zu. Ergänzend zur Charakterisierung der Hydrodynamischen Grundtypen werden außerdem Angaben zum potenziellen hydrochemischen Milieu gemacht, da dieses Stofftransformationen und darüber den systeminternen Stoffbestand bestimmt. Die Tabelle fasst damit ausgewählte Eigenschaften der Hydrodynamischen Grundtypen zusammen und stellt eine Interpretationshilfe dar.

Tab. 3 Ableitung vorherrschender, bodenwassergebundener Prozessrichtungen sowie des vorherrschenden hydrochemischen Milieus aus den Hydrodynamischen Grundtypen

Hydrodynamischer Grundtyp	bodenwassergebundene Prozessrichtung	hydrochemisches Milieu
Sickerwasser-Typ	vertikal	aerob, oxidierend
Stauwasser-Typ	vertikal, gehemmt im Sd-Horizont	Wechsel zwischen aerob und anaerob
Grundwasser-Typ	lateral	vorherrschend anaerob

Fortsetzung Tab. 3:

Hydrodynamischer Grundtyp	bodenwassergebundene Prozessrichtung	hydrochemisches Milieu
kombinierter Grund- und Stauwasser-Typ	vertikal, gehemmt im Oberboden, lateral im Unterboden	Wechsel von aerob und anaerob im Oberboden, vorherrschende anaerob im Unterboden
kombinierter Grundwasser- und Überflutungs-Typ	lateral	vorherrschend aerob, oxidierend im Oberboden, im Unterboden anaerob, reduzierend
Hangwasser-Typ	lateral	aerob, oxidierend
Hangnässe-Typ	lateral	aerob, oxidierend oder anaerob, reduzierend
Abfluss-Typ	lateral oder vertikal in Abhängigkeit vom Untergrund und Veriegelunggrad	aerob, oxidierend

Die Hydrodynamischen Grundtypen gehen in die Systematik der landschaftsökologischen Prozessgefüge von Zepp auf hierarchisch höchster Ebene ein (s. Kap. 3.1.2.1).

3.1.1.2 Die Flächennutzung als Indikator für die Art und Intensität der anthropogenen Beeinflussung des Stoffhaushaltes

„In Raumeinheiten mit gleichen abiotischen Ausstattungsmerkmalen ist die Nutzungs- und Vegetationsform das entscheidende prozeßdifferenzierende Kriterium und somit für die Ableitung von Prozeßgrößen unerläßlich" (Duttmann 1993, S. 118).

Der Stoffhaushalt eines Landschaftsökosystems wird vor allem durch die Flächennutzung beeinflusst (Becker & Heinrich 1997, S. 124). *„Der Mensch verändert den landschaftlichen Haushalt zu seinen Gunsten. Das natürlich bedingte Produktionspotential wird durch Energie- und Stoffeinsatz gesteigert. Dies führt zu einer Minderung der Entropie der Landschaft (Forman & Moore 1992), die sich in einer Veränderung der Landschaftsstruktur und einer Vereinfachung der Geometrie der Landschaft (s. Odum & Turner 1990, Forman & Godron 1986) niederschlägt. [...] Der Grad der menschlichen Beeinflussung ist daher ein integrativer Indikator, der es uns ermöglicht, den Zustand eines landschaftlichen Systems zu beschreiben"* (Wrbka et al. 2003, S. 22).

Jede Form der Flächennutzung ist als Eingriff in die Landschaftsausstattung anzusehen und besitzt spezifische materielle Wirkungen (Becker & Heinrich 1997, S. 88).

Nach Richter (1976) werden durch die anthropogene Beeinflussung
- Teile des Geosystems beseitigt,
- natürliche Prozesse gesteuert,
- natürliche Prozesse durch technische ersetzt sowie
- technogene Substanzen und technische Objekte in die Natur und damit in ihren Haushalt eingebracht.

Beispielsweise wird mit der Urbarmachung, d. h. mit der Schaffung landwirtschaftlicher Nutzfläche und der Versiegelung des Bodens (Siedlungsflächen i.w.S.), in erster Linie die natürliche Vegetation verändert. Diese Änderungen wirken sich auf das Bodenfeuchteregime und die Nährstoffverhältnisse aus. Als weitere Folge kann der Boden abgetragen (Bodenerosion) und in Tälern und Hohlformen akkumuliert werden. Diese Änderungen beeinflussen den natürlichen Stoffhaushalt einer Landschaft massiv. Stabile anorganische wie labile organische Standorteigenschaften können so stark verändert werden, dass die natürlichen Standorteigenschaften völlig zerstört sind (Becker & Heinrich 1997, S. 150).

Billwitz (1977) unterscheidet zwei raumdifferenzierende Prozesse in bezug auf die landschaftsökologische Wirkung der Flächennutzung: den Prozess der Heterogenisierung und den der Homogenisierung. Durch die unterschiedliche Nutzung von Teilflächen eines naturräumlich einheitlichen Raumes werden die natürlichen Prozessabläufe und der Stoffhaushalt unterschiedlich beeinflusst. Die Folge ist eine **Heterogenisierung** des Raumes, d. h. es entstehen mindestens zwei räumliche Einheiten, die jeweils durch ein charakteristisches Prozessgefüge und einen bestimmten Systemzustand gekennzeichnet sind. Wenn dagegen mehrere unterschiedliche Naturräume ein einheitliches Bewirtschaftungsareal bilden, werden durch langjährige gleiche Bewirtschaftung und gleiche technische Eingriffe Prozessabläufe vereinheitlicht und ursprüngliche Unterschiede im Stoffhaushalt nivelliert (**Homogenisierung**).

Besonders der Boden reagiert wegen der in ihm stattfindenden und vor allem vom Boden gesteuerten Stoffumsätze besonders sensibel auf Veränderungen der Flächennutzung. *„Der Boden ist zu den stark nutzungsbeeinflussten Naturraumkomponenten zu zählen. Die Spanne der Veränderungen der Bodeneigenschaften reicht von der vollkommenen anthropogen bedingten Neubildung bis hin zu schwachen Veränderungen, aber alle Nutzungen beeinflussen direkt oder indirekt Bodeneigenschaften"* (Becker & Heinrich 1997, S. 132). Als vorrangig sind die folgenden Veränderungen zu nennen (nach Becker & Heinrich 1997, S. 132): Oberflächenversiegelung und Oberflächenverdichtung, Kontamination, Akkumulation von organischer Substanz und Nährstoffen, Aufschüttung oder Abtrag, Modifizierung der Bodenbildungsprozesse, Beeinflussung des Bodenfeuchteregimes, Hortisolierung[20], Hydromorphierung und Rigolisierung[21]. Mit der Aufschüttung künstlicher oder natürlicher Substrate sowie der Freilegung und dem Abbau natürlicher Substanzen (Kippen, Halden, Tagebaue) wird gleichzeitig das Relief stark verändert.

Die Kennzeichnung des Grades der menschlichen Beeinflussung eines Ökosystems erfolgt zumeist über das Hemerobiesystem (vgl. Sukopp 1976a, Blume & Sukopp 1976, Marks & Schulte 1988, Zepp & Stein 1991, Glawion 2002, Jedicke 2003). Nach Zepp & Stein (1991, S. 108) ist dies vor allem ein Bewertungssystem und kann erst in einem zweiten Schritt auf einer differenzierten Landschaftsanalyse aufbauen[22]. Deshalb beschränkt sich Zepp (1991c, 1999) im Modell der landschaftsökologischen Prozessgefüge auf die qualitative Beschreibung der Art, Intensität, Stetigkeit und Periodizität der anthropo-zoogenen Beeinflussung der standörtlichen Stoffdynamik eines Ökosystems. Diese wird aus der Flächennutzung abgeleitet, indem die Fest- und Nährstoffeinträge bzw. die -entnahmen durch den Menschen qualitativ abgeschätzt werden. Zepp (1999, S. 453) nennt beispielhaft 13 Kategorien (Tab. 4), die *„die Intensität, Stetigkeit und Periodizität der anthropo-zoogenen Beeinflussung der standörtlichen Stoffdynamik ausdrücken"*. Diese Kategorien können ergänzt oder reduziert werden (Zepp 1999, S. 455, vgl. Glawion 2002).

Neben der Abschätzung der Art, Intensität, Stetigkeit und Periodizität der direkten anthropo-zoogenen Stoffeinträge und -entnahmen wird die Standortsituation in bezug auf laterale Einträge bzw. Austräge eingeschätzt. Die Ableitung lateraler Stoffverluste und -einträge kann nur durch Informationen zur Lage im Relief und zu lateralen Wasserflüssen erfolgen. Die Periodizität der Einträge und Entnahmen lässt sich über den Nutzungs-/Vegetationstyp sowie über die aktualmorphologische Dynamik erfassen. Bei der Periodizität wird zwischen regelmäßig (Eintrags- oder Entnahmezyklus mindestens einmal pro Jahr) und periodisch (Perioden zwischen 50 und 200 Jahren) unterschieden (Zepp 1991c, S. 142 und Zepp 1999, S. 454f).

Im Falle einer Quantifizierung von Stoffumsatzraten sollten die Bilanzierungszeiträume je nach Landnutzungstyp eine Vegetationsperiode, eine Fruchtfolge oder eine Umtriebszeit sein. In größeren Räumen, *„in denen Methoden der chorischen Landschaftserfassung angewendet werden"*, lässt sich *„zum Teil nur eine semiquantitative oder qualitative Kennzeichnung des Prozessgeschehens vornehmen"* (Glawion 2002, S. 295).

---

[20] Hortisolierung = starke organische Düngung, tiefgründige Bodenbearbeitung, intensive Bewässerung und Beschattung im Rahmen der Gartenkultur führt zur Ausbildung eines stark humosen und mehrere Dezimeter mächtigen A-Horizontes (vgl. AG Boden 1994, S. 206)
[21] Rigolisierung = tiefgründiges Umbrechen von Böden (vgl. AG Boden 1994, S. 206)
[22] Knospe (1998, S. 138) kennzeichnet Flächen gleicher Nutzung oder eines Bioptyps, indem er als Parameter zur Bestimmung des Grades der Naturnähe Vegetationsbestand, Nutzungsart und Nutzungsintensität nennt und darüber 6 Klassen definiert, die im Anschluss in bezug auf Naturnähe bewertet werden.

Tab. 4 Kategorien der Art, Intensität, Stetigkeit und Periodizität der anthropo-zoogenen Beeinflussung der standörtlichen Stoffdynamik (Zepp 1999, S. 454f)

		geogene Einflüsse	anthropo-zoogene Einflüsse	Beispiele
bedeutsamer lateraler Stoffeintrag oder Materialabfuhr	A	geogen-lateraler, stetiger Durchtransport von Wasser u. gelösten Stoffen von und in Richtung auf benachbarte Flächen	mit oder ohne anthropogene Steuerung durch Stoffeinträge und -entnahmen	Standorte mit bedeutsamer oberflächennaher Hangwasserdynamik auf gering-durchlässigem Untergrund
	B	geogen-laterale, regelmäßige Anlieferung von Wasser und gelösten Stoffen	ohne anthropogene Stoffeinträge und -entnahmen	regelmäßig durch nährstoff- und schwebstoff-reiches Oberflächenwasser überflutete Auen entlang von Flüssen, durch Dränagewasser aus angrenzendem gedüngtem Acker beeinflußte Waldflächen
	C	geogen-laterale, regelmäßige Anlieferung von Wasser und gelösten Stoffen	mit anthropogenen Stoffeinträgen und -entnahmen	dto. mit intensiver Grünlandnutzung, gedüngte Wiesen, Weiden
	D	periodisch bis episodisch auftretende katastrophenartige Anlieferung, Abfuhr oder Umlagerung von Feststoffen	mit oder ohne anthropogene Steuerung durch Stoffeinträge und -entnahmen	aktive Rutschungshänge, extrem durch Erosion betroffene Hänge, Dünengelände (ggf. mit kleinräumiger Deflation und Akkumulation)
überwiegend quasi-stationäre Stoffdynamik und mehrjährige Zyklen	E	nur atmosphärische Einträge	keine Stoffeinträge und Entnahmen, jahrelange dynamische Veränderung des Wasser- und Nährstoffhaushalts, gesteuert durch ungestörte Vegetationsentwicklung	Sukzessionsstadien auf ehemaligen landwirtschaftlichen Brachflächen und Industriebrachen
	F	nur atmosphärische Einträge	periodische selektive Entnahmen von Biomasse ohne Kahlschlag bzw. ohne nachhaltige Zerstörung des Vegetationsbestandes	naturnahe Waldwirtschaft mit Einzelstammentnahme und Naturverjüngung
	G	nur atmosphärische Einträge	wiederholte selektive Entnahme von Biomasse im Abstand einiger Jahre und mit Kahlschlag im zeitlichen Abstand einer Baumgeneration	regelmäßig aufgelichtete Forsten, die (meist als Monokulturen) auf Kahlschlag konzipiert sind
	H	nur atmosphärische Einträge	regelmäßige geringe Entnahmen von Biomasse, kurzzeitig gesteigerte Stoffdynamik mit weitgehender Veränderung eines über Jahrzehnte entwickelten Bestandes	Feldwechselwirtschaft mit kurzzeitiger Brache durch Ernte und Brandrodung

Fortsetzung Tab. 4:

		geogene Einflüsse	anthropo-zoogene Einflüsse	Beispiele
kurze saisonale Zyklen überlagern Perioden mit Bestandswechsel	I	nur atmosphärische Einträge	regelmäßige kurzperiodische Entnahmen von Biomasse und Bestandswechsel nach einigen Jahren	Formen der Subsistenzwirtschaft mit Rotation
	J	regelmäßige Einträge durch Düngung	regelmäßige Entnahme von Biomasse	gedüngte Wiesen und Weiden, Streuobstwiesen
	K	mäßige bis mittelstarke, regelmäßige Einträge durch Düngung	regelmäßige, geringe Entnahmen von Biomasse mit Bestandswechsel (Kahlschlag) nach einigen Jahren	Baumschulen, Baum- und Strauchobstplantagen, ebene Rebflächen
kurze saisonale Zyklen	L	regelmäßige, mittlere bis starke Einträge durch Düngung	regelmäßige Entnahmen, verbunden mit Bestandswechsel	Ackerland mit Getreide-Hackfrucht-Folgen
	M	regelmäßige starke Einträge	regelmäßige Entnahmen, verbunden mit Bestandswechsel, u. U. mehrere Ernten/Saison	Ackerland mit hohem Zuckerrüben-/Mais-Anteil an der Fruchtfolge Intensiv-Gemüsebau „Gülle-Entsorgungs"-Flächen
Die Zusammenstellung enthält Vorschläge und strebt keine Vollständigkeit an. Anpassungen an regionale Besonderheiten liegen im Ermessen des Bearbeiters.				

3.1.2 Hierarchischer Aufbau

Auf drei Hierarchieebenen können Prozessgefüge[23] durch Berücksichtigung unterschiedlicher Prozesse und Merkmale abgeleitet und typisiert werden. Entsprechend unterscheidet Zepp (1999, S. 451f) zwischen **Prozessgefüge-Haupttypen**, **Prozessgefüge-Typen** und **Prozessgefüge-Subtypen** (Abb. 11). Vom Arbeitsmaßstab, der Aussageschärfe der vorhandenen Datengrundlagen sowie dem Zweck der Ausweisung hängt ab, auf wie vielen Ebenen Prozessgefüge ausgewiesen werden. Die Ausweisung räumlicher Einheiten ist bei Zepp (1999) mit einem deduktiven Vorgehen verbunden.

---

[23] Im Folgenden wird vereinfacht von Prozessgefügen gesprochen, wobei darunter immer landschaftsökologische Prozessgefüge verstanden werden.

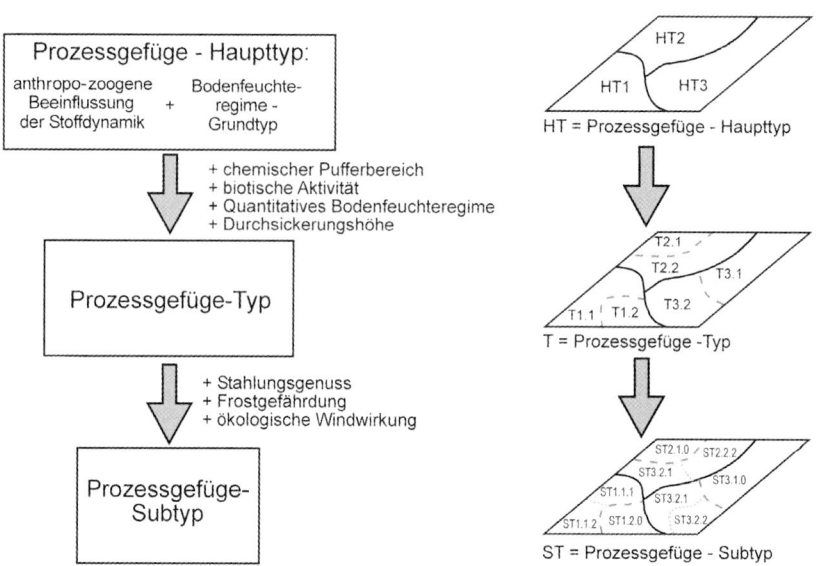

Abb. 11 Darstellung der Hierarchie und der Einflussgrößen von landschaftsökologischen Prozessgefügen nach Zepp (1999, S. 452) sowie des Raumgliederungsprinzips über landschaftsökologische Prozessgefüge (Zeichnung: R. Wieland)

3.1.2.1 Prozessgefüge-Haupttyp

Auf höchster Hierarchieebene wird ein **Prozessgefüge-Haupttyp** über die Kombination (vgl. Abb. 11) einer Kategorie der Art, Intensität, Stetigkeit und Periodizität der anthropo-zoogenen Beeinflussung der Stoffdynamik (vgl. Tab. 4) mit einem Hydrodynamischen Grundtyp (vgl. Tab. 2) gebildet (Zepp 1991c, S. 140). Als Datengrundlage werden flächenhaft vorliegende „*Informationen über Hangneigung, Lage im Relief, lateralen Wasser- und Stofftransport, Überflutungen, Grund- und Stauwasser sowie Nutzungs- bzw. Vegetationstyp*" benötigt (Zepp 1999, S. 453), die Bodenkarten, Hangneigungskarten, Höhenschichtenkarten (ggf. Berechnung auf Grundlage eines DHMs), Karten von Landnutzungs- bzw. Vegetationstypen oder Biotoptypenkarten entnommen werden können. Wird eine Prozessgefüge-Haupttypen darstellende Karte gemeinsam mit den Grundlagendaten und den Ableitungsvorschriften dargestellt, lässt sich die Ableitung von Prozessgefüge-Haupttypen nachvollziehen. Die resultierende landschaftsökologische Gliederung baut auf weichen, qualitativen Informationen auf, bei der die Quantifizierung von Prozessgrößen nicht zwingend erforderlich ist (Zepp 1999, S. 453).

3.1.2.2 Prozessgefüge-Typ

Auf zweiter Hierarchieebene werden über den **Prozessgefüge-Typ** ökologisch bedeutsame Prozess- und Zustandsgrößen charakterisiert, die Ausdruck der Ökosystemstruktur, des momentanen Entwicklungs- und Beeinflussungsgrades des Ökosystems (Zepp 1999, S. 456) und damit des systeminternen Zustandes sind: Durchsickerungshöhe[24], quantitatives Bodenfeuchteregime, biotische Aktivität und ökochemischer Pufferbereich. Abb. 12 zeigt den integrativen Charakter dieser Größen, die – wenn möglich – quantifiziert werden sollten (Zepp 1999, S. 456). Sofern diese nicht primär erhoben werden, können sie alternativ über Schätz- und Rechenverfahren aus flächendeckend vorliegenden Merkmalen abgeleitet werden. Eine Sammlung von Verfahren findet sich in Zepp & Müller (1999).

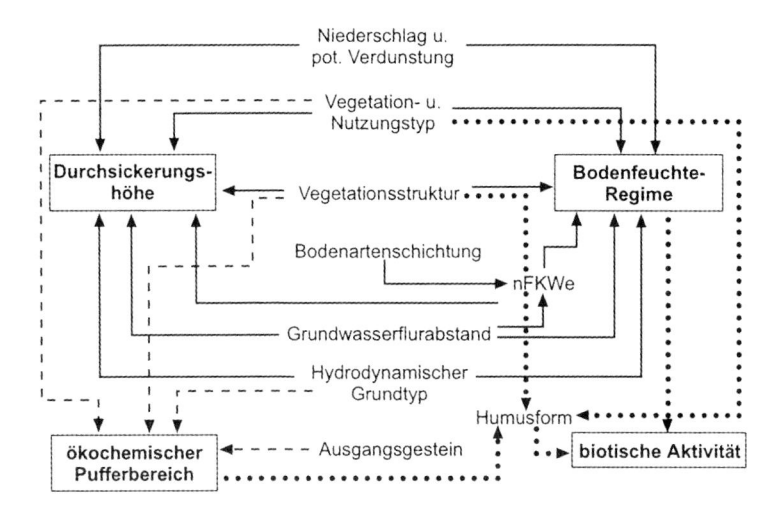

Abb. 12 Einflussgrößen für den Prozessgefüge-Typ (aus Zepp 1999, S. 456)

Räumlich betrachtet geben die Areale von Prozessgefüge-Haupttypen jeweils den landschaftsökologischen Prozessrahmen vor. Diese Areale werden über Typ-Areale differenziert, welche sich jeweils durch eine ähnliche Durchsicke-

---

[24] Anstelle der Durchsickerungshöhe kann auch die Austauschhäufigkeit des pflanzenverfügbaren Bodenwassers (vgl. Hennings 1994, S. 239f) verwendet werden, die den Quotienten aus der Grundwasserneubildung eines frei gewählten Bezugszeitraumes und der nutzbaren Feldkapazität im effektiven Wurzelraum (nFKWe) darstellt. Je größer die Austauschhäufigkeit ist, um so mehr Wasser durchfließt den Boden. Je mehr Wasser den Boden durchfließt, um so mehr (vor allem) gelöste Stoffe können ausgetragen werden. Die Austauschhäufigkeit des Bodenwassers wird zur Abschätzung der Nitratausgangsgefahr benutzt (vgl. Elhaus et al. 1989).

rungshöhe, ein ähnliches quantitatives Bodenfeuchteregime einen ähnlichen Pufferbereich und gleichzeitig eine ähnliche biotische Aktivität auszeichnen (vgl. Abb. 11). Der Typ muss daher gemeinsam mit dem Haupttyp genannt werden.

3.1.2.3 Prozessgefüge-Subtyp

Prozessgefüge-Subtypen können nur in großen Maßstäben ausgewiesen werden, denn diese sollen geländeklimatische Besonderheiten (Standorte mit erhöhtem Wärmegenuss oder kaltluft- oder frostgefährdete Bereiche) herausstellen (Zepp 1999, S. 451). Der Subtyp muss gemeinsam mit Haupttyp und Typ genannt werden.

3.2 ANPASSUNG DES MODELLS DER PROZESSGEFÜGE AN DIE CHORISCHE DIMENSION

Die Anpassung des Modells zur Erfassung, Darstellung und räumlicher Abgrenzung von Prozessgefüge-Haupttypen und Prozessgefüge-Typen in chorischer Dimension betrifft vor allem zwei Aspekte:

1. Die in topischer Dimension relevanten Modelleingangsgrößen werden erweitert, transformiert (d. h. über andere Parameter und Größen beschrieben) und reduziert:
   - das Relief wird wegen seiner Regelfunktion für Bodenwasser- und Stoffflüsse in Form von Kopplungstypen als eigenständige Modelleingangsgröße berücksichtigt (Erweiterung, s. Kap. 3.2.1),
   - anstelle einzelner Hydrodynamischer Grundtypen werden Hydromorphieflächentypen gebildet (Transformation, s. Kap. 3.2.2),
   - zur Bildung von Prozessgefüge-Typen wird als einzige Modelleinflussgröße die Klimatische Wasserbilanz verwendet, die anstelle der Durchsickerungshöhe tritt (Reduktion und Transformation, s. Kap. 3.2.5).
2. Das Raumgliederungsverfahren zur Bildung von Haupttypen wird gewechselt: Anstelle der Bildung von großen Raumeinheiten über Haupttypen, die deduktiv in Typen differenziert werden, werden die Haupttypen auf **induktivem** Weg durch Aggregierung kleiner Raumeinheiten gebildet (vgl. Abb. 13). Letztere ergeben sich als kleinste gemeinsame Geometrien aus der Verschneidung der Modelleingangsgrößenkarten und werden über

homogen definierte[25] **Prozessgefüge-Grundtypen** beschrieben (s. Kap. 3.2.4.1). Die Bildung der Haupttypen erfolgt auf induktivem Weg, weil sich Landschaften in chorischer Dimension durch unterschiedliche horizontale Landschaftsstrukturen auszeichnen, die das Prozessgefüge dieser Landschaften prägen. In ihrem Prozessgefüge ähnliche und/oder gegensätzliche Räume bestimmen in ihrer Gesamtheit das Prozessgefüge einer Landschaft. Die räumliche Anordnung von Raumeinheiten, die über die Prozessgefüge-Grundtypen gebildet werden, wird analysiert (Mosaikanalyse, s. Kap. 3.2.4.2). Auf die Mosaikanalyse aufbauend werden häufig gemeinsam vorkommende Grundtypen zu Prozessgefüge-Haupttypen zusammengefasst (Mosaiktypbildung, s. Kap. 3.2.4.3). Diese werden abschließend über die klimatische Wasserbilanz definierten Typen des klimaabhängigen Wasserangebots auf deduktivem Weg differenziert (s. Kap. 3.2.5).

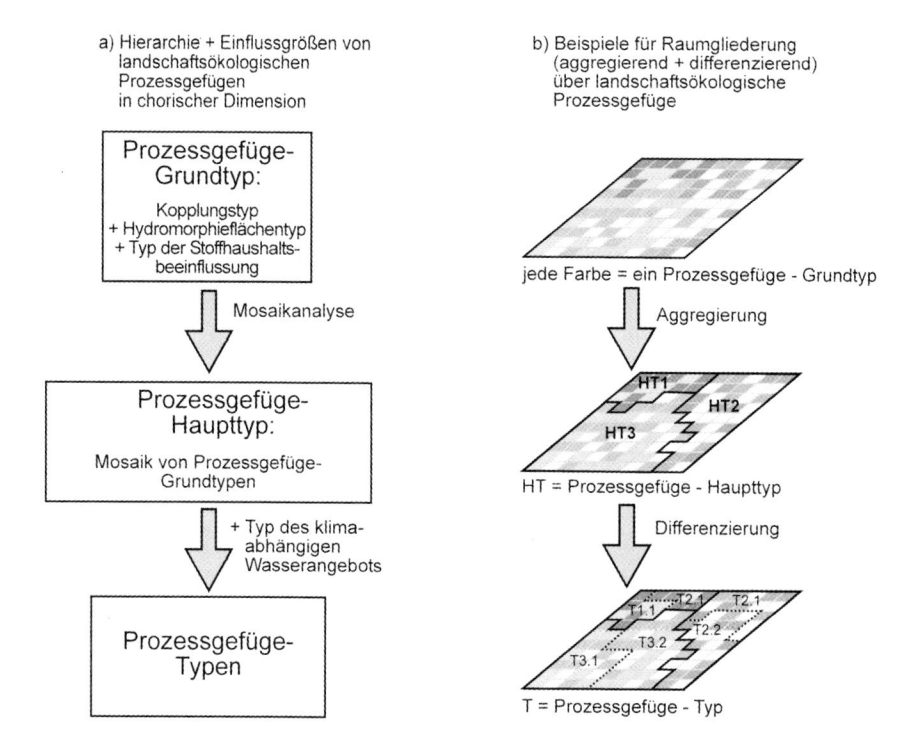

Abb. 13 Darstellung der Hierarchie und der Einflussgrößen von landschaftsökologischen Prozessgefügen in chorischer Dimension sowie des Raumgliederungsprinzips (Zeichnung: R. Wieland)

---

[25] Prozessgefüge-Grundtypen werden als homogen definiert, weil sie sich durch nur eine Merkmalskombination auszeichnen.

Bevor auf die Konzeption zur Bildung der Haupttypen eingegangen wird, wird zunächst die landschaftshaushaltliche Bedeutung des Reliefs in chorischer Dimension und die theoretische Ableitung von Kopplungstypen in Kap. 3.2.1 dargestellt. Die Darlegung der Konzeption zur Bildung von Hydromorphieflächentypen erfolgt in Kap. 3.2.2, diejenige zur Bildung der Typen der Stoffhaushaltsbeeinflussung in Kap. 3.2.3.

3.2.1 Landschaftshaushaltliche Bedeutung des Reliefs in chorischer Dimension und Parametrisierung von Kopplungstypen

In chorischer Dimension kommt dem Relief zur Typisierung landschaftsökologischer Prozessgefüge eine stärkere Bedeutung als in topischer Dimension zu: Über die Ausprägung des Reliefs kann auf die Art und Intensität flächenverbindender Wasser- und Stoffflüsse geschlossen werden. Über seine Elemente und Reliefformen strukturiert es zugleich einen Raum. Aufgrund der engen funktionalen Beziehungen zwischen Relief, Boden, Bodenwasserhaushalt, Oberflächengewässern sowie Mikro- und Geländeklima bilden Reliefelemente im Rahmen von Raumgliederungen eine Bezugsbasis zur Abgrenzung von landschaftshaushaltlich-geoökologischen Raumeinheiten (Leser 1999, S. 31, vgl. Urbanek 1997).

Im Folgenden wird aufgezeigt,

- welche Bedeutung das Relief für die Steuerung von Wasser- und Stoffflüssen in chorischer Dimension hat und
- wie Kopplungstypen parametrisiert werden können, die jeweils für eine charakteristische Kopplung von Flächen über Wasser- und Stoffflüsse stehen.

Landschaftshaushaltliche Bedeutung des Reliefs in chorischer Dimension

Das Relief ist eine Steuergröße für wassergebundene Dynamik und steuert Art, Richtung und Intensität vertikaler und lateraler Massen- und Energieumsätze maßgeblich (vgl. Abb. 14).

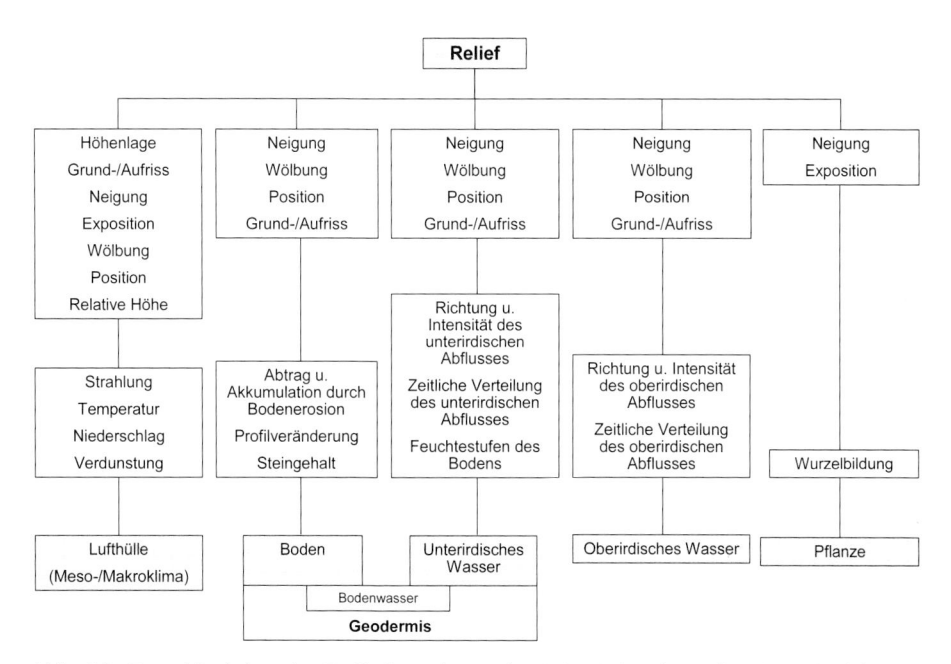

Abb. 14   Regelfunktion des Reliefs nach Kugler (1974) (nach Becker & Heinrich 1997, S. 27)

Wie sich unterschiedliche Reliefformen auf die Richtung und Intensität von Bodenwasser- und Stoffflüssen sowie oberflächlichen Wasserflüssen auswirken, verdeutlicht Abb. 15: Alle wassergebundenen Prozesse in dem dargestellten Raumausschnitt sind in Form von Richtungspfeilen angedeutet. Als horizontal verbindende wassergebundene Prozesse werden der oberflächliche Abfluss, der unterirdische Abfluss sowie der Grundwasserstrom aufgefasst. Die Verbindung von Einzelflächen über laterale Wasser- und Stoffflüsse wird als **Kopplung** bezeichnet (Haase 1991c) (vgl. Kap. 2.2.2). Die Reliefform wirkt sich direkt auf Fließrichtung und -intensität von Bodenwasser und oberflächlich abfließendem Wasser aus: Je bewegter das Relief, um so stärker sind benachbarte Flächen über diese Wasserflüsse miteinander verbunden. Als Stärke der Kopplung (im Sinne von Intensität) wird hier zum Einen die Geschwindigkeit der Wasser- und Stoffflüsse verstanden. Zum Anderen ist die Stärke der Kopplung von der Hanglänge abhängig: Je bewegter das Relief ausgebildet ist, um so längere Hänge herrschen vor und um so mehr Flächen sind kaskadenartig über Wasser- und Stoffflüsse miteinander verbunden. Mit zunehmender Fließstrecke können eine größere Menge an Stoffen hangabwärts verlagert und einzelne Flächen im Stoffbestand durch Lösung und Ausfällung von Stoffen verändert werden. Ist das Relief flach ausgeprägt, herrschen vertikale Bodenwasserflüsse vor (Scheffer & Schachtschabel 2002, S. 535) und die Kopplung findet über Grundwasserströme statt (vgl. Billwitz 1997, S. 686).

```
⟶  Grundwasserstrom              ⤴  laterale Bodenwasserflüsse (Interflow)
⋮  vertikale Bodenwasserflüsse   ⤴  oberirdischer Abfluss              ⊢ 100 m ⊣
```

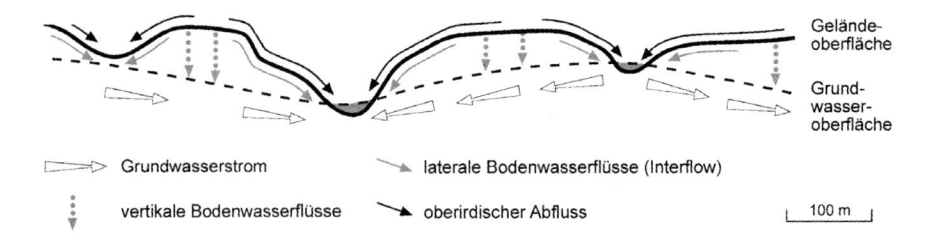

Abb. 15 Beispiel für die Kopplung von Flächen über Wasserflüsse (Zeichnung: S. Steinert)

In chorischer Dimension geben Räume mit ähnlichen Oberflächenformen und ähnlicher Verteilung von Hanglängen einen Rahmen vor, in welcher Intensität die darin liegenden Flächen über wassergebundene Prozesse gekoppelt sein können. Sie zeichnen sich damit durch spezifische **Kopplungseigenschaften** aus. Flächenanordnungen, die sich durch spezifische Kopplungseigenschaften auszeichnen, sind von Schmidt (1978) systematisiert worden. Dabei baut er auf einem Ordnungsschema von Fridland (1969, 1970, 1971, zit. in Schmidt 1978) auf, der Kategorien der räumlichen Anordnungen von Bodenkombinationen auf Grundlage der Genese und der aktuellen funktionalen Beziehungen aufgestellt hat[26] (Schmidt 1978, S. 86). Schmidt (1978, S. 86ff) abstrahiert darüber wesentliche Grundzüge der Verknüpfung topischer Systemelemente in chorischer Dimension, weshalb diese als Gefüge bezeichnet werden: Senkengefüge, Hanggefüge und Plattengefüge. Schmidt (1978, S, 88) hat diesen Bezeichnungen zusätzlich allgemeinere vorangestellt, die nicht an eine bestimmte Genese (Platten) und Geländeform (Hang) gebunden sind: Infusionsgefüge ist die allgemeine Bezeichnung für Senkengefüge, Catenagefüge steht für Hanggefüge und Inzidenzgefüge für Plattengefüge. In dieser Arbeit werden die funktionalen Beziehung bei den Definitionen betont, die eng an diejenigen von Schmidt (1978, S. 88) angelehnt sind:

- *Infusionsgefüge*[27]: Flächen in Senken erhalten von höher gelegenen Flächen Wasser- und Stoffeinträge (Infusion) und stehen gleichzeitig innerhalb einer Senke über Grundwasser[28] in wechselseitiger Beziehung. Dieser Typ wird im Folgenden deshalb als **Infusions- und Intrakommunikationsgefüge** bezeichnet. Je kleiner ein Areal dieses Kopplungstyps ist, um so mehr Bedeutung haben die Außenrelationen.

---

[26] Fridland unterscheidet 3 Grundformen der genetischen und funktionalen Beziehungen: wechselseitige, einseitige und geringe prozessuale Verbindung von Bodenkombinationen (vgl. Schmidt 1978, S. 87). Als Folge der prozessualen Verbindung von Bodenformen sind diese auch genetisch miteinander verbunden.
[27] Die Bezeichnung Infusionsgefüge leitet sich von lat. infundere „hineingießen" ab.
[28] In Mitteleuropa sind wechselseitige Beziehungen an das Vorkommen von Grundwasser gebunden (Schmidt 1978, S. 88).

- *Catenagefüge:* Flächen sind über laterale Bodenwasserflüsse in einer Richtung (dem Gefälle folgend) prozessual verbunden. Die Intensität der Kopplung ist von der Oberflächenform und von der Bodenartenschichtung abhängig (Voraussetzungen zur Bildung von Interflow, vgl. Kap. 3.1.1.1). Im Folgenden wird der Begriff Hanggefüge benutzt, da Catenagefüge immer an Hänge gebunden sind.
- *Inzidenzgefüge:* Flächen, die nicht über Wasserflüsse miteinander verbunden sind, liegen isoliert nebeneinander. Die Bodenwasserflüsse sind vertikal gerichtet.

Bei Haase et al. (1991d) werden die Grundtypen der Anordnung als **Kopplungstypen**[29] bezeichnet, wodurch die (potenzielle) prozessuale Verbindung von Flächen hervorgehoben wird. Dementsprechend werden sie anhand der intensivsten vertikalen und lateralen Stoffverlagerungen definiert. Inhaltlich wurden die Kopplungstypen von Haase et al. (1991d) ergänzt (Differenzierung über Intensitäten und Kleinformen sowie Ausweitung der Kopplungen über Luftbewegungen) sowie graphisch dargestellt (Abb. 16). In dieser Arbeit werden die Kopplungstypen auf die Kopplung von Flächen über Bodenwasser- und Stoffflüsse reduziert und damit im Sinne Schmidts (1978) aufgefasst.

Die Kopplungstypen werden im Folgenden parametrisiert.

---

[29] Bei der Entwicklung von Grundsätzen für eine Systematisierung von Bodengesellschaften durch den Arbeitskreis Bodensystematik der Deutschen Bodenkundlichen Gesellschaft wird auf oberstem Klassierungsniveau eine Gliederung nach Kopplungstypen vorgeschlagen (vgl. Jahn et al. 2002, Wittmann 1999, Scheffer & Schachtschabel 2002, S. 533ff). Die Untersuchungen von Reents (1982) sind in diesem Zusammenhang erwähnenswert.

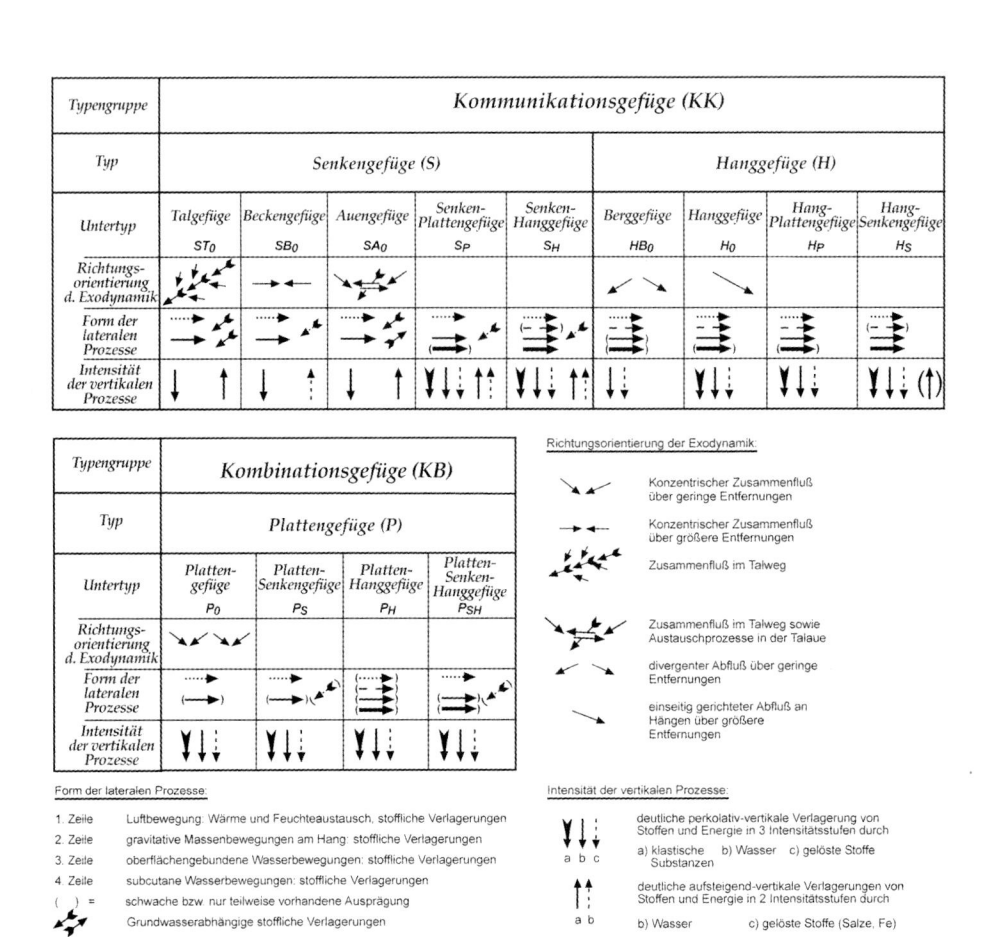

Abb. 16 Kopplungstypen nach Haase et al. (1991d) (aus Syrbe 1999, S. 482f)

Parametrisierung von Kopplungstypen

Ziel der Parametrisierung von Kopplungstypen ist es, Reliefeinheiten in der Art abzugrenzen, dass sich diese in ihren Kopplungseigenschaften unterscheiden und gleichzeitig das Untersuchungsgebiet strukturell gliedern (vgl. Kap. 3.2.1, S. 66). Wie aus der Definition der Kopplungstypen deutlich wird, ist die Art und Intensität potenzieller Kopplungen von der Oberflächenform (v.a. von der Hangneigung und der Hanglänge) und vom Grundwassereinfluss (wechselseitige Kopplungen) abhängig, zusätzlich aber auch von Landschaftsstrukturen, die eine Abweichung der relief- und grundwassergesteuerten Kopplungseigenschaften bedeuten. Auf stark geneigten, klüftigen Felsoberflächen z. B. können vertikale Wasserflüsse gegenüber lateralen vorherrschen. Die **primäre Parametrisierung** erfolgt daher über die Abgrenzung unterschiedlicher Oberflächenformen, die **sekundäre** über den Grad des Grundwassereinflusses und über ausgewählte Ausprägungen des Bodens bzw. der Geländeoberfläche.

Primäre Parametrisierung von Kopplungstypen über Reliefenergie und Hangneigung

Fasst man Kopplungstypen primär als Reliefeinheiten charakteristischer Oberflächenform auf, dann können diese analog zur Ableitung allgemeiner Reliefeinheiten (vgl. Dikau & Schmidt 1999, S. 228) auf Basis geomorphometrischer Homogenität (z. B. gleiche Hangneigung) oder/und typischer geomorphometrischer Strukturen (z. B. Abfolge von Hängen bestimmter Länge) abgeleitet werden. Die Unterschiede zwischen den Oberflächenformen der Kopplungstypen in Abb. 16 basieren auf unterschiedlichen Reliefenergieausprägungen, auf den damit verbundenen Unterschieden der Hanglänge und der Hangneigung, so dass sich die verschiedenen Kopplungstypen aus unterschiedlichen Hangneigungen innerhalb bestimmter Höhendifferenzen zusammensetzen. Da die Kopplungsintensitäten vor allem von der Hangneigung abhängig sind, können über Anteile verschiedener Hangneigungen (vor allem Hanggefüge) nach unterschiedlichen potenziellen Kopplungsintensitäten differenziert werden.

Die für Deutschland abzuleitenden Kopplungstypen sollen ihrer Ausdehnung nach als Meso-B-Formen bzw. Abfolge von diesen aufgefasst werden. Nach Tab. 5 können diese über die Reliefenergie, Hangneigungen und Mikroformendichte abgeleitet werden. Die Berechnungsbezugsräume zur Berechnung der einzelnen Parameter soll unterschiedlich groß gewählt sein: Derjenige zur Berechnung der Reliefenergie soll eine Größe von 25 km^2, derjenige zur Berechnung des Modalwertes der Hangneigung eine Größe zwischen 0,25 bis 1 km^2 und derjenige zur Berechnung der Mikroformendichte eine Größe von 1 km^2 aufweisen.

Tab. 5 Beziehungen zwischen dem hierarchischen Relieftyp, dem Reliefparameter und der Größe des Berechnungsbezugsraumes (verändert nach Dikau & Schmidt 1999, S. 226 und Leser 1999, S. 46)

Art der Reliefform	Reliefparameter	Hierarchietyp	Beispiele für Reliefformen nach Hierarchietyp	Größe des Berechnungsbezugsraumes	statistisches Maß
Einzelform	Neigung	Meso A	Moränenhügel, Talböden, Täler	50*50 bzw. 100*100 m	Modalwert
	Geländehöhe	Meso B	Berge, Bergzüge, Sanderflächen, Täler	5*5 km	Differenz
	Neigung	Meso B		0,5*0,5 bzw. 1*1 km	Modalwert
	Mikroformendichte	Meso B		1*1 km	Anzahl pro Fläche

Fortsetzung Tab. 5:

Art der Reliefform	Reliefparameter	Hierarchietyp	Beispiele für Reliefformen nach Hierarchietyp	Größe des Berechnungsbezugsraumes	statistisches Maß
Formassoziation	Geländehöhe	Nano, Mikro	Gletscherschrammen, Karren, Erosionsrille	0,2*0,2 bis 0,5*0,5 km	Differenz
		Meso A	Moränenhügel, Talböden, Täler	2*2 bis 5*5 km	
		Meso B	Berge, Bergzüge, Sanderflächen, Täler	20*20 bis 50*50 km	
		Makro A	Mittelgebirge, Plateaus, Tiefebenen	200*200 bis 500*500 km	

Wie andere Autoren gezeigt haben (Kugler 1974, Eid 1988, Hammond 1964, Speight 1990, Dikau et al. 1995, Brabyn 1996), können allein über **Reliefenergie und Hangneigung** sinnvoll großräumige Reliefeinheiten abgeleitet werden, die eine Differenzierung bezüglich der Hangneigungen zulassen. Damit ermöglichen diese im Hinblick auf die Ableitung von Kopplungstypen die Bestimmung der Stärke von Bodenwasserflüssen. Die Berechnungsbezugsräume zur Berechnung der Reliefenergie (von 0,7 km^2 über 25 km^2 bis ca. 100 km^2) unterscheiden sich in Abhängigkeit der Ausprägung der Untersuchungsgebiete (Australien[30], Teilräume der DDR[31], USA[32], Neu Mexiko[33]) und weichen dementsprechend von den Vorgaben in Tab. 5 ab. Die gleichen Bezugsraumgrößen wurden zur Berechnung des Hangneigungsmodalwertes benutzt. Die Angaben zur Größe der Bezugsberechnungsräume in Tab. 5 sollten deshalb nicht statisch aufgefasst werden, die Relationen jedoch gewahrt bleiben. So sollte die Hangneigung in einem kleineren Bezugsraum berechnet werden als die Reliefenergie (Tab. 6). Dementsprechend werden die Hangneigung und die Reliefenergie in dieser Arbeit in jeweils unterschiedlich großen Bezugsräumen GIS-gestützt berechnet. Die Größe der gewählten Berechnungsbezugsräume wird ebenso wie die Klasseneinteilung an die Arbeitsdimension und die morphologische Ausprägung des Untersuchungsgebietes Deutschland angepasst (s. Kap. 4.5.1).

---

[30] Speight (1990)
[31] Eid (1988) und Kugler (1974)
[32] Hammond (1964)
[33] Dikau et al. (1995)

Tab. 6 Prinzip der Kennzeichnung von Kopplungstypen über Reliefenergie und Hangneigung

Kopplungs-typ	Relief-energie*	durchschnittliche Hangneigung*	Beispielprofile (aus Haase et al. 1991, Beilage M4)
Inzidenz-gefüge	gering	gering	
Hanggefüge	mittel	gering bis mittel	
	mittel bis hoch	mittel bis hoch	

* Bezugsraum zur Berechnung der Reliefenergie ist größer als derjenige zur Bestimmung der durchschnittlichen Hangneigung

Sekundäre Parametrisierung: Berücksichtigung von lateralen Kopplungen über Grundwasser und Berücksichtigung von bestimmten Ausprägungen des Bodens bzw. der Geländeoberfläche

Innerhalb der über Oberflächenformen definierten Kopplungstypen können Flächen über hoch anstehendes Grundwasser wechselseitig gekoppelt sein, wodurch sie Eigenschaften eines **Infusions- und Intrakommunikationsgefüges** aufweisen. In dem hier gewählten Arbeitsmaßstab sollen nur die Flächen mit überregionaler Bedeutung herausgestellt werden. Das sind solche Flächen, die eine Mindestgröße (> 25 ha) bzw. eine Mindestbreite (100 m) aufweisen. Informationen zum Grundwassereinfluss können im Allgemeinen Bodenkarten entnommen werden. Gleiches gilt für Flächen, die wegen ihrer natürlichen Bodenbeschaffenheit andere Kopplungseigenschaften aufweisen als ihre Umgebung, wie z. B. Flächen mit einer Felsoberfläche oder einer Rohbodenausbildung. Diese können trotz großer Hangneigungen vertikale Wasserflüsse aufweisen. Informationen zur natürlichen Oberflächenausprägung sind in Karten der Landnutzung bzw. Bodenbedeckung sowie in Bodenkarten enthalten. Auch dabei sind nur die Flächen überregional zu berücksichtigen, die eine Mindestgröße aufweisen (s.o.). Technogen gestaltete Flächen wie Siedlungsflächen, Halden und Abbaugebiete weisen ebenfalls Kopplungseigenschaften auf, die von der natürlichen Oberflächenform und der natürlichen Bodendecke unabhängig sind. Diese Flächen werden in dieser Arbeit bei der Ausweisung von Hydromorphieflächentypen berücksichtigt. Würde dies nicht geschehen, müssten diese gemeinsam mit limnischen und semiterrestrischen Ökosystemen als Flächen mit eigenen Kopplungseigenschaften gekennzeichnet werden (vgl. Wittmann 1999).

3.2.2 Ableitung Hydrodynamischer Grundtypen in chorischer Dimension und Bildung von Hydromorphieflächentypen

In chorischer Dimension werden Bodentypen in Form von Bodengesellschaften dargestellt. Eine Bodengesellschaft setzt sich aus den Bodenformen zusammen, deren Areale in charakteristischer Weise über Wasser- und Stoffflüsse miteinander verbunden sind und sich so in ihrer Genese gegenseitig beeinflussen (Scheffer & Schachtschabel 2002, S. 533, vgl. Reents 1982). Die Benennung einer Bodengesellschaft erfolgt durch Angabe von Leitbodenformen, d. h. der Bodenformen, die in einer Bodengesellschaft dominieren (Scheffer & Schachtschabel 2002, S. 533). Zusätzlich können Begleitbodenformen genannt sein. Die Flächenanteile der Bodenformen einer Bodengesellschaft unterscheiden sich pro Pedochore von Region zu Region, wobei diese Unterschiede durch den Wechsel der Ausgangssubstrate und der Oberflächenformung bedingt sind.

Die Ableitung der Hydrodynamischen Grundtypen in chorischer Dimension erfolgt auf Grundlage von Bodengesellschaften. Dabei wird für jeden Leitbodentyp ein Hydrodynamischer Grundtyp abgeleitet, wodurch sich eine Bodengesellschaft ggf. durch unterschiedliche Hydrodynamische Grundtypen auszeichnet. Die Ableitung der Hydrodynamischen Grundtypen ist auf Leitbodentypen, wegen deren flächenhafter Dominanz innerhalb einer Bodengesellschaft, beschränkt. Auf Basis der unterschiedlichen Flächenanteile verschiedener Hydrodynamischer Grundtypen innerhalb einer Bodengesellschaft können **Hydromorphieflächentypen** gebildet werden (vgl. Mannsfeld, Kopp & Diemann 1990, Haase & Mannsfeld 2002). *„Hydromorphieflächen-Typen sind ein zusammenfassendes Merkmal für die unterschiedlichen Flächenanteile von sicker-, hang-, stau- und grundwasserbestimmten Arealen innerhalb mikrochorischer Naturräume. [...] Hydromorphieflächen-Typen werden aus Hydrotop-Kombinationen [...] abgeleitet oder über die Geokomplexformen- bzw. die Bodenformen-Vergesellschaftungen angesprochen"* (Mannsfeld, Kopp & Diemann 1990, Merkmalstabelle W2). Die unterschiedlichen Anteile an Hydrodynamischen Grundtypen werden in dieser Arbeit aus der Anzahl der interpretierten Leitbodentypen pro Bodengesellschaft abgeschätzt.

Ableitung Hydrodynamischer Grundtypen aus Leitbodentypen

Hydrodynamische Grundtypen (vgl. Kap. 3.1.1.1) werden für jeden Leitbodentyp einer Bodengesellschaft vereinfacht aus dem Bodentyp abgeleitet (s. Tab. 7). Die Ableitung des Abfluss-Typs erfolgt auf Grundlage von Informationen zum Versiegelungsgrad eines Bodens sowie auf Grundlage von Angaben zu vegetationsfreien Flächen (z. B. ableitbar aus der Bodenbedeckung). Der Hangnässe-Typ wie der Hangwasser-Typ (s. Kap. 3.1.1.1) können ohne Informationen zur Hangneigung und zur Bodenartenschichtung in diesem Arbeitsschritt noch nicht berücksichtigt werden. Dies erfolgt zu einem späteren Zeitpunkt (s. Bildung von Reliefabhängigen Hydromorphieflächentypen).

Tab. 7   Ableitung des Hydrodynamischen Grundtyps aus dem Bodentyp (unter Berücksichtigung von Subtypen)

Leitbodentypen	Hydrodynamischer Grundtyp	Prägung der Bodenfeuchte- und Stoffdynamik
Pseudogley-X X-Pseudogley Stagnogley Hochmoor	ST	stauwassergeprägte Bodenfeuchte- und Stoffdynamik
Pseudogley-Gley	STGR	stauwassergeprägte Bodenfeuchte- und Stoffdynamik im Oberboden, grundwasserbestimmte Bodenfeuchte- und Stoffdynamik im Unterboden
Auenboden Gley Niedermoor X-Gley	GR	grundwasserbestimmtes Bodenfeuchte- und Stoffdynamik
Felsflächen Rohböden	$AB_{natürlich}$	vor allem durch oberflächlichen Abfluss des Wassers geprägte Bodenfeuchte- und Stoffdynamik
versiegelte Fläche	$AB_{anthropo}$	Prägung der Bodenfeuchte- und Stoffdynamik durch stark eingeschränkte Infiltration von Wasser in den Boden und durch oberflächlichen Abfluss von Wasser
alle sonstigen Bodentypen	SI	sickerwassergeprägte Bodenfeuchte- und Stoffdynamik

Verbale Angaben zum Bodenfeuchteregime der Leitbodentypen, die sich nicht im Bodentyp widerspiegeln, werden ggf. anschließend berücksichtigt, um die Ableitung des Hydrodynamischen Grundtyps zu modifizieren. Allgemeine Vorgaben können wegen der unterschiedlichen Kartengestaltungen und Beschreibung von Bodengesellschaftseinheiten nicht gemacht werden. Als Beispiel für das Prinzip der Ableitung steht Tab. 8, in der die verbalen Angaben aus der Langlegende der Bodenübersichtskarte 1 : 1 Mio. (BGR 1999) aufgegriffen werden.

Tab. 8 Berücksichtigung verbaler Angaben zum Bodenfeuchteregime zur Ableitung des Hydrodynamischen Grundtyps aus einem Leitbodentyp am Beispiel der Langlegende der Bodengesellschaftseinheiten der Bodenübersichtskarte 1 : 1 Mio. (BGR 1999)

verbale Angaben zum Bodenfeuchteregime der Leitbodentypen in der Langlegende der Bodenübersichtskarte	Hydrodynamischer Grundtyp	Prägung der Bodenfeuchte- und Stoffdynamik
„oft"/„häufig"/„in der Regel" Stauwasser (ohne Differenzierung, ob Stauwasser im Unterboden/-grund oder Oberboden)	ST	stauwassergeprägtes Bodenfeuchte- und Stoffdynamik
„oft"/„häufig"/„in der Regel" Stauwasser im Unterboden/-grund	HG nach Tab. 7 + ST $\Rightarrow$ Mischtyp in Form XST (z. B. PEST)	x geprägtes Bodenfeuchte- und Stoffdynamik bei stauwassergeprägter Bodenfeuchte- und Stoffdynamik im Unterboden
„oft"/„häufig"/„in der Regel" Stauwasser im Oberboden	ST	stauwassergeprägtes Bodenfeuchte- und Stoffdynamik
„Grundwassereinfluss im Untergrund"	HG nach Tab. 7 + GR $\Rightarrow$ Mischtyp in Form XGR (z. B. PEGR)	x geprägte Bodenfeuchte- und Stoffdynamik bei grundwasserbestimmter Bodenfeuchte- und Stoffdynamik im Unterboden
„in der Regel grundwasserbeeinflusst"/ „hauptsächlich in grundwassernahen Lagen"	GR	grundwasserbestimmte Bodenfeuchte- und Stoffdynamik
keine ergänzenden Angaben zum Bodenfeuchteregime	keine Modifizierung des Hydrodynamischen Grundtyps	

Das Vorgehen wird anhand der folgenden Bodeneinheit verdeutlicht (unterstrichene Bodentypen = Leitbodentypen, kursiv gedruckte = Begleitbodentypen):

Mittel- bis tiefgründige, lehmig-sandige bis lehmig-schluffige, z.T. steinige, braune Böden mit tonreicherem Unterboden (Parabraunerde und Fahlerde) und vorwiegend kalkhaltigem Untergrund; häufig zeitweilige Staunässe im Oberboden (Pseudogley-Parabraunerde bis Pseudogley) aus Geschiebelehm über Geschiebemergel, (auf Rügen örtlich über Kreidekalk); in der Regel mit lehmig-sandigem Oberboden; auf Kuppen und an Oberhängen z.T. *Pararendzina* und *Braunerde*; in Tälern Grundwasserböden (*Gleye*), örtlich *Niedermoor*

Leitbodentypen der Einheit sind Parabraunerde, Fahlerde, Pseudogley-Parabraunerde und Pseudogley. Nach Tab. 7 und Tab. 8 lassen sich die folgende Hydrodynamischen Grundtypen zuweisen:

a) Parabraunerde und Fahlerde:
   ⇒ nach Tab. 7: *„alle sonstigen Bodentypen* ⇒ *„SI = sickerwassergeprägte Bodenfeuchte- und Stoffdynamik"*
   ⇒ nach Tab. 8: *„keine ergänzenden Angaben zum Bodenfeuchteregime* ⇒ *„keine Modifizierung des Hydrodynamischen Grundtyps",* d. h. Hydrodynamischer Grundtyp SI
b) Pseudogley-Parabraunerde und Pseudogley:
   ⇒ nach Tab. 7 *„Pseudogley-X, X-Pseudogley, Stagnogley, Hochmoor"* ⇒ *„ST = stauwassergeprägte Bodenfeuchte- und Stoffdynamik"*
   ⇒ nach Tab. 8: *„oft"/„häufig"/„in der Regel"* Stauwasser im Oberboden ⇒ *„ST = stauwassergeprägte Bodenfeuchte- und Stoffdynamik",* d. h. keine Modifikation des Hydrodynamischen Grundtyps ST, da Ableitung mit derjenigen nach Tab. 7 übereinstimmt

Bildung von Reliefunabhängigen Hydromorphieflächentypen

Nachdem jeder Leitbodentyp einer Bodengesellschaft interpretiert wurde, werden Hydromorphieflächentypen auf Basis von mindestens einem Hydrodynamischen Grundtyp gekennzeichnet. Da zunächst keine Hangwasser- und Hangnässe-Typen berücksichtigt werden, werden die Hydromorphieflächentypen als **reliefunabhängig** bezeichnet, um sie gegen reliefabhängige abzugrenzen, bei denen Hangwasser- und Hangnässetypen berücksichtigt werden. Im Falle mehrerer Hydrodynamischer Grundtypen innerhalb einer Bodengesellschaft wird das inhaltliche Gefüge in unscharfer Form berücksichtigt: Pro Gesellschaft werden zunächst die auftretenden Hydrodynamischen Grundtypen ermittelt und ihre relativen Flächenanteile über die Annahme bestimmt, dass jeder Leitbodentyp mit gleichem Flächenanteil in einer Einheit vorkommt. Zeichnet sich eine Bodengesellschaft z. B. durch vier Leitbodentypen aus, von denen für zwei Leitbodentypen der Hydrodynamische Grundtyp „SI" und für die anderen zwei der Hydrodynamischen Grundtyp „ST" zugeordnet wurden (s.o.), so ergibt sich eine Wahrscheinlichkeit ihres Auftretens von je 50% innerhalb eines Areals eines Hydromorphieflächentyps. Somit ist es zwar nicht möglich, innerhalb einer Einheit einen darin vorkommenden Hydrodynamischen Grundtypen konkret zu verorten, erhalten bleibt jedoch die Information über die in der Einheit vorkommenden Typen. Anstelle einer reduktionistischen Verallgemeinerung tritt eine Typisierung, die die Komplexität und heterogene Zusammensetzung berücksichtigt. Eine exakte Abschätzung der Flächenanteile oder des Grades von Überflutungen (vgl. Kap. 3.1.1.1) kann nur durch entsprechende Auswertungen großmaßstäbiger Bodenkarten und ergänzende Karten (z. B. zum Ausbauzustand von Gewässern) abgeschätzt werden.

Ein Reliefunabhängiger Hydromorphieflächentyp kann über diese Anteile in folgender Weise als Wahrscheinlichkeitsgefüge gekennzeichnet werden: „50% SI/ 50% ST".

Bildung von Reliefabhängigen Hydromorphieflächentypen durch Berücksichtigung einseitig gerichteter lateraler Bodenwasserflüsse

Reliefunabhängige Hydromorphieflächentypen lassen keine direkten Rückschlüsse auf die vorherrschende Prozessrichtung der Bodenwasserflüsse zu. Dazu werden weitere Informationen benötigt: Der Hangwasser- wie der Hangnässe-Typ sind (wie in Kap. 3.1.1.1 dargestellt) an das zeitweise Vorhandensein von Interflow als einseitig gerichteten lateralen Bodenwasserfluss gebunden, die Bildung von Interflow wiederum an die Ausbildung einer undurchlässigen Schicht und Hangneigungen größer 2°. Hydromorphieflächentypen, deren Areale in Bereichen liegen, die sich durch diese Eigenschaften auszeichnen, werden dementsprechend modifiziert: Aus Sickerwasser-Typen werden Hangwasser-Typen, aus Stauwasser-Typen werden Hangnässe-Typen.

In einem ersten Schritt werden die Bodengesellschaften (außer der grundwassergeprägten, für die Interflow ausgeschlossen wird) im Hinblick auf ihr Potenzial zur Bildung von Interflow interpretiert. Dabei weisen insbesondere die Bodengesellschaften ein Potenzial auf, die sich in periglazialen Deckschichten entwickelt haben, weil man dort von der Ablenkung des Sickerwassers im Bereich der Deckschichten[34] und somit von dem zeitweiligen Vorhandensein von Interflow ausgehen kann (Völkel et al. 2002, S. 106-108). Nach Interpretation der Bodengesellschaften werden in einem zweiten Schritt diejenigen Areale einer Bodengesellschaft, die sich gleichzeitig im Bereich von Geländeneigungen größer 2° befinden (dazu eignen sich die Kopplungstypen, die vorwiegend Geländeneigungen größer 2° aufweisen), als Areale potenzieller, einseitig gerichteter lateraler Wasser- und Stoffflüsse gekennzeichnet. Wird eine solche Karte mit der der Reliefunabhängigen Hydromorphieflächentypen überlagert, können diejenigen Hydromorphieflächentypen in den Bereichen modifiziert werden, deren Areale vollständig oder teilweise im Bereich potenzieller, einseitig gerichteter lateraler Wasser- und Stoffflüsse liegen. Diese werden abschließend als **Reliefabhängige Hydromorphieflächentypen** bezeichnet.

---

[34] Hauptlagen sind zumeist locker gelagert und weisen dadurch sehr gute Draineigenschaften auf, weshalb sie Regen und Schmelzwasser gut aufnehmen können. Da sich unter der Hauptlage oftmals eine Schicht mit höherer Lagerungsdichte und geringerer Wasserleitfähigkeit befindet, wird das Sickerwasser an dieser Grenzschicht aus der vertikalen Richtung abgelenkt und fließt in weiten Teilen der Mittelgebirge oberflächenparallel ab. Nicht immer erfolgt der Zwischenabfluss innerhalb der Haupt- oder Mittellage, auch in die Basislage kann Wasser einsickern und dort in die laterale Richtung abgelenkt werden (vgl. Völkel et al. 2002). Über die hydrologische Wirkung der Basis- oder Hauptlagen lassen sich keine allgemein gültigen Aussagen machen (Völkel et al. 2002, S. 108).

3.2.3 Ableitung der Art, Intensität, Stetigkeit und Periodizität der anthropogenen Beeinflussung der Stoffdynamik: Typen der Stoffhaushaltsbeeinflussung

Aus dem Vegetationstyp und der Flächennutzung kann die Art und Intensität der Stoffhaushaltsbeeinflussung über das qualitative Abschätzen der Fest- und Nährstoffeinträge bzw. der Entnahmen durch den Menschen abgeleitet werden (vgl. Kap. 3.1.1.2). Je mehr Informationen Grundlagendaten räumlich wie inhaltlich bereithalten, um so genauer können Art und Intensität der anthropogenen Stoffeinträge und -entnahmen beschrieben und **Typen der Stoffhaushaltsbeeinflussung** gebildet werden.

Zepp (1991c, S. 142) berücksichtigt in topischer Dimension zusätzlich die Standortsituation in bezug auf laterale Stoffeinträge bzw. Stoffausträge. Bei einer Vielzahl von Flächen (wie sie vor allem in einem großen Raumausschnitt vorkommen) können solche Relationen kaum mehr berücksichtigt werden, weshalb die Beeinflussung des Stoffhaushaltes in chorischer Dimension allein auf der Grundlage der direkten anthropogenen Stoffeinträge und -entnahmen abgeschätzt werden muss. Die Stärke der anthropogenen Stoffeinträge und -entnahmen wird ebenso wie ihre Periodizität aus der Flächennutzung bzw. der Bodenbedeckung qualitativ abgeschätzt. Stoffeinträge (Exkremente) und -entnahmen (Biomasse) durch Nutztiere werden als anthropogene Beeinflussung aufgefasst.

Die Ableitung kann sich trotz der Nichtberücksichtigung laterale Stoffflüsse an den Vorgaben von Zepp (1991c) orientieren (vgl. Tab. 4), wie Glawion (2002) gezeigt hat. Auf Grundlage der in Deutschland vorkommenden Landnutzungs- bzw. Bodenbedeckungsarten werden Stärke und Periodzität anthropogener Stoffeinträge und Stoffentnahmen abgeleitet, auf deren Grundlage eine Kennzeichnung der anthropogenen Stoffdynamik erfolgt (Tab. 9).

Tab. 9   Kennzeichnung der anthropogenen Stoffdynamik von Bodenbedeckungen/Landnutzungen in Deutschland durch Abschätzung der Stärke und Periodizität anthropogener Stoffeinträge und -entnahmen (nach Glawion 2002, S. 306-311, Tab. 6.1 und Legende zu Abb. 6.5, S. 302f)

Kennzeichnung der anthropogenen Stoffdynamik	anthropogene Stoffeinträge	anthropogene Stoffentnahmen	repräsentative Bodenbedeckungen/ Landnutzungen
keine bis geringe anthropogene Beeinflussung	keine (nur atmosphärische Einträge)	keine bis geringe (extensive Beweidung)	Hoch- und Flachmorre, Salzwiesen, Watten, Dünen, Strände, vegetationsarme Hochgebirgsfluren
keine bis geringe Stoffeinträge, geringe periodische Entnahmen	keine bis geringe (gelegentlich schwache Düngung)	geringe (schwache Durchforstung, z. T. Plenterwirtschaft)	bodenständige Laubwälder

Fortsetzung Tab. 9:

Kennzeichnung der anthropogenen Stoffdynamik	anthropogene Stoffeinträge	anthropogene Stoffentnahmen	repräsentative Bodenbedeckungen/ Landnutzungen
keine bis geringe Stoffeinträge, geringe periodische Entnahmen	keine bis geringe (gelegentlich schwache Düngung, ansonsten nur atmosphärische Einträge)	kleinflächige periodische Holzentnahmen (Plenter- und Femelwirtschaft)	Mischwälder mit überwiegendem Anteil bodenständiger Holzarten
keine bis geringe Stoffeinträge, geringe regelmäßige Entnahmen	keine bis geringe (gelegentlich schwache Düngung, ansonsten nur atmosphärische Einträge)	geringe regelmäßige Biomasseentnahmen durch extensive Beweidung oder Mahd	Heiden, Trockenrasen, extensiv genutzte Wiesen und Weiden, Almen
keine bis geringe Stoffeinträge, starke periodische Entnahmen	keine bis geringe (gelegentlich schwache Düngung, ansonsten nur atmosphärische Einträge)	klein- bis großflächige periodische Holzentnahmen	bodenständige Nadelwälder
geringe bis mäßige Einträge, starke periodische Entnahmen	geringe bis mäßige (Erhaltungskalkung)	großflächige periodische Holzentnahmen (Kahlschlagwirtschaft)	standortfremde, gleichaltrig aufgebaute Nadelforstmonokulturen
mittlere regelmäßige Einträge, regelmäßige Entnahmen ohne Bestandswechsel	mittlere regelmäßige Düngereinträge	regelmäßige Biomasseentnahmen durch Beweidung oder Mahd	intensiv genutzte Wiesen und Weiden
mittlere bis starke regelmäßige Einträge und Entnahmen	mittlere bis starke regelmäßige Düngereinträge	regelmäßige Biomasseentnahmen	Agrarmischgebiete
starke regelmäßige Einträge und Entnahmen mit Bestandswechsel	starke regelmäßige Dünger- und Bizideinträge	regelmäßige Entnahme des überwiegenden Teils der Biomasse	Ackerfluren, Gartenbau, Gemüsebau
starke regelmäßige Einträge, regelmäßige Teilentnahmen ohne Bestandswechsel	starke regelmäßige Dünger- und Bizideinträge	regelmäßige Teilentnahme der Biomasse (ohne Bestandswechsel)	Rebflächen, Obstplantagen
großflächige Aufschüttung von Material	großräumige Fremdmaterialaufschüttung	-	Abraumhalden, Deponie
großflächige Abtragung von Material	-	großräumige Gesteinsabtragung	Rohstoffabbauflächen (Tagebaue)
anthropogen gesteuerte, teilversiegelte, oberflächenentwässerte Systeme mit starken regelmäßigen Einträgen und Entnahmen	starke regelmäßige Dünger- und Bizideinträge, mittlere Schadstoffeinträge durch Gewerbe und Verkehr	regelmäßige Teil- oder Vollentnahme der Biomasse durch Ernte oder Mahd	Stadtbebauung mit mittlerem Versiegelungsgrad (30-80%) (Bebauung, Verkehrsflächen, Grünflächen, Gärten, Grünanlagen)
anthropogen gesteuerte, vollversiegelte, oberflächenentwässerte Systeme mit starken Schadstoffeinträgen und fehlenden biozönotischen Elementen	starke Schadstoffeinträge durch Industrie, Gewerbe und Verkehr	Müll, Abwässer (aus anthropogenen Stoffflüssen)	geschlossene innerstädtische Bebauung, Industrie-, Gewerbe- und Verkehrsflächen mit hohem Versiegelungsgrad

Typen der Stoffhaushaltsbeeinflussung werden in dieser Arbeit aus der Bodenbedeckung abgeleitet. Liegen Bodenbedeckungen oder Flächennutzungsarten in Form von Flächentypen als Datengrundlage vor, können unterschiedliche Typen der Stoffhaushaltsbeeinflussung analog zu der Ableitung von Hydromorphieflächentypen interpretiert werden.

3.2.4 Bildung von Prozessgefüge-Haupttypen über Prozessgefüge-Grundtypen

„Geochoren sind in der Natur also nicht als Individuen vorhanden, so dass man sie nur ‚finden' müsste" (Syrbe 2002, S. 27). Auch Prozessgefüge können in chorischer Dimension nicht einfach „gefunden" werden, sondern müssen dem Hierarchieprinzip von Herz nach (1984, vgl. Kap. 2.2) auf induktivem Weg konstruiert werden. Dabei geht es darum, *„die komplexe Struktur des Landschaftssystems durch eine sinnvolle und nachvollziehbare Kategorisierung ‚begreifbar' zu machen, um die Verflechtungszusammenhänge zwischen den Komponenten erkennen zu können"* (Dollinger 1998, zit. in Syrbe 2002, S. 27). Nach Haase (1978, zit. in Syrbe 2002, S. 27) zeichnet sich eine Chore als ein System aus, das durch *„die Anzahl, die Merkmale und die räumliche Anordnung seiner Systemelemente sowie durch deren Verknüpfung (Relationen) gekennzeichnet wird"*.

Die Bildung von Prozessgefüge-Haupttypen umfasst 3 Schritte (vgl. Abb. 13):

1. Im ersten Schritt werden durch Kombination der für die Bildung der Prozessgefüge-Haupttypen relevanten drei Modelleingangsgrößen **Prozessgefüge-Grundtypen** gebildet.

2. Im zweiten Schritt wird der räumliche Zusammenhang zwischen Arealen der Prozessgefüge-Grundtypen über eine **Mosaikanalyse** analysiert und Prozessgefüge-Grundtypen in Mosaiktypen zusammengefasst, die sich jeweils durch regelhaft benachbart vorkommende Prozessgefüge-Grundtypen auszeichnen.

3. Zuletzt werden in einem dritten Schritt auf Grundlage der Ergebnisse der Mosaiktypbildung **Prozessgefüge-Haupttypen** definiert.

3.2.4.1   Bildung von Prozessgefüge-Grundtypen

Nach Kombination der Karten der Kopplungstypen, der Reliefabhängigen Hydromorphieflächentypen und der Typen der Stoffhaushaltsbeeinflussung kennzeichnet jede spezifische Kombination der einzelnen Typausprägungen einen Prozessgefüge-Grundtyp, über die diese gekennzeichnet werden (vgl. Tab. 10).

Tab. 10 Beispiel für die Kennzeichnung von Prozessgefüge-Grundtypen über Kopplungstyp, Reliefabhängigem Hydromorphieflächentyp und Typ der Stoffhaushaltsbeeinflussung

Grundtyp-Nr. (fortlaufend)	Reliefabhängiger Hydromorphie-flächentyp	Kopplungstyp	Typ der Stoffhaushaltsbeeinflussung
1	1	A	5
2	10	A	8
3	8	B	7
4	5	C	5
...	...	...	...

Der Prozessgefüge-Grundtyp hält über seine einzelnen Vertikalschichten verschiedene landschaftsökologische Informationen bereit: Der Kopplungstyp gibt einen Hinweis auf die unmittelbare (durch die Hangneigung) und mittelbare (durch die Reliefenergie) Reliefausprägung, auf die Intensität der potenziell ablaufenden Prozesse und auf die grundlegende Oberflächenform (eben, flachwellig, hügelig, gebirgig). Der Hydromorphieflächentyp informiert über die Prägung der Wasser- und Stoffdynamik und die Bewegungsrichtung der Bodenwasserflüsse. Der Typ der Stoffhaushaltsbeeinflussung gibt Hinweise auf die Art und Intensität der anthropogenen Beeinflussung des natürlichen Stoffhaushalts.

3.2.4.2 Mosaikanalyse

„Das äußere Gliederungsbild der kartographisch fixierten Grundeinheiten einer Landschaft, das in der geographischen Literatur mit den verschiedenen Namen wie Muster, Mosaik oder Pattern belegt wird, ist nicht ein zufälliges oder beliebiges Abbild der natürlichen Realität, sondern spiegelt in einer bestimmten Arealanordnung der Landschaftseinheiten deren naturgesetzlich determinierten Nachbarschaftszusammenhänge wider" (Garten 1976, S. 120). Damit treten nach einem Vorschlag von Neef (1963b) in chorischer Dimension **Mosaiktypen** an die Stelle von Typenreihen (Catenen) (Steinhardt 1999, S. 52). *„Dabei werden Inhalte und Strukturen chorischer Einheiten zunächst nur durch geometrische bzw. statische Eigenschaften beschrieben. Erforderlich ist aber ebenso eine Integration prozessualer Aspekte, wie sie bei der chorologischen Analyse und Synthese gefordert werden"* (Steinhardt 1999, S. 52). Typische Arealanordnungen können als Mosaiktyp ausgeschieden (Garten 1976, S. 132) und zu einer größeren Raumeinheit zusammengefasst werden. Die zusammengefassten Areale können sich in ihrem Inventar ähneln, funktional ergänzen (z. B. Berg und Tal) oder gegensätzlich sein (Knothe 1987, S. 62).

Bei der Aufdeckung von Mosaiken handelt es sich nicht um die Aufdeckung von Texturen (vgl. Kap. 2.4), sondern um inhaltlich-räumliche Abhängigkeiten zwischen den Arealen zweier Typen unabhängig von Flächengröße und -form (vgl. Müller & Schrader 1989, S. 152). Ein Mosaik zeichnet sich durch das regelhafte Auftreten von Arealen unterschiedlicher Grundtypen aus, die in charakteristischer Lage zueinander angeordnet sind und miteinander in Beziehung stehen: *„Die ein landschaftliches Mosaik aufbauenden Areale sind als haushaltlich-funktionale Einheiten (Prozesseinheiten) zu verstehen. [...] Die meisten Areale sind in ein laterales Prozessgefüge eingebunden. Jede Funktionszuordnung muss deshalb auch von Nachbarschaftswirkungen abhängig gemacht werden"* (Mosimann et al. 2001, S. 37).

Die klassische deutschsprachige Landschaftsökologie hat in bezug auf die Abgrenzung von Gefügen *„große Leistungen erbracht, die international kaum Beachtung fanden"* (Blaschke 1997, S. 92). In der DDR wurde das Maß der **Konfinität** entwickelt (lat. confinium = Grenzscheide, Grenze), über das der Grad der nachbarschaftlichen Beziehung zwischen Landschaftsräumen ermittelt wird (vgl. Garten 1976). Die Konfinität beruht darauf, gemeinsame Grenzlängen bzw. Grenzhäufigkeiten zwischen den Arealen zweier Typen zu den jeweiligen Gesamtgrenzlängen bzw. -häufigkeiten der beiden Typen in Beziehung zu setzen. Das Konzept der Konfinitätsanalyse wurde von Garten (1976) für theoretisch-methodologische Untersuchungen naturräumlicher Einheiten entwickelt (Müller & Schrader 1989, S. 152ff) und in der DDR angewandt, um in mittleren Maßstäben Landschaftsräume zu typisieren (vgl. Krüger 1980, Haase 1982, Möller 1982, Knothe 1987 sowie Jänicke, Büssow und Schrader 1985, zit. in Müller & Schrader 1989, S. 152, Schmidt 1978, Syrbe 1993). Ähnlich der Konfinität wurde in den USA zur Beschreibung bzw. Aufdeckung von Raummustern qualitativer Daten von Cliff & Ord (1981) ein Verfahren zur Analyse von räumlichen Verbreitungsmustern entwickelt (z. B. von Krankheiten innerhalb eines Bezugsraums). Bei diesem ursprünglich für binäre Daten entwickelten Verfahren werden die Kontakte zwischen Punkten gleicher Kategorie gezählt (Join-Count), worüber sich positive oder negative Autokorrelationen ergeben (Fortin 1999, S. 264). Dieses Verfahren (Join Patterns) wurde für multikategoriale Daten weiterentwickelt, umfasst jedoch maximal vier Kategorien (*Join Patterns for the fourth moment*) (Cliff & Ord 1981, S. 41). Demgegenüber hat das Maß der Konfinität den Vorteil, nicht an eine bestimmte Anzahl von Kategorien gebunden zu sein.

Über **Konfinitätsanalysen** (= Mosaikanalysen) werden in dieser Arbeit regelhaft benachbarte Prozessgefüge-Grundtypen identifiziert, typische Anordnungen werden als Prozessgefüge-Haupttypen definiert (s. Kap. 4.7 und 4.8). Deshalb wird im Folgenden das Konfinitätsmaß und das Prinzip der Aggregierung von Prozessgefüge-Grundtypen ausführlich erläutert.

Konfinität

Die Konfinität kann als ein Landschaftsstrukturmaß aufgefasst werden, das wegen der Analyse von Nachbarschaften den Contagion[35]-Maßen zuzuordnen ist. Contagion-Maße beschreiben das Ausmaß der räumlichen Aggregierung von Flächentypen (McGarigal & Marks 1994, o.S.), das in direkter Relation zu der Fragmentierung[36] eines Raumes steht: Landschaften mit einer hohen räumlichen Aggregierung (= wenige große Areale) weisen eine geringe Fragmentierung auf (= wenige kleine Areale) (Frohn 1998, S. 10). Wie andere Contagion-Maße[37] (vgl. McGarigal & Marks 1994) beruht die Berechnung der Konfinität auf einer Kontaktadjazenzmatrix. Die z. B. in dem Programm FRAGSTATS (McGarigal & Marks 1994) verfügbaren Contagion-Maße beziehen sich jedoch jeweils auf nur einen Typ und die Kontaktadjazenzmatrix ist nicht einsehbar oder separierbar. Beziehung zwischen ausgewählten Typpaaren können nicht betrachtet werden, weshalb sich diese Maße für die Analyse von Beziehungen zwischen allen Prozessgefüge-Grundtyppaaren – wie sie in dieser Arbeit vorgenommen werden soll – nicht eignen.

Die Konfinität setzt die gemeinsame Grenzlängen zwischen den Arealen zweier Typen zu den jeweiligen Gesamtgrenzlängen der beiden Typen in Beziehung. Die **einseitige Konfinität** (Müller & Schrader 1989, S. 152) drückt die gemeinsame Grenzlänge der Areale eines Typ-Paares A und B zu den Gesamtgrenzlängen der Areale des Typs A oder B als prozentualen Anteil aus. In dem Beispiel in Abb. 17 hat Typ A der **einseitigen Konfinität** nach eine größere Bedeutung für Typ B als umgekehrt, weil der Anteil der gemeinsamen Grenzlänge an der Gesamtgrenzlänge von A kleiner ist (10%) als der Anteil der gemeinsamen Grenzlänge an der Gesamtgrenzlänge von B (40%).

Grenzlänge (A) = 100 km   Grenzlänge (B) = 40 km

gemeinsame Grenzlänge (AB) = 10 km

einseitige Konfinität von A: einseitige Konfinität von B:
10/100 = 0,1 = 10%   10/40 = 0,4 = 40%

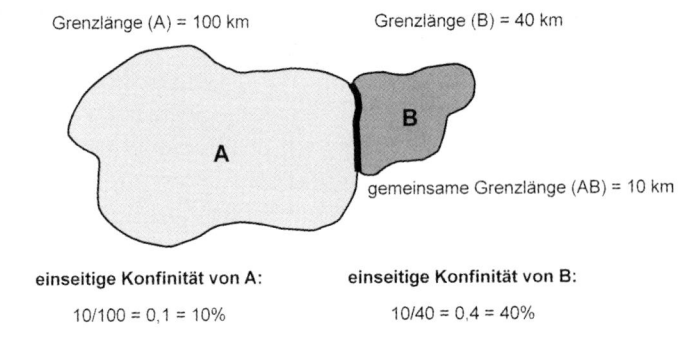

Abb. 17 Berechnung der einseitigen Konfinität für zwei Typen (A, B) mit jeweils einem Areal (Zeichnung: R. Wieland)

---

[35] Contagion = engl. Ansteckung
[36] Fragmentierung = Zerstückelung, Unterteilung
[37] Contagion-Maße sind z. B. Contagion Index, Interspersion and Juxtaposition Index, Percentage of like adjacencies, Clumpiness Index, Aggregation Index

Da die gegenseitige Bedeutung der Typen bestimmt werden soll, wird die nachbarschaftliche Bedeutung zweier Typen über Mittelwertbildung der jeweiligen einseitigen Konfinitäten bewertet und der Mittelwert als **beiderseitige Konfinität** bezeichnet. Anstelle der Grenzlängen können auch Grenzkontakte der Berechnung zu Grunde gelegt werden, da sich die Ergebnisse nach Müller & Schrader (1989) und Garten (1976) nicht wesentlich unterscheiden. Ein Grenzkontakt bedeutet, dass zwei Areale unabhängig von der Länge ihrer gemeinsamen Grenze aneinanderstoßen. Möller (1982) (zit. in Müller & Schrader 1989) berechnet die beiderseitige Konfinität deshalb auf Grundlage von Grenzkontakten: Er setzt die relative Häufigkeit der Grenzkontakte zwischen zwei Landschaftsräumen i und j in Bezug zu der Gesamtzahl ihrer Grenzkontakte über das harmonische Mittel[38] in Bezug. Die folgende Gleichung (Müller & Schrader 1989, S. 153) entspricht dabei der auf zwei Typen (i und j) reduzierten Gleichung zur Berechnung des harmonischen Mittels aus den jeweiligen einseitigen Konfinitäten:

$$\text{Konfinität}_{(i,j)} = 2 * \text{Kontaktzahl}_{(i,j)} / [\text{Gesamtkontakte}_{(i)} + \text{Gesamtkontakte}_{(j)}]$$

Die beiden Areale in Abb. 19 weisen einen Grenzkontakt auf. Bislang wurden Grenzkontakte per Hand ausgezählt, wie es auch Syrbe (1999, S. 484) vorschlägt: *„Für die Bestimmung der Nachbarschaftsbeziehungen können z. B. statt der genau zu messenden Randlängen auch die Anzahl der Grenzkontakte aller Geoformen (per Strichliste) ermittelt werden."* Ein derartiges Vorgehen ist in kleineren Untersuchungsgebieten noch möglich, bei hoher räumlicher und inhaltlicher Auflösung hingegen ist ein solches kaum mehr manuell durchführbar.

Eine Lösung stellt die Auszählung von **rasterzellenbasierten Kontakten** auf Basis von Rasterdaten dar, weil dieses automatisiert werden kann und ermöglicht, Daten einer hohen inhaltlichen und räumlichen Auflösung zu analysieren (im Rahmen dieser Arbeit wurde ein entprechendes Programm entwickelt, s. Kap. 4.7.2). Im Moving-Window-Verfahren[39] wird für jede Zelle deren Prozessgefüge-Grundtyp-Ausprägung registriert, die Kontakte zu den Ausprägungen der Prozessgefüge-Grundtypen in den 8 Zellen der unmittelbaren 3*3 Zellumgebung nach der Double-Count-Methode[40] gezählt (Abb. 18). Die

---

[38] Die Berechnung des Mittelwertes über das Harmonische Mittel bietet sich wegen des konstanten Zählers an, der durch die gemeinsame Kontaktzahl gebildet wird (vgl. Hochstädter 1989, S. 50).

[39] Das Moving-Window-Verfahren ist ein Standardverfahren bei der Bearbeitung von Rasterdaten. Ein vom Anwender in Größe und Form bestimmtes „Berechnungsfenster" wandert über die als zweidimensionale Datenmatrix vorliegenden Ausgangsdaten. Für die Rasterzelle im Zentrum des Fensters wird aus den Werten der Rasterzellen innerhalb des Fensters ein neuer Wert berechnet etc. (Brunotte et al. 2002, S. 407f).

[40] Sind zwei Zellen A und B benachbart, wird der Grenzkontakt von A zu B gezählt, wenn A die Bezugszelle und B eine Zelle im Moving Window darstellt (vgl. Frohn 1998, S. 13). Der gleiche Grenzkontakt

Anzahl der Kontakte wird in einer Matrix aufsummiert (Abb. 18). Auf Basis der Kontaktmatrix wird die beiderseitige Konfinität zwischen allen Grundtyppaaren berechnet.

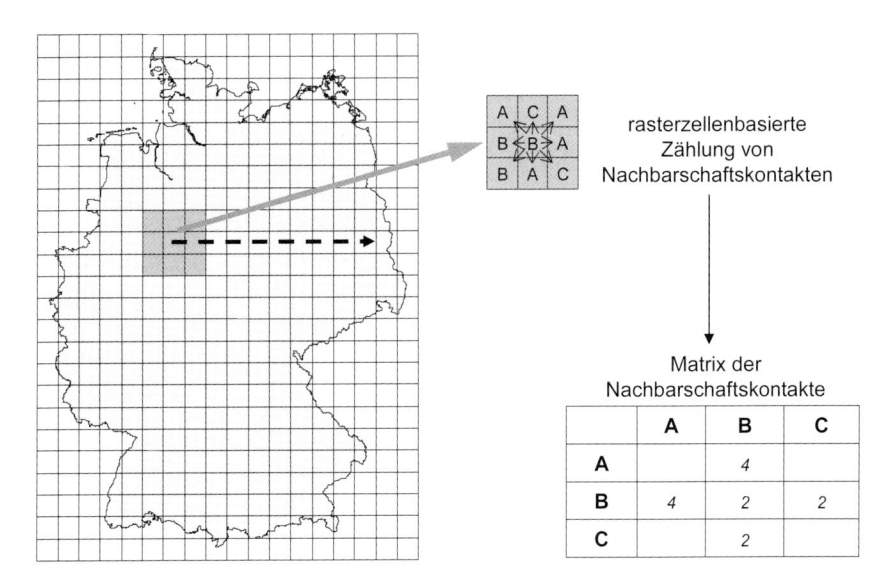

Abb. 18 Rasterzellenbasierte Zählung von Nachbarschaftskontakten im Moving-Window-Verfahren und Aufbau einer Matrix der Nachbarschaftskontakte

Die Auswirkungen der drei unterschiedlichen Arten zur Bestimmung gemeinsamer Grenzkontakte bzw. Grenzlängen wird anhand des Beispiels in Abb. 19 erläutert.

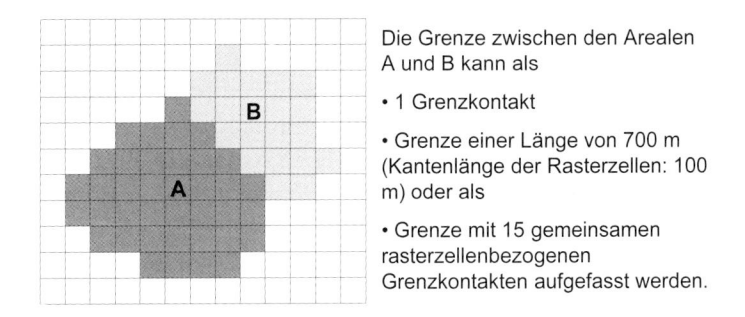

Abb. 19 Beispiel für drei unterschiedliche Arten zur Bestimmung gemeinsamer Grenzkontakte bzw. Grenzlängen zwischen 2 Arealen

wird noch einmal von B zu A gezählt, wenn B die Bezugszelle darstellt und Zelle A im Moving Window liegt. Deshalb ist die Matrix der Grenzkontakte symmetrisch.

In Abb. 19 kann die gemeinsame Grenze

- als **1 Grenzkontakt** zwischen dem Areal des Prozessgefüge-Grundtyps A und dem des Prozessgefüge-Grundtyps B zählen (zur Berechnung der beiderseitigen Konfinität muss dann die Anzahl der weiteren angrenzenden Areale bekannt sein) oder
- als eine **Grenze einer Länge von 700 Metern** (Rasterzellen weisen eine Kantenlänge von 100 m auf) oder
- als Grenze aufgefasst werden, die **15 gemeinsame rasterzellenbezogene Grenzkontakte** aufweist (s. Tab. 11).

Berechnet man die beiderseitige Konfinität auf Basis der Grenzlänge (2*700 m)/(3000 m + 2400 m), dann beträgt die beiderseitige Konfinität 0,259. Wird die beiderseitige Konfinität auf Basis der rasterzellenbezogenen Grenzkontakte (ohne Autokontakte[41], s. Tab. 11) berechnet (2*15 m)/(68 m + 54 m), dann beträgt die beiderseitige Konfinität 0,246. Der Unterschied ist also gering.

Tab. 11 Grenzkontakthäufigkeiten zwischen den Arealen der Prozessgefüge-Grundtypen A und B in Abb. 19

Prozessgefüge-Grundtyp	Nodata	A	B	Gesamtkontakte (ohne Autokontakte)
A	53	(236)	15	68
B	39	15	(114)	54
...	...	...	...	...

Die Konfinitäten zwischen Grundtyppaaren können in einer Matrix angegeben werden, wodurch die Konfinität jedes möglichen Grundtyppaares abgelesen werden kann. Die Konfinität kann sowohl auf das Vorhandensein und die Intensität bestehender Beziehungen als auch auf fehlende Kontakte (Barrieren, Verinselung) hinweisen (Syrbe 1999, S. 484). Bei fehlenden Beziehungen ist zu prüfen, ob es sich bei einem solchen Grundtypen um eine naturräumliche Singularität[42] oder um eine Ubiquität[43] handelt. Konfinitätsmatrizen dienen in dieser Arbeit als Grundlage zur Zusammenfassung von Grundtypen zu Prozessgefüge-Haupttypen (s. Kap. 3.2.4.3).

---

[41] Autokontakte = Kontakte zwischen Rasterzellen gleicher Ausprägung
[42] „[Naturräumliche Singularitäten] *sind Landschaftseinheiten, die n. Müller-Miny (1958, S. 250) innerhalb einer bestimmten landschaftlichen Ordnungsstufe nur einmal vorkommen und dabei akzessorischen Charakter haben, d. h. sie üben keine wesentlichen ordnenden Wirkungen auf das naturräumliche Gefüge der Umgebung aus*" (Klink 1966, S. 76).
[43] Im landschaftlichen Zusammenhang bezeichnet eine Ubiquität einen Raumtyp, der unabhängig von natürlichen Bedingungen überall vorkommen kann.

3.2.4.3 Zusammenfassung von Prozessgefüge-Grundtypen zu Prozessgefüge-Haupttypen (Mosaiktypbildung)

Das Verfahren zur Zusammenfassung von Prozessgefüge-Grundtypen zu Prozessgefüge-Haupttypen orientiert sich an demjenigen von Garten (1976): Über algorithmierte Sukzession werden sogenannte Konfinitätsketten auf Grundlage von Grundtyppaaren gebildet, deren Areale häufig (und damit bedeutend) benachbart auftreten. Unbedeutende Nachbarschaften werden von bedeutenden getrennt, indem ein Konfinitätswert definiert wird, der als **Schwellenwert** fungiert. Dabei muss je nach Untersuchungsgebiet entschieden werden, ab welchem Schwellenwert ein hoher räumlicher Zusammenhang gegeben ist[44].

Anschaulich kann man die Kettenbildung mit Hilfe von Graphen[45] darstellen: Grundtyppaare werden jeweils als Häufigster-Nachbargraph aufgefasst. Die Knoten werden aus zwei Grundtypen, die Kante aus der beiderseitigen Konfinität gebildet. Weisen Grundtyppaare einen Konfinitätswert kleiner des Schwellenwertes auf, bleiben diese allein für sich stehen (vgl. Abb. 20). Anschließend werden die Graphen sukzessiv über gemeinsame Grundtypen verkettet. Die Verkettung ist abgeschlossen, sobald alle Grundtypen jeweils in nur einer Kette vorkommen und keine Durchschnittsmengen mehr gebildet werden können (Abb. 20).

Räumlich bildet ein Grundtyp einer Durchschnittsmenge entweder einen Übergang zwischen zwei oder mehreren Grundtypen oder er tritt in einigen Regionen hauptsächlich mit den einen, in anderen Regionen hauptsächlich mit den anderen benachbart auf. Je höher der Schwellenwert gewählt wurde, um so eher bildet ein Grundtyp einer Durchschnittsmenge einen räumlichen Übergang.

---

[44] Garten (1976, S. 130) klassifiziert die vorkommenden Konfinitätswerte auf Grundlage einer statistischen Häufigkeitsverteilung und bezeichnet die gebildeten Klassen als Konfinitätsstufen. Er betrachtet nur Konfinitätsstufen, die auf „*straffe Nachbarschaftsbeziehungen*" schließen lassen und baut darauf Konfinitätsketten auf (Garten 1976, S. 133).

[45] Dabei sind Graphen in dieser Arbeit als inhaltliche Verbindungen aufzufassen, die zwar auf räumlichen Zusammenhängen beruhen, die aber keine konkreten räumlichen Anordnung (wie beispielsweise bei räumlichen Netzwerken) abbilden.

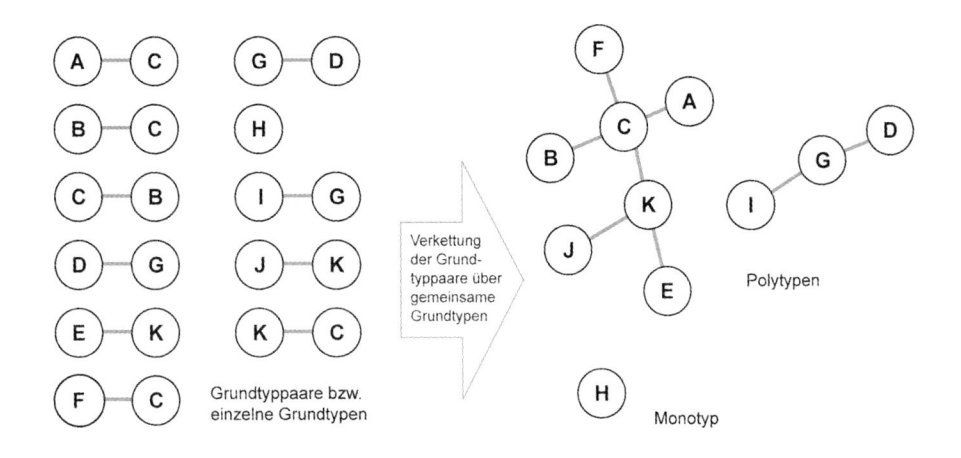

Abb. 20 Prinzip der Verkettung von Grundtyppaaren über gemeinsame Grundtypen
(Zeichnung: S. Steinert)

3.2.5 Bildung von Prozessgefüge-Typen

In topischer Dimension wird (u.a.) die Menge Wasser zur Differenzierung von Haupttypen betrachtet (vgl. Kap. 3.1.2.2), die durch den Boden sickert und zur Grundwasserneubildung beiträgt (Durchsickerungshöhe). In chorischer Dimension ist die Berechnung der Durchsickerungshöhe nur dann möglich, wenn entsprechende Datengrundlagen vorliegen (Bodentypareale mit Profilkennzeichnung), die die Ableitung der Durchsickerungshöhe ermöglichen. Prozessgefüge-Haupttypen in chorischer Dimension werden daher vereinfacht über die zur Verfügung stehende Menge Wasser, die

- oberflächlich abfließen,
- in den Boden sickern,
- lateral im Boden abfließen,
- zur Grundwasserneubildung beitragen oder
- in den Vorfluter gelangen kann

gekennzeichnet und ggf. räumlich differenziert. Wie viel Wasser zur Verfügung steht, ist von den klimatischen Verhältnissen abhängig, denn Einflüsse durch die Vegetation und die Bodeneigenschaften sind nur großmaßstäbig erfassbar (vgl. Renger & Strebel 1980). Prozessgefüge-Typen werden hier deshalb durch Differenzierung der Prozessgefüge-Haupttypen über die **Klimatische Wasserbilanz (KWB)** gebildet. Die KWB stellt das Maß für die zur Verfügung stehende Menge Wasser und den damit verbundenen Prozessintensitäten dar. Nach DIN (1994) wird die Differenz zwischen Niederschlagshöhe und Höhe der potenziellen Verdunstung an einem Ort für eine bestimmte Zeitspanne als KWB bezeichnet. Über diese kann der Wasserhaushalt charakterisiert werden, denn *„Betrag und Vorzeichen dieser Größe kennzeichnen die Höhe der klimatisch bedingten Überschüsse bzw. Defizite im Wasserhaushalt und ihre regionale Verteilung"* (ATV-DVWK 2002, S. 60). In bezug auf den Bodenwasserhaushalt kennzeichnet die jährliche KWB *„die klimabedingte Vernässung der Böden (vor allem am Beginn der Vegetationsperiode) und die Sickerwassermengen (die Grundwassererneuerungsrate)"* (AG Boden 1994, S. 333).

Da der Niederschlag einheitlich in freiem Gelände gemessen wird und die Gras-Referenzverdunstung auf eine einheitliche Grasfläche bezogen wird, ist die KWB unabhängig von den Bodeneigenschaften und der Landnutzung. Sie eignet sich deshalb gut für regionale Vergleiche. Das Relief und die räumliche Lage spiegelt die KWB jedoch wegen der Abhängigkeit der KWB von Niederschlagsmengen, Temperaturen, Luv- und Leelagen sowie der Kontinentalität wider.

Gebiete mit **negativer Wasserbilanz** zeichnen sich im Jahresmittel durch eine Verdunstung aus, die höher als der Niederschlag ist. Im Mittel steht insgesamt weniger Wasser für Wasserflüsse zur Verfügung. In bestimmten Jahreszeiten kann die Niederschlagshöhe die Verdunstungshöhe übertreffen, so dass es jahreszeitenabhängig zu intensiven Bodenwasserflüssen kommt. Gebiete mit **positiver Wasserbilanz** zeichnen sich im Jahresmittel durch eine Verdunstung aus, die niedriger als der Niederschlag ist. Im Mittel steht immer Wasser für Bodenwasserflüsse zur Verfügung, ausgenommen sind jahreszeitlich bedingte, kurzzeitig auftretende negative Bilanzen.

Über eine geeignete Klassifizierung der Klimatischen Wasserbilanz werden großräumige Unterschiede herausgestellt. Auf Grundlage der Klassen werden **Typen des klimaabhängigen Wasserangebots** abgeleitet, über die die Prozessgefüge-Haupttypen inhaltlich und räumlich differenziert werden. Dazu werden die beiden entsprechenden Karten kombiniert. Die Typen des klimaabhängigen Wasserangebots sind gleichzeitig als Typen des klimaabhängigen potenziellen Bodenwasserangebots aufzufassen. Grundsätzlich kann man jedoch davon ausgehen, dass das Bodenwasserangebot niedriger ist als das generelle Wasserangebot, da Wasser von Pflanzen aufgenommen wird oder zum Teil oberflächlich abfließen kann. Je höher das Bodenwasserangebot, um so mehr Wasser steht für flächenverbindende Bodenwasserflüsse zur Verfügung.

4 GIS-GESTÜTZTE UMSETZUNG DES KONZEPTS FÜR DEUTSCHLAND

Die GIS-gestützte Umsetzung des in Kap. 3 dargestellten Konzeptes für Deutschland baut auf den in Kap. 4.1 aufgeführten digitalen Datengrundlagen auf, die mit Hilfe der in Kap. 4.2 genannten Software verarbeitet werden. Die einzelnen Arbeitsschritte sind in einem Fließdiagramm unter 4.3 dargestellt.

4.1 DATENGRUNDLAGEN

Alle Daten wurden auf das folgende geodätische Bezugssystem bezogen und als Grid-Daten[46] mit einer Auflösung von 100*100 m gespeichert:

```
Projection      LAMBERT
Datum           WGS84
Zunits          NO
Units           METERS
Spheroid        INTERNATIONAL1909
Xshift          0.0000000000
Yshift          0.0000000000
Parameters
 48 40  0.000 /* 1st standard parallel
 53 40  0.000 /* 2nd standard parallel
 10 30  0.000 /* central meridian
 51  0  0.000 /* latitude of projection's origin
0.00000 /* false easting (meters)
0.00000 /* false northing (meters)
```

Ein Grid besteht in dieser Arbeit aus ca. 36 Mio. Rasterzellen. Die Datenhaltung in Form von Rasterdaten ist gegenüber Vektordaten sehr viel effizienter (vgl. Tab. 12), da zum Einen Berechnungen schneller, und zum Anderen – was in dieser Arbeit von entscheidender Bedeutung ist – Nachbarschaftsanalysen einfacher durchgeführt werden können. *„Beziehungen zwischen Nachbarn können in Rastermodellen implizit über benachbarte Rasterzellen hergestellt werden; in Vektormodellen muß eine solche Beziehung explizit definiert werden"* (Bartelme 1995, S. 46).

---

[46] Grid = engl. Gitter; rasterbasierte Datenstruktur aus quadratischen Zellen gleicher Größe, die in Zeilen und Spalten arrangiert sind (Bill & Zehner 2001, S. 120)

Tab. 12 Vergleich von Vektor- und Rasterdaten bezüglich ausgewählter Prozeduren (nach Lorup 1999, o.S.)

Prozedur	Raster	Vektor
Geschwindigkeit der Operationen	hoch	niedriger
geometrische Probleme	kaum	häufig
Rechenaufwand	niedrig	hoch
gleichzeitige Integration vieler Themen	leicht	schwierig bis unmöglich
Einbeziehung in formale Sprachen	gut möglich	etwas schwieriger
Bewahrung hoher Auflösung/Genauigkeit	schwer	gut möglich
Einbindung in komplexe Modelle	leichter	schwieriger
Kombination mit Optimierungs- u.a. Techniken	leichter	schwieriger
Verbindung mit Bild- und Fernerkundungsdaten	leicht	schwieriger
Verbindung horizontaler mit vertikalen Operatoren	leichter	schwieriger
unabhängige Mitführung umfassender Attributsätze	schwieriger	leichter

4.1.1 Digitales Höhenmodell (DHM)

Das hier eingesetzte digitale Höhenmodell (DHM) stellt eine Bearbeitung der Digital Terrain Elevation Data Level 1 (DLMS/DTED-1) für das Gebiet der Bundesrepublik Deutschland (Amt für Militärisches Geowesen 1996) durch die TU Dresden dar. Die ursprüngliche Auflösung liegt bei 3*6 Bogensekunden. Durch die Bearbeitung der TU Dresden wurden Datenkacheln zusammengefügt, glatte Übergänge an den Kachelrändern geschaffen und die zusammengefügten Daten auf das in Kap. 4.1 genannte geodätische Bezugssystem bezogen. Die Auflösung beträgt 100*100 m, die Genauigkeit liegt bei 50 m in der Horizontalen und 30 m in der Vertikalen (Bürger 2002, S. 26). Die Daten weisen vor allem im äußersten Nordwesten Deutschlands fehlende Werte auf, die ebenfalls in den kostenfrei nutzbaren DTED-Daten Level 0[47] (30*30 Bogensekunden) auftreten. Für die Zwecke dieser Arbeit und wegen der in den betroffenen Regionen geringen Reliefbewegungen werden diese Fehler toleriert.

---

[47] http://geoengine.nima.mil/

4.1.2 Digitale Bodenübersichtskarte 1 : 1 Mio (BÜK 1000)

Die digitale Bodenübersichtskarte liegt im Maßstab 1 : 1 000 000 (BGR 1999) vor und bildet die räumliche Verbreitung von 72 Leitbodenassoziationen (Aggregierungsstufe 4[48] gemäß AG Boden 1994) in Form von Polygonen ab (Vektordaten). Jede Legendeneinheit informiert über Leit- und Begleitbodentypen: in deutscher Sprache auf Grundlage der deutschen Bodensystematik und in englischer Sprache in Anlehnung an die FAO-Legende. Im Erläuterungsband der Karte werden die Bodeneinheiten systematisch und mit Angaben zu Bodenarten, Gründigkeit, Wasserverhältnissen, Ausgangsgesteinen sowie Leit- und Begleitbodentypen beschrieben (Hartwich et al. 1995, S. 7). Die Vektordaten wurden von der Autorin mit ArcInfo in Rasterdaten (Grid) mit einer Zellgröße von 100*100 m umgewandelt und auf das unter Kap. 4.1 genannte geodätische Bezugssystem bezogen. Die Erläuterungen der Bodeneinheiten von Hartwich et al. (1995) finden sich im Anhang 1 (CD-ROM) dieser Arbeit.

4.1.3 Daten zur Bodenbedeckung (Corine Land Cover)

Die Angaben zur Bodenbedeckung entstammen den Daten zur Bodenbedeckung für die Bundesrepublik Deutschland (Statistisches Bundesamt 1997). Diese Daten sind der nationale Beitrag Deutschlands zur Bereitstellung einheitlicher und vergleichbarer Bodenbedeckungsdaten für das Gebiet der Europäischen Union. 31 Szenen der Jahre 1989-1992 des amerikanischen Fernerkundungssatelliten Landsat-TM wurden – nach einem einheitlichen, 44 Bodenbedeckungsarten umfassenden und in drei Hierarchieebenen gegliederten Schlüssel – flächendeckend visuell interpretiert[49]. Zusätzlich wurden ergänzend topographische Karten, Luftbilder und teilweise hochauflösende Optische Satellitenbilder benutzt. Die Kartierung erfolgte im Maßstab 1 : 100 000 mit einer Erfassungsuntergrenze von 25 ha für flächenhafte und 100 m für linienhafte Objekte (Meinel & Walz 1997, S. 32). Die Daten liegen im Rasterformat (Grid) mit einer Auflösung von 100*100 m vor und werden auf das unter Kap. 4.1 genannte geodätische Bezugssystem bezogen. Die Bodenbedeckungsarten werden im Anhang erläutert (s. Anhang 2, CD-ROM).

---

[48] Leitbodenassoziationen ergeben sich aus der Zusammenfassung mehrerer Leitbodengesellschaften, die über einen oder mehrere Faktoren der Bodenbildung miteinander verbunden sind (Substrat, Wasserverhältnisse, Reliefposition, Mesoklima) (AG Boden 1994, S. 272).

[49] Derzeit werden die Daten zur Bodenbedeckung in Europa mit dem Referenzjahr 2000 auf Grundlage von Landsat-7-Daten aktualisiert (Kiefl et al. 2003). Das deutsche Teilprojekt wurde im Mai 2001 gestartet (FuE-Vorhaben) und soll im Jahr 2004 abgeschlossen werden, so dass diese Daten in dieser Arbeit keinen Eingang mehr finden konnten.

4.1.4 Digitale Klimadaten: Klimatische Wasserbilanz (1961-1990)

Die mittleren Jahreswerte der Klimatischen Wasserbilanz in einer räumlichen Auflösung von 1 km^2 wurden für die internationale Referenzperiode 1961-1990 als ASCII-Datensatz für Deutschland vom Deutschen Wetterdienst (DWD) bezogen. Die Klimatische Wasserbilanz wurde an jedem Gitterpunkt eines 1-km-Rasters aus den Basisparametern korrigierter Niederschlag und Grasreferenzverdunstung nach Wendling[50] (1995) als Differenz berechnet. Die Daten wurden mit ArcInfo in ein Grid umgewandelt und auf das in Kap. 4.1 genannte geodätische Bezugssystem bezogen. Da die anderen Datengrundlagen mit einer räumlichen Auflösung von 1 ha vorliegen, wird die räumliche Auflösung der Daten zur Klimatischen Wasserbilanz angepasst. Zwischen den Mittelpunkten der einzelnen 1 km^2-Zellen wird interpoliert[51], indem aus dem Grid ein Punkt-Shape erzeugt wird, das die Interpolationsgrundlage bildet. Ergebnis der Interpolation ist ein Grid mit 1 ha großen Rasterzellen.

4.2 EINGESETZTE SOFTWARE

Zur Verarbeitung der räumlichen Daten wird vor allem GIS-Software der Firma ESRI eingesetzt: ArcInfo 8.3 (mit Grid-Modul) und ArcView 3.3 mit Erweiterungen (vor allem Spatial Analyst, Patch Analyst, Manual Grid Editor, Grid Transformation Tool, Grid Generalization Tool, XTools). Zur Mustererkennung wurde von Böcker (2003) im Rahmen dieser Arbeit ein Java-Programm mit dem Namen MOSAIK entwickelt[52] (s. Kap. 4.7.2).

4.3 ABLAUFSCHEMA: ARBEITSSCHRITTE

Den Ablauf der Arbeitsschritte zur Bildung von Prozessgefüge-Haupttypen und -Typen in chorischer Dimension stellt Abb. 21 dar. Die 6 Arbeitsschritte umfassen die Ableitung und Typisierung der Modelleingangsgrößen, auf deren Grundlage – durch Kombination der entsprechenden Grids – Prozessgefüge-Grundtypen gebildet werden. In einer Mosaikanalyse werden deren räumlichen Nachbarschaftskontakte mit dem Programm MOSAIK analysiert und darauf

---

[50] Die Grasreferenzverdunstung nach Wendling stellt eine Variante der Penman-Monteith-Beziehung dar (vgl. ATV-DVWK 2002, S. 54ff, Wendling 1995, DIN 1996).
[51] Die Interpolation wurde über den IDW-Befehl (inverse distance weighted interpolation) mit ArcInfo durchgeführt.
[52] bei Interesse an einer nicht kommerziellen Nutzung von MOSAIK: email an antje.burak@gmx.de

aufbauend zusammengefasst (Mosaiktypbildung). Die bei unterschiedlichen Schwellenwerten gebildeten Ergebnisse (Mosaiktypen) werden in einer Sensitivitätsanalyse inhaltlich und raumstrukturell verglichen. Auf Grundlage der Senitivitätsanalyse erfolgt die Festlegung auf einen Schwellenwert. Die diesem Schwellenwert entsprechenden Mosaiktypen werden als Prozessgefüge-Haupttypen definiert und inhaltlich wie raumstrukturell gekennzeichnet. Nach Klassifizierung und Typisierung der Modelleingangsgröße „klimaabhängige Wasserangebotstypen" werden Prozessgefüge-Typen durch Verschneidung der Karte der Prozessgefüge-Haupttypen mit der Karte der klimaabhängigen Wasserangebotstypen gebildet und inhaltlich gekennzeichnet.

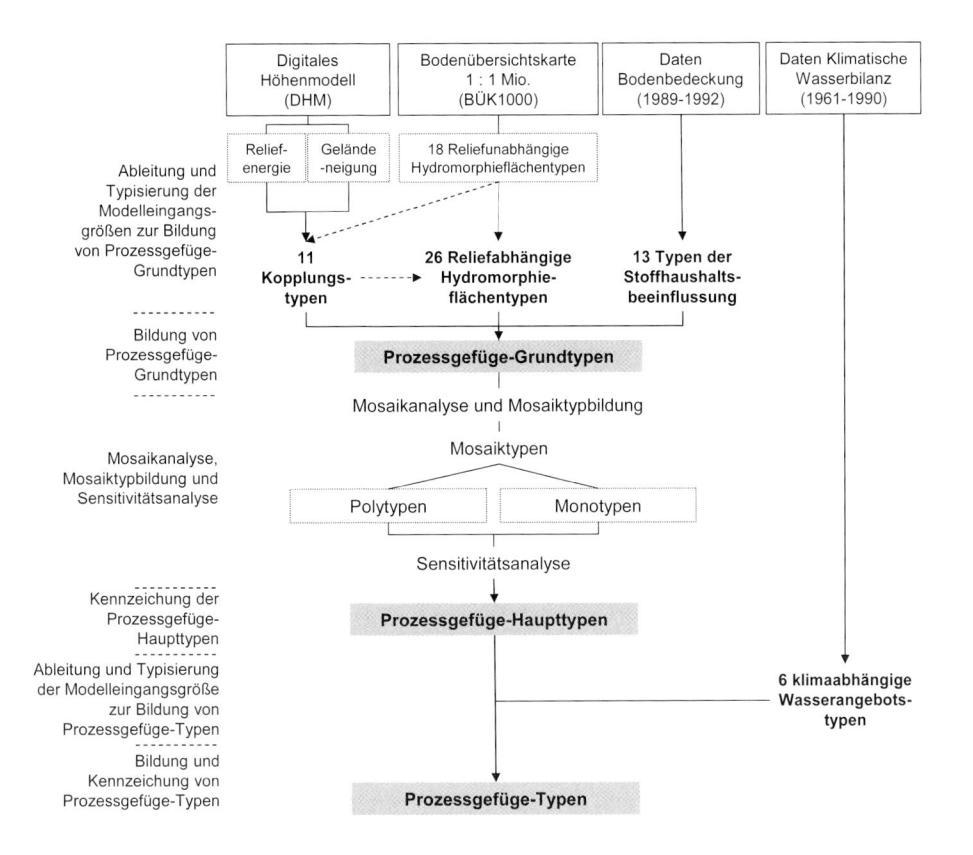

Abb. 21 Arbeitsschritte zur Bildung von Prozessgefüge-Haupttypen und -Typen in chorischer Dimension

4.4 DARSTELLUNG DER ERZEUGTEN KARTEN IN ANALOGER WIE DIGITALER FORM

Die in dieser Arbeit erzeugten Karten werden in analoger Form und z.T. in digitaler Form bereitgehalten. Im Folgenden wird auf die Karten verwiesen ohne explizit auf den Kartenanhang oder die CD-ROM hinzuweisen.

Die **analogen Karten** im Maßstab 1 : 5,5 Mio. bilden den **Kartenanhang** der Arbeit (Karten 1 bis 23). Die Karten 22 und 23 befinden sich zusätzlich als pdf-Dokumente in Anhang 15 (CD-ROM). Diese können auf Folie gedruckt und so für Kartenvergleiche genutzt werden (s. Kapitel 5). Die Karten 16, 17 und 21 können wegen der Vielzahl an Einheiten im Maßstab 1 : 5,5 Mio. nicht mit einer Legende dargestellt werden. In diesen Fällen soll die analoge Karte nur einen visuellen Eindruck über die räumliche Verteilung der Einheiten bieten; für Detailbetrachtung, Abfragen und Identifikationen soll auf die entsprechende digitale Karte zurück gegriffen werden (CD-ROM, s.u.).

Die **Kartenbeilage** stellt Karte 18 (Prozessgefüge-Haupttypen) zusätzlich in kartographisch aufbereiteter Form im Maßstab 1 : 1 Mio. dar. Die Karte ist so konzipiert, dass sie in sich verständlich ist und für sich stehen kann.

Die **digitalen Karten** (Karten 16 bis 19, Karten 21 und 23) befinden sich in Form von ArcView-Shapes in einem ArcView-Projekt auf der CD-ROM. Die Betrachtung der digitalen Karten über das Projekt ist an eine installierte Version von ArcView ab 3.2 (ESRI) gebunden. Das Projekt „digitale_Karten.apr" befindet sich in dem Ordner „Karten_Arcview" auf der CD-ROM (Anlage). Das Projekt kann direkt von der CD-ROM aus durch Doppelklick gestartet werden. Danach wird ggf. nach dem Pfad einer avx-Datei (in Abhängigkeit der vorinstallierten ArcView-Erweiterungen) gefragt, die mit einem entsprechenden Klick bestätigt werden muss. Danach öffnet sich das ArcView-Projekt. Je nach Bildschirmauflösung muss die Fenstergröße des View-Fensters angepasst werden, um die Karten in ihrer Gesamtausdehnung zu sehen. Für einen schnelleren Aufbau der Kartenbilder wird das Kopieren des „Karten_ArcView"-Ordners auf die Festplatte empfohlen. Das Projekt kann dann in gleicher Form wie von der CD-ROM aus gestartet werden.

Auf der CD-ROM befindet sich ein weiteres ArcView-Projekt, das in dem Ordner „Anhang/Anhang_9" durch Doppelklick auf „Anhang9.apr" geöffnet werden kann.

4.5 ABLEITUNG UND TYPISIERUNG DER MODELLEINGANGSGRÖßEN ZUR BILDUNG VON PROZESSGEFÜGE-GRUNDTYPEN

Zunächst werden solche **Modelleingangsgrößen** aus den dargestellten digitalen Grundlagendaten abgeleitet und typisiert, über die Prozessgefüge-Grundtypen zu bilden sind (vgl. Kap. 3.2.4). In Kap. 4.5.1 wird die Ableitung der Kopplungstypen, in Kap. 4.5.2 die Ableitung von Hydromorphieflächentypen und in Kap. 4.5.3 die Ableitung der Typen der Stoffhaushaltsbeeinflussung dargestellt. Die Bildung von Prozessgefüge-Grundtypen erfolgt in Kap. 4.6 durch Kombination dieser Modelleingangsgrößen. Einen Überblick über die Parameter, die zur Ableitung der einzelnen Modelleingangsgrößen benutzt werden, und über die Kombination der einzelnen Modelleingangsgrößen zur Bildung von Prozessgefüge-Grundtypen gibt Abb. 22.

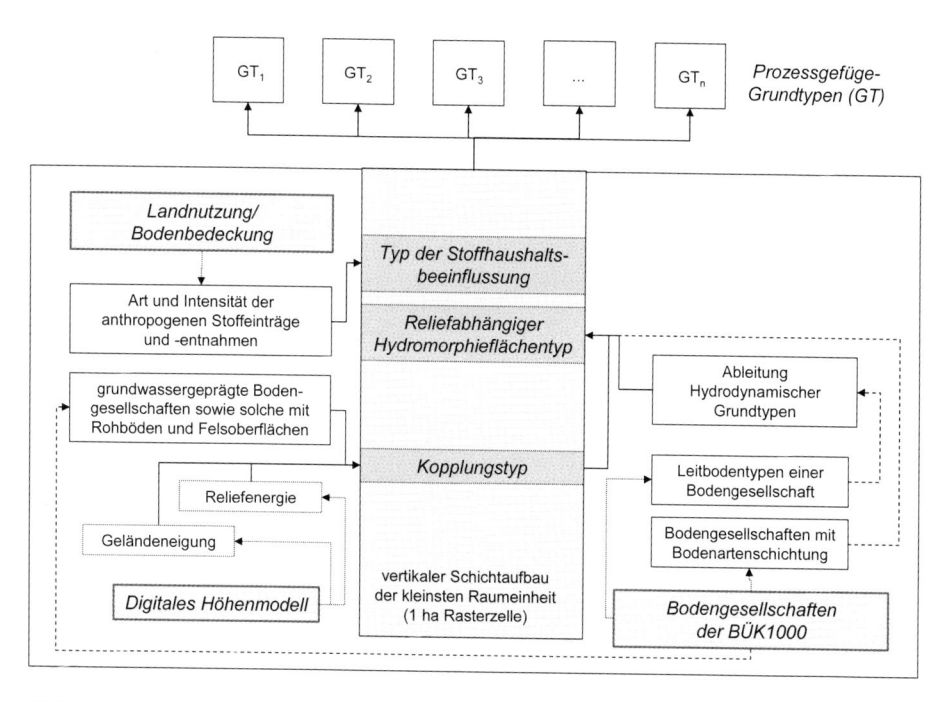

Abb. 22 Bildung von Prozessgefüge-Grundtypen durch Kombination der Grids der Modelleingangsgrößen Kopplungstyp, Reliefabhängiger Hydromorphieflächentyp und Typ der Stoffhaushaltsbeeinflussung

4.5.1 Modelleingangsgröße „Kopplungstyp"

Die Bildung von Kopplungstypen erfolgt **primär** über die Parameter Reliefenergie und Geländeneigung[53], wozu Methoden der digitalen Reliefmodellierung eingesetzt werden, **sekundär** über den Grad des Grundwassereinflusses und der Oberflächenstruktur (vgl. Kap. 3.2.1 sowie Abb. 22 und Abb. 23).

Im **ersten Schritt** werden die Parameter Reliefenergie und Geländeneigung auf Grundlage des DHMs in ArcInfo im Moving-Window-Verfahren berechnet. Die Berechnung der Reliefenergie erfolgt in unterschiedlich großen Bezugsräumen. Anschließend wird abgewogen, über welche Berechnungsbezugsräume und welche Klassifizierung das Relief Deutschlands am zweckmäßigsten in Räume gleicher Oberflächenformung differenziert werden kann, und welches methodische Vorgehen am sinnvollsten zur Bildung von Reliefeinheiten im Hinblick auf die Ableitung von Kopplungstypen ist. Als Resultat dieser Abwägungen werden im **zweiten Schritt** auf Grundlage der unklassifizierten Parameter Geländeneigung (Grad) und Reliefenergie (m/4,41 km^2) über eine Clusteranalyse in ArcInfo Typen gebildet. Diese Typen werden in einem **dritten Schritt** zu großräumigen Relieftypen zusammengefasst. Auf Grundlage der Relieftypen und zusätzlich auf Grundlage der digitalen Bodenkarte werden in einem **vierten Schritt** über wissensbasierte Abfragen (u.a. nach Analyse der Variabilitäten der Parameter Hangneigung und Reliefenergie innerhalb der Relieftypen) Kopplungstypen abgeleitet. Einen Überblick über die Ableitungsschritte gibt Abb. 23. Es werden 11 Kopplungstypen erzeugt, die den Raum über größere, räumlich zusammenhängende Areale differenzieren.

---

[53] Da die der Berechnung der Geländeneigung zugrunde liegenden Höhenwerte innerhalb einer 1 ha-Zelle bereits gemittelte Höhenwerte darstellen, werden die tatsächlich vorkommenden Hangneigungen innerhalb einer Zelle systematisch unterschätzt, so dass anstelle von Hangneigung der Begriff Geländeneigung verwendet wird.

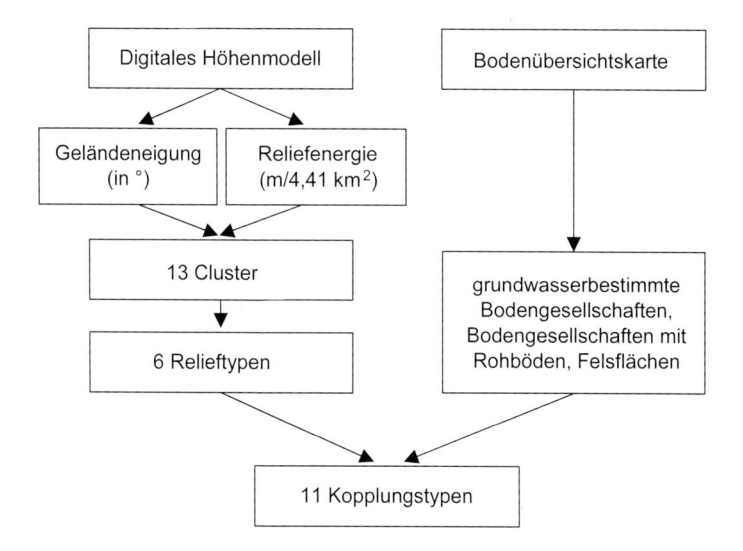

Abb. 23 Verfahrensschritte zur Ableitung von Kopplungstypen für Deutschland

4.5.1.1 Berechnung und Klassifizierung der Geländeneigung und der Reliefenergie

Die **Geländeneigung** wird für jede Zelle in einer 3*3-Rasterzellenumgebung auf der Grundlage des DHM über den Algorithmus nach Horn (1981)[54] mit Hilfe von ArcInfo bestimmt. Die Hangneigung (in Grad) ist dabei Ausdruck der maximalen Höhenänderung in der Umgebung der Bezugszelle (vgl. Burrough 1986, S. 50). Die durchschnittliche Hangneigung in Deutschland beträgt 2,69°, die maximale 71°.

Nach Klassifizierung der Geländeneigung (Klassifikation auf Grundlage der Tabelle in Leser 1999, S. 39), entfallen 68,6% der Fläche Deutschlands auf Bereiche, die Geländeneigungen zwischen 0° und 2° aufweisen (vgl. Tab. 13). Dieser hohe Anteil spiegelt sich in dem kleinen arithmetischen Mittelwert von 2,89° aller Geländeneigungen in Deutschland wider. Die restlichen 31,5% der Fläche zeichnen sich durch Geländeneigungen zwischen 2° und mehr als 15° auf. Insgesamt gliedern die Areale dieser Geländeneigungsklassen das Relief Deutschlands sehr grob (Karte 1).

---

[54] Einen Vergleich unterschiedlicher Algorithmen zur Bestimmung der Hangneigung nehmen u.a. Zhang et al. (1999) und Dunn & Hickey (1998) vor.

Tab. 13 Geländeneigungen in Deutschland

Geländeneigungsklasse	Geländeneigungen (Grad)	Flächenanteil (%)
1	0-2	68,6
2	>2-4	11,7
3	>4-7	9,0
4	>7-15	8,1
5	>15-35	2,5
6	>35-71	0,1

Die **Reliefenergie** wird mit ArcInfo in sich von Zelle zu Zelle bewegenden quadratischen Bezugsräumen[55] berechnet, die größer als die zur Berechnung der Geländeneigung sind (vgl. Kap. 3.2.1, S. 66ff):

- 0,81 km^2
- 2,89 km^2
- 4,41 km^2
- 9,61 km^2
- 26,01 km^2

Ein Vergleich der räumlichen Ergebnisse (Karten 2 bis 6) bei gleicher **Klassifizierung** (Tab. 14) und unterschiedlichen Berechnungsbezugsräumen zeigt, dass bei Wahl der Fenstergröße von 4,41 km^2 (Karte 4) das Relief großräumig differenziert wird und gleichzeitig einzelne Formen und Strukturen (beispielsweise Erhebungen im Flachland) mit kleiner Reliefenergie betont werden. Mittelgebirge werden dagegen – in sich weniger differenziert – durch größere Reliefenergien gegenüber ihrer Umgebung abgegrenzt. Eigentlich müssten zur Reliefdifferenzierung Deutschlands unterschiedliche Fenstergrößen verwendet werden, um alle Bereiche mit einem ähnlichen Detailgrad zu differenzieren. Da für die Intensität und Richtung bodenwassergebundener Prozesse geringe Höhenunterschiede im Flachland bedeutender sind als geringe Höhenunterschiede im Mittelgebirge, werden über die Wahl der mittleren Fenstergröße von 4,41 km^2 und die unterschiedlichen Breiten der Reliefenergieklassen[56] genau diese Unterschiede betont.

---

[55] Quadratische Bezugsräume mit einer eindeutigen Mittelpunktrasterzelle werden aus einer ungeraden Anzahl Rasterzellen (9*9, 17*17, 21*21, 31*31, 51*51 Rasterzellen) gebildet und bedingen deshalb Flächengrößen in Form von Dezimalbrüchen: Bei einem 9*9 Rasterzellen-Bezugsraum und einer Rasterzellenseitenlänge von 100 m weist der Bezugsraum eine Flächengröße von 900 m*900 m = 0,9 km * 0,9 km = 0,81 km^2 auf.

[56] Zum Vergleich und zur Beurteilung der manuellen Klassenbildung, wird auf Grundlage des Reliefenergiegrids (Reliefenergie pro 4,41 km^2) unter Vorgabe von 10 Klassen eine unüberwachte Clusteranalyse mit ArcInfo durchgeführt. Die resultierenden zehn Klassen entsprechen in etwa den manuell gebildeten

Tab. 14 Klassifikation der Reliefenergie (m/4,41 km²) und Flächenanteile der Klassen an der Fläche Deutschlands

Reliefenergieklasse	Reliefenergie (m pro 4,41 km²)	Flächenanteil (%) an der Gesamtfläche Deutschlands
1	0 – 1	1,9
2	> 1 – 10	16,9
3	> 10 – 30	20,7
4	> 30 – 50	12,0
5	> 50 – 80	12,9
6	> 80 – 150	19,7
7	> 150 – 300	13,2
8	> 300 – 600	2,1
9	> 600 – 1000	0,5
10	> 1000	0,1

4.5.1.2 Bildung von Relieftypen über Geländeneigung und Reliefenergie

Da Kopplungstypen primär auf Basis unterschiedlicher Geländeneigungen innerhalb einer bestimmten Reliefenergiespanne definiert werden sollen, stellt es sich als eine Möglichkeit dar, Areale der Reliefenergieklassen (Karte 4) über unterschiedliche Anteile an Geländeneigungen zu differenzieren. Durch Kombination des klassifizierten Reliefenergie-Grids (Karte 4) mit dem klassifizierten Geländeneigungs-Grids (Karte 1) entstehen 45 unterschiedliche Kombinationen. Nur wenige von diesen bilden große zusammenhängende Areale (v.a. in Flachlandbereichen). Die Mittelgebirgsbereiche sind aus kleinparzelligen Mosaiken zusammengesetzt, die den kleinräumigen Wechsel der Geländeneigungsklassen nachzeichnen (Karte 7). Obwohl die Differenzierung Deutschlands jeweils einzeln sowohl über die Areale der Reliefenergieklassen als auch über die der Geländeneigungsklassen sinnvoll ist (vgl. Kap. 4.5.1.1), eignen sich die Kombinationen wegen ihrer hohen Anzahl und der Größe ihrer Areale nicht. Eine andere Möglichkeit zur Bildung von Relieftypen besteht darin, beide Parameter gleichzeitig über eine Clusteranalyse[57] in ArcInfo auf

---

Klassen, räumlich zeigen sich jedoch Unterschiede in Größe und Form der Areale (bedingt durch die Zuordnung der Pixel zu den Clustern nach der größten mutmaßlichen Ähnlichkeit, vgl. Beschreibung des Clusterverfahrens in ArcInfo in Fußnote auf S. 101). Über die Clusterareale wird das Relief stärker differenziert als durch die Areale, die über manuelle Klassifikation entstehen.

[57] Über den ArcInfo-Befehl ISOCLUSTER werden die Ausprägungen (Fälle) mehrerer räumliche Attribute unter Angabe einer Klassenanzahl in natürliche Gruppen eingeteilt werden (partitionierendes Verfahren). Dabei handelt es sich um eine unüberwachte Klassifikation, die eine modifizierte iterative Optimierungsmethode anwendet (migration means techique). Der ISOCLUSTER Algorithmus ist ein iterativer Prozess, der über die minimale Euklidische Distanz Gruppen bildet. Ergebnis der Clusterana-

Grundlage der **unklassifizierten** Reliefenergie (m pro 4,41 km^2) und der **unklassifizierten** Geländeneigung zu gruppieren[58]. Da das Relief allein über 10 Klassen der Reliefenergie (m pro 4,41 km^2) sinnvoll gegliedert wird, wird die Klassenanzahl zur Bildung von Kopplungstypen nach Einbeziehung der Geländeneigung auf mehr als 10 festgelegt. Unter einer Vorgabe von 14 Klassen werden 13 Cluster gebildet[59] (Tab. 15). Die mittleren Reliefenergiewerte der Cluster passen sich gut in die manuell gebildeten Klassen ein (vgl. Tab. 14). Mit zunehmender Reliefenergie nimmt die mittlere Geländeneigung zu. Die interne Variabilität der Geländeneigungen ist größer als die der Reliefenergie (s. Ergebnis der Clusteranalyse, Anhang 3).

Tab. 15 Cluster auf Grundlage der Reliefenergie und der Geländeneigung sowie ihre Flächenanteile in Deutschland

Cluster-Nr.	mittlere Geländeneigung (Grad)	mittlere Reliefenergie (m pro 4,41 km^2)	Flächenanteil an Deutschland (%)	Anzahl Rasterzellen (sample-Abstand = 10: jede 10. Rasterzelle wird zur Bildung der Stichprobe genutzt)
1	0,004	4,6	14,7	51907
2	0,1	13,2	13,1	46734
3	0,4	24,5	11,6	40805

---

[58] lyse ist eine Signature-Datei (ASCII-file), in der die multivariaten Statistiken für jede Klasse gespeichert werden (Klassenmittel, Covarianzmatrix, Anzahl der Zellen pro Klasse). Im Anschluss werden die Pixel der Grundlagen-Grids nach der maximalen Mutmaßlichkeit (auf Grundlage der Signature-Datei, aus der Wahrscheinlichkeitsfunktionen gebildet werden) mit dem MLCLASSIFY-Befehl (ArcInfo) den Klassen zugeordnet. Ergebnis ist ein neues Grid, das die Areale der Klassen darstellt.
Zuvor wurde geprüft, welche und wie viele Parameter zur optimalen Beschreibung von Kopplungstypen notwendig sind. Dabei handelt es sich nicht um mehrere unterschiedliche Parameter, sondern neben dem Parameter Geländeneigung um Reliefenergiewerte, die für unterschiedlich große Bezugsräume berechnet wurden. Zunächst wurde eine Clusteranalyse in ArcInfo auf Grundlage von 4 Grids unklassifizierter Reliefenergie mit den unterschiedlichen Berechnungsfenstergrößen 0,81 km^2, 2,89 km^2, 4,41 km^2 und 9,61 km^2 und auf Grundlage des unklassifizierten Geländeneigungsgrids unter Vorgabe einer Klassenanzahl von 10 in ArcInfo durchgeführt; 9 Cluster wurden gebildet. Als nächstes wurde auf Grundlage von 3 Reliefenergiegrids mit den unterschiedlichen Berechnungsfenstergrößen 0,81 km^2, 4,41 km^2 und 9,61 km^2 und auf der Grundlage des Geländeneigungsgrids bei Vorgabe einer Klassenanzahl von 10 geclustert. Wie zuvor wurden nur 9 Cluster gebildet. Beim Vergleich der durch die jeweiligen Cluster gebildeten Areale zeigt sich, dass diese zum großen Teil kongruent sind. Nach sukzessiver Reduktion der Parameter auf die Reliefenergie pro 4,41 km^2 und die Geländeneigung wurden bei Vorgabe von 10 Klassen ebenfalls 9 Cluster gebildet. Die Korrelationskoeffizienten (ArcInfo) zwischen den unterschiedlichen Clustergrids sind mit 0,98 bzw. 0,99 hoch, die entstandenen Clusterareale nahezu kongruent. Deshalb werden zur Bildung der Kopplungstypen nur die beiden Parameter Reliefenergie (in m pro 4,41 km^2) und Geländeneigung (in Grad) verwendet.

[59] Weder eine z-Transformation noch eine Angleichung der Werte-Spannweiten, wie sie in der ArcInfo-Hilfe vorgeschlagen wird, [(X-oldmin)*(newmax-newmin)/(oldmax – oldmin) + newmin], führen zu besseren Ergebnissen.

Fortsetzung Tab. 15:

Cluster-Nr.	mittlere Geländeneigung (Grad)	mittlere Reliefenergie (m pro 4,41 km^2)	Flächenanteil an Deutschland (%)	Anzahl Rasterzellen (sample-Abstand = 10: jede 10. Rasterzelle wird zur Bildung der Stichprobe genutzt)
4	0,9	38,7	9,2	32823
5	1,5	54,4	8,1	28970
6	2,3	71,9	7,6	27112
7	3,1	92,4	7,3	25931
8	4,2	117,7	8,2	29130
9	5,6	151,4	8,3	29623
10	7,7	202,4	7,0	25059
11	10,9	291,5	3,5	12447
12	16,5	505,6	1,0	3704
13	26,3	897,7	0,4	1543

Auf Grundlage der 13 Cluster werden die Rasterzellen der Eingangsgrids über den MLCLASSIFY-Befehl in ArcInfo klassifiziert (Karte 8). Die Areale[60] sind insgesamt räumlich zusammenhängender ausgebildet als diejenigen in Karte 7 dargestellten. Gleichzeitig zeichnen sie im Flachland wie im Mittelgebirge Reliefstrukturen ähnlich genau nach.

Innerhalb der 13 Cluster ist die Variabilität der Hangneigungen und der Reliefenergie noch zu groß, um homogene Kopplungstypen abzuleiten. Gleichzeitig durchsetzen sich die Areale unterschiedlicher Cluster vor allem im Mittelgebirge zu sehr, so dass keine großräumigen Areale erkennbar sind. Diese können aber durch Zusammenfassung der 13 Cluster und ihrer Areale gebildet werden. Dadurch wird zwar die Variabilität der Parameter größer, jedoch auch das Ziel erreicht, **größere, zusammenhängende Relieftypen** zu bilden, die gleichzeitig **Reliefstrukturen möglichst exakt nachzeichnen**. Eine Vorgabe von weniger Klassen bei der Clusteranalyse hätte ebenfalls eine höhere Variabilität mit sich gebracht, aber gleichzeitig ein ungenauere Nachzeichnung von Reliefstrukturen bedeutet[61].

---

[60] Einige Areale sind rechteckig ausgebildet. Diese Formen pausen sich später bei der Kombination mit anderen Grids durch (z. B. bei der Bildung von Prozessgefüge-Grundtypen). Sie beruhen also nicht auf Fehlern im DHM, sondern resultieren aus der Clusterbildung und Pixelzuordnung.

[61] Bei einer Vorgabe von 6 Klassen werden 5 Cluster gebildet, deren Areale das Flachland überhaupt nicht differenzieren, so dass nahezu 50% der Fläche Deutschlands über eine Klasse beschrieben werden. Bei einer Vorgabe von 7 Klassen werden 6 Cluster gebildet, deren Areale die Mittelgebirge stark, das Flachland jedoch wiederum kaum differenzieren.

Die 13 Cluster werden deshalb **manuell** zu 6 Relieftypen zusammengefasst (Tab. 16). Dabei werden diejenigen Cluster zusammengefasst, deren Areale gemeinsam auftreten und sich teilweise gegenseitig durchdringen. Die Areale der zusammengefassten Cluster werden verschmolzen, so dass die ursprünglichen Außengeometrien der durch die 13 Cluster gebildeten Areale erhalten bleiben (Karte 9).

Tab. 16 Zusammenfassung der 13 Cluster (vgl. Tab. 15) zu 6 Relieftypen in Anlehnung an Reliefenergieklassen (s. Tab. 14) und nach räumlichen Kriterien

Klasse	Relief-typ	durchschnittliche Geländeneigung (Grad)	durchschnittliche Reliefenergie (m pro 4,41 km^2)	Anzahl Rasterzellen
1	1	0	5,0	5689797
2	2	0,43	24,5	11494209
3				
4				
5	3	2,75	84,1	11182697
6				
7				
8				
9	4	7,40	195,1	6627351
10				
11				
12	5	15,72	478,7	403716
13	6	25,44	842,4	183309

Tab. 17 und Tab. 18 zeigen die Anteile der Reliefenergie- und Geländeneigungsklassen innerhalb der Relieftypen auf. Diese Tabellen spiegeln die Heterogenität der Relieftypen wider und bilden die Grundlage für die Ableitung von Kopplungstypen.

Tab. 17 Flächenanteile der Reliefenergieklassen innerhalb der Relieftypen

Relieftyp / Reliefenergie (m/4,41 km2)	1	2	3	4	5	6
0-1	6,9%	0%	0%	0%	0%	0%
1-10	93,1%	5,3%	0%	0%	0%	0%
10-30	0%	64,4%	0%	0%	0%	0,3%
30-50	0%	30,3%	7,5%	0%	0%	1,0%

Fortsetzung Tab. 17:

Reliefenergie (m/4,41 km²) \ Relieftyp	1	2	3	4	5	6
50-80	0%	0%	41,7%	0%	0%	1,2%
80-150	0%	0%	50,8%	22,1%	0%	0,9%
150-300	0%	0%	0%	72,2%	0%	0,1%
300-600	0%	0%	0%	7,0%	89,0%	0,2%
600-1000	0%	0%	0%	0%	11,0%	77,4%
> 1000	0%	0%	0%	0%	0%	18,9%

Tab. 18 Flächenanteile der Geländeneigungsklassen innerhalb der Relieftypen

Geländeneigung \ Relieftyp	1	2	3	4	5	6
0° - 2°	100%	97,2%	56,9%	17,3%	4,3%	1,6%
2° - 4°	0%	2,6%	23,6%	18,2%	3,8%	1,4%
4° - 7°	0%	0,2%	13,8%	23,9%	8,6%	3,3%
7° - 15°	0%	0%	5,5%	31,8%	35,0%	15,1%
15° - 35°	0%	0%	0,11%	8,8%	47,0%	58,7%
> 35°	0%	0%	0%	0%	1,3%	19,9%

4.5.1.3 Ableitung und Definition von Kopplungstypen

Die zuvor über die Klassifikation von Reliefenergie und Geländeneigung gebildeten Relieftypen werden in einem nächsten Schritt
- auf der internen Häufigkeitsverteilung von Reliefenergie- und Geländeneigungsklassen (vgl. Tab. 17, Tab. 18) aufbauend
- sowie über bodenrelevante Informationen (Grundwassereinfluss, Oberflächeneigenschaften)

in Kopplungstypen differenziert. Ihre Kennzeichnung erfolgt über eine Benennung der Oberflächenformung und der vorherrschenden Kopplungseigenschaft.

Die einzelnen Relieftypen werden im Folgenden zunächst beschrieben. Jeder Beschreibung schließt sich als Schlussfolgerung die Ableitungen von Kopplungstypen an, die in den meisten Fällen durch ein Beispielhöhenprofil ergänzt werden. Abb. 24 zeigt die Lage dieser Profile.

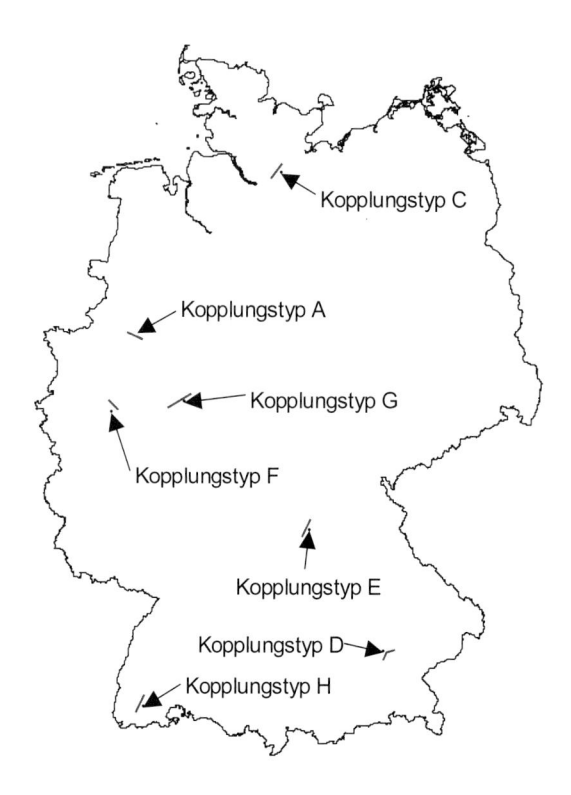

Abb. 24 Lage der Höhenprofile zu den Kopplungstypen A, C, D, E, F, G und H

Relieftyp 1 und Ableitung der Kopplungstypen A und B

Die durchschnittliche Geländeneigung im Relieftyp 1 beträgt 0°, die durchschnittliche Reliefenergie (pro 4,41 km^2) liegt bei 5 m. Zu 100% kommen Geländeneigungen zwischen 0° und 2° vor, während die Höhenunterschiede zu 93% zwischen 1 und 10 m/4,41 km^2 und zu 7% zwischen 0 und 1 m/4,41 km^2 liegen.

Der Relieftyp 1 kennzeichnet sehr flache Gebiete: Marsch- und Geestbereiche Nordwestdeutschlands, die Emsniederung, große Teile des Oberrheingrabens, die Elbeniederung, das Glogau-Baruther Urstromtal, das Warschau-Berliner Urstromtal, das Oderbruch, das Nordostmecklenburgische Flachland, den Dungau, das Donaumoos, das östliche Niederrheinische Flachland und die Niederrheinische Bucht.

Aufgrund der geringen Variabilität der Geländeneigung bzw. der Reliefenergie kann der Relieftyp 1 als homogen angesehen werden. Eine Differenzierung erfolgt allein über grundwassergeprägte Bodengesellschaften.

In nicht grundwassergeprägten Bereichen herrschen aufgrund der geringen Höhenunterschiede und geringen Geländeneigungen potenziell vertikale Bodenwasserflüsse vor, Einzelflächen liegen isoliert nebeneinander. Diese Bereiche (60,9% der Fläche des Relieftyps 1) werden über den **Kopplungstyp A „ebenes Relief, Inzidenzgefüge, keine horizontale Kopplung"** gekennzeichnet (s. Tab. 19 und Abb. 25; zur Lage der Beispielprofile s. Abb. 24). In grundwassergeprägten Gebieten sind laterale Grundwasserflüsse für die funktionale Kopplung von Flächen verantwortlich, was die Eigenschaft eines Infusions- und Intrakommunikationsgefüges ausmacht. Deshalb wird bei allen Relieftypen das Vorkommen von Grundwasser bei der Ableitung von Kopplungstypen berücksichtigt. Informationen zum Grundwassereinfluss (Bodengesellschaften mit Gleyen, Auen- und Niedermoorböden) werden der digitalen Bodenübersichtskarte (BGR 1999) entnommen[62]. Differenziert man den Relieftyp 1 über die hauptsächlich grundwasserbestimmten Bodengesellschaften der Bodenübersichtskarte, dann lassen sich 39,2% der Fläche des Relieftyps 1 als Infusions- und Intrakommunikationsgefüge definieren. Dies sind vor allem Flächen, die in breiten Flussauen oder in (ehemaligen und rezenten) Niedermoorgebieten[63] liegen. Über die oben genannten grundwassergeprägten Bodengesellschaften wird der **Kopplungstyp B „Infusions- und Intrakommunikationsgefüge, hohe Intensität horizontaler Kopplung über Grundwasserströme"** ausgewiesen.

Tab. 19   Geomorphometrische Eigenschaften des Kopplungstyps A

Kopplungs-typ	Flächen-anteile von Relief-energie-klassen	Flächen-anteile von Gelände-neigungs-klassen	mittlere Relief-energie (m/4,41 km^2)	mittlere Gelände-neigung (Grad)	Flächen-anteil an Deutsch-land
A	95,2% 1-10 m 4,8% 0-1 m	100% 0°-2°	5,4 m	0°	9,9%

---

[62] Bodengesellschaften: 6, 8, 9, 10, 11 und 12 (vgl. Legende zur BÜK1000 im Anhang 1, CD-ROM)
[63] Senkengefüge können weiter differenziert werden, beispielsweise in Moor-Senkengefüge. Da Moore in dieser Arbeit später bei der Ausweisung landschaftsökologischer Prozessgefüge berücksichtigt werden, werden an dieser Stelle nur allgemeine Kopplungstypen abgeleitet.

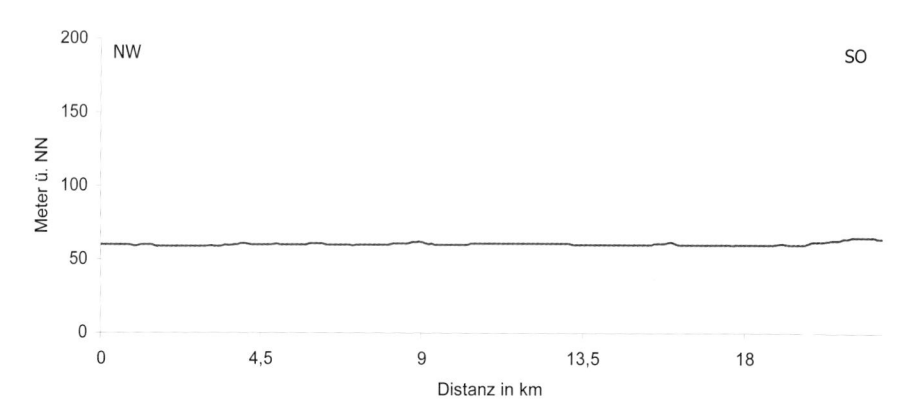

Abb. 25   Beispielhöhenprofil des Kopplungstyps A (Lage des Profils: s. Abb. 24)

Relieftyp 2 und Ableitungen der Kopplungstypen C und D

Der größte Teil des Relieftyps 2 zeichnet sich durch eine wellige bis hügelige Oberfläche (Höhenunterschiede zwischen 10 und 30 m pro 4,41 km^2) aus. 1/3 der Fläche des Relieftyps entfallen auch auf stärker reliefierte Gebiete (Höhenunterschiede zwischen 30 und 50 m pro 4,41 km^2), die relativ kleinflächig ausgebildet sind (z. B. Endmoränenzüge).

Der Relieftyp 2 beschreibt das Jung- und Altmoränenland im Norden wie Süden Deutschlands, das Rhein-Main-Dreieck, die Randplatten des Oberrheingrabens, das Münsterland mit Ausnahme der Emsniederung und die flachwelligen Bereiche des Süddeutschen Gäulandes.

Aufgrund der Reliefformung kann man von einem Vorherrschen vertikaler Wasserflüsse ausgehen. In Bereichen stärkerer Geländeneigung und Höhenunterschieden zwischen 30 und 50 m können bei entsprechender Bodenartenschichtung laterale Wasserflüsse hinzutreten. Aus dem Relieftyp 2 werden deshalb zwei neue Kopplungstypen abgeleitet: Kopplungstyp C kennzeichnet Bereiche, die sich durch Höhenunterschiede zwischen 1 und 30 m pro 4,41 km^2 auszeichnen, der Kopplungstyp D setzt Höhenunterschiede zwischen 30 und 50 m pro 4,41 km^2 voraus (s. Tab. 22). Da die Geländeneigungen nicht die tatsächlich vorhandenen *Hang*neigungen wiedergeben können, zeichnet sich Kopplungstyp D durch einen größeren Anteil geneigter Hänge aus, als es der Anteil an Geländeneigungen zwischen 2 und 4° vermittelt (6,5%). Dies wird anhand des Beispielhöhenprofils deutlich (s. Abb. 26). Der Kopplungstyp D setzt sich daher aus Inzidenzgefügen und Hanggefügen aus, weshalb dieser als **„hügeliges Relief, Inzidenz-Hanggefüge, geringe bis mäßige Intensität horizontaler Kopplung"** bezeichnet wird. Der Kopplungstyp C wird als **„welliges Relief, Inzidenzgefüge, sehr geringe Intensität horizontaler Kopplung"** ausgewiesen. Die grundwassergeprägten Gebiete (Flussniederungen) des Relieftyps 2 werden als Kopplungstyp B gekennzeichnet.

Der Relieftyp 2 kann zu 57,9% in den Kopplungstyp C, zu 27,4% in den Kopplungstyp D und zu 14,7% in den Kopplungstyp B unterteilt werden.

Tab. 20 Geomorphometrische Eigenschaften der Kopplungstypen C und D

Kopplungstyp	Flächenanteile von Reliefenergieklassen	Flächenanteile von Geländeneigungsklassen	mittlere Reliefenergie (m/4,41 km^2)	mittlere Geländeneigung (Grad)	Flächenanteil an Deutschland
C	93% 10-30 m 7% 1-10 m	99% 0°-2° 0,9% 2°-4° 0,1% 4°-7°	18,9 m	0,3°	18,6%
D	100% 30-50 m	92,9% 0°-2° 6,5% 2°-4° 0,6% 4°-7°	38,1 m	0,9°	8,8%

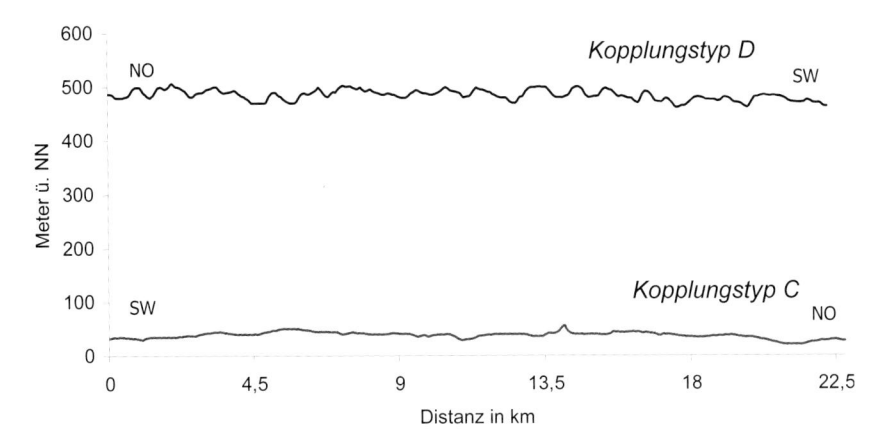

Abb. 26 Beispielhöhenprofile der Kopplungstypen C und D (Lage der Profile: s. Abb. 24)

Relieftyp 3 und Ableitung der Kopplungstypen E und F

Der Relieftyp 3 kommt vor allem im Mittelgebirge vor (Berg- und Hügelländer). Im Bereich mesozoischer Gesteine sind diesem Relieftyp Tafelländer, Schichtstufen und Schichtkämme zuzuordnen (vgl. Zepp 2002, S. 276f), im Bereich des Grundgebirges Teile der Rumpfschollengebirge und in glazial geprägten Landschaften steile Endmoränen. Die durchschnittliche Geländeneigung beträgt 2,75°, die durchschnittliche Reliefenergie 84,1 m pro 4,41 km^2.

Auf Grundlage des Relieftyps 3 können die Kopplungstypen E und F abgeleitet werden. Die beiden Typen unterscheiden sich durch die Höhenunterschiede (Typ E: 30-80 m, Typ F: 80-150 m) und die Geländeneigungen (Typ E: 0-7°; Typ F: 0-35°). Mit größeren Höhenunterschieden und Geländeneigungen können bei entsprechender Bodenartenschichtung die Anteile und die Intensitäten der lateralen Wasserflüsse zunehmen (s. Kap. 3.2.1). Deshalb sind beide Kopplungstypen den Hanggefügen zuzuordnen: Kopplungstyp E wird als **„bergig-hügeliges Relief, Hanggefüge, mäßige Intensität horizontaler Kopplung"**, Kopplungstyp F als **„bergiges Relief, Hanggefüge, mittlere Intensität horizontaler Kopplung"** bezeichnet.

Der hohe Anteil an Geländeneigungen zwischen 0° und 2 ° in beiden Kopplungstypen lässt auf die Dominanz vertikaler Flüsse schließen. Die Höhenprofile machen jedoch deutlich, dass mehr laterale als vertikale Flüsse vorherrschen müssen. Der Relieftyp 3 wird zu 49,1% vom Kopplungstyp F eingenommen, zu 45,8% vom Kopplungstyp E. Die restlichen 5,1% entfallen auf den Kopplungstyp B.

Tab. 21 Geomorphometrische Eigenschaften der Kopplungstypen E und F

Kopplungstyp	Flächenanteile von Reliefenergieklassen	Flächenanteile von Geländeneigungsklassen	mittlere Reliefenergie (m/4,41 km^2)	mittlere Geländeneigung (Grad)	Flächenanteil an Deutschland
E	84,9% 50-80 m 15,1% 30-50 m	72% 0°-2° 20,5% 2°-4° 7,4% 4°-7° 0,1% 7°-15°	62,3 m	1,8°	14,4%
F	100% 80-150 m	42,2% 0°-2° 27,7% 2°-4° 20,3% 4°-7° 9,5% 7°-15° 0,2% 15°-35°	105,4 m	3,61°	15,3%

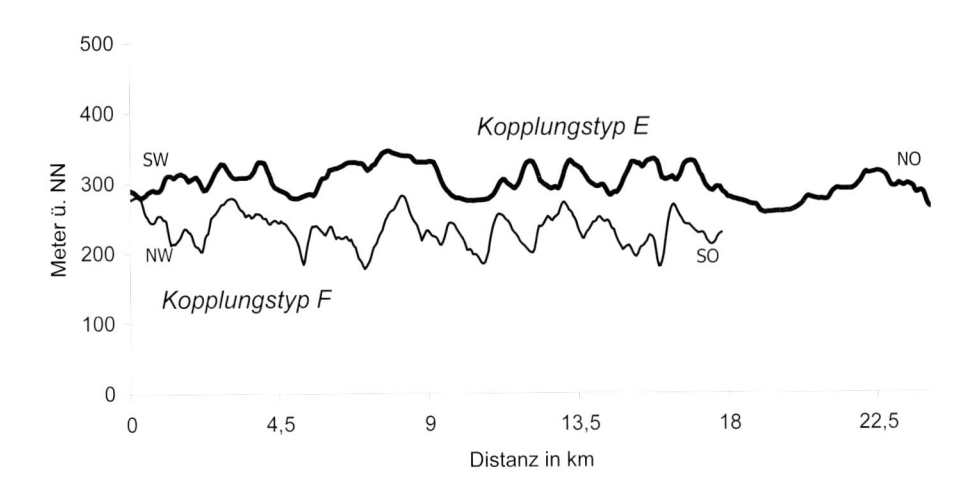

Abb. 27 Beispielhöhenprofile der Kopplungstypen E und F (Lage der Profile: s. Abb. 24)

Relieftyp 4 und Ableitung des Kopplungstyps G

Das Relief des Relieftyps 4 deutet aufgrund der großen Höhenunterschiede sowie größerer durchschnittlicher Geländeneigungen (> 4°) auf eine starke Zerschneidung mit steilen Hängen hin. Relieftyp 4 kennzeichnet z. B. das Sauerland, den Hunsrück, den Taunus, den Odenwald, den Spessart, die Rhön, den Thüringer Wald, den Pfälzer Wald, den Harz, das Weserbergland, das Erzgebirge, den Bayerischen Wald, den Schwarzwald, den Westerwald, das Saarland, die Ränder der Schwäbischen Alb sowie die Stufenbereiche der Fränkischen Alb.

Der größte Teil der Fläche (41,4%) entfällt auf Gebiete, die sich durch große Höhenunterschiede (> 150-300 m) und Geländeneigungen < 7° auszeichnen. Flächen mit diesen Eigenschaften umgeben pufferartig steilere Bereiche, die 30,8% des Relieftypen 4 einnehmen und große Höhenunterschiede (> 150-300 m) bei gleichzeitig großen Geländeneigungen (> 7°) aufweisen (s. Karte 4 und Karte 1). Diese durch ihre unterschiedlichen Geländeneigungen gekennzeichneten Flächen durchdringen sich gegenseitig so stark, dass sie nur gemeinsam größere zusammenhängende Areale bilden. Deshalb wird der Relieftyp 4 mit Ausnahme der Bereiche (3%), die grundwasserbestimmt sind (Kopplungstyp B), als Kopplungstyp G ausgewiesen. Dieser zeichnet sich durch intensive laterale Kopplungen der Flächen aus und wird als **„bergiges Relief, Hanggefüge, hohe Intensität horizontaler Kopplung"** bezeichnet.

Tab. 22 Geomorphometrische Eigenschaften des Kopplungstyps G

Kopplungs-typ	Flächenanteile von Relief-energieklassen	Flächen-anteile von Gelände-neigungs-klassen	mittlere Relief-energie (m/4,41 km^2)	mittlere Gelände-neigung (Grad)	Flächen-anteil an Deutschland
G	72,3% 150-300 m 22% 80-150 m 5,7% 300-600 m	31,9% 7°-15° 24,1% 4°-7° 18,3% 2°-4° 16,8% 0°-2° 8,8% 15°-35°	195,2 m	7,4°	18,0%

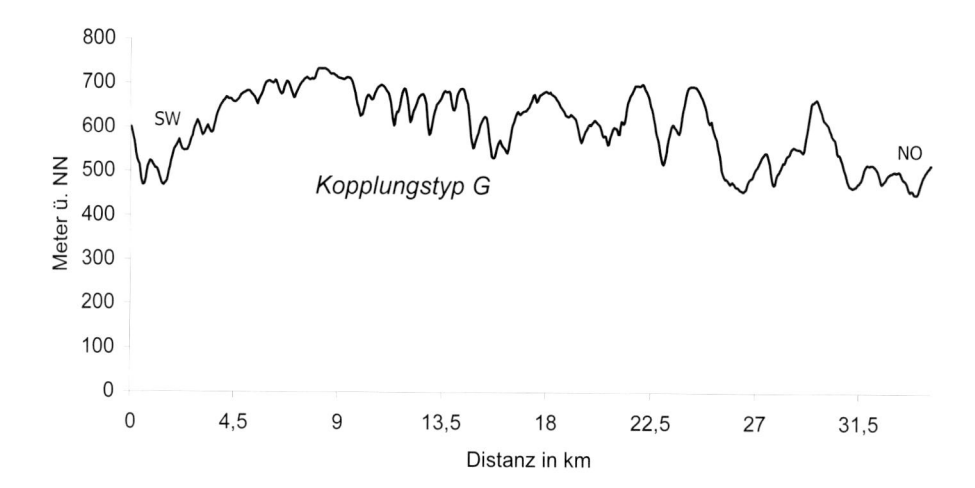

Abb. 28 Beispielhöhenprofil des Kopplungstyps G (Lage des Profils: s. Abb. 24)

Relieftyp 5 und Ableitung des Kopplungstyps H

Relieftyp 5 kennzeichnet steile Hochlagen der Mittelgebirge (vor allem Schwarzwald und Bayerischer Wald) sowie niedrigere Lagen der Alpen. Die durchschnittliche Geländeneigung beträgt 15,7°, die Höhenunterschiede betragen im Durchschnitt 478,7 m/4,41 km^2.

Die größten Teile des Relieftyps zeichnen sich durch Höhenunterschiede zwischen 300 und 600 m aus, während die Geländeneigungen zum größten Teil zwischen 15° und 35° (zu 40,3%) oder 7° und 15° (zu 32,3%) liegen. Die dadurch gebildeten Areale durchdringen sich räumlich stark, weshalb keine Differenzierung des Relieftyps vorgenommen wird und der Relieftyp 5 als Kopplungstyp H ausgewiesen wird. Große Höhenunterschiede und hohe durchschnittliche Geländeneigungen deuten auf stark zerschnittene, gebirgige Oberflächen hin. In diesen können intensive, laterale Bodenwasserflüsse vorherrschen. Der Kopplungstyp H wird daher in folgender Weise bezeichnet: **„steiles Bergrelief, Hanggefüge, sehr hohe Intensität horizontaler Kopplung"**.

Tab. 23 Geomorphometrische Eigenschaften des Kopplungstyps H

Kopplungs-typ	Flächenanteile von Reliefenergie-klassen	Flächen-anteile von Gelände-neigungs-klassen	mittlere Relief-energie (m/4,41 km^2)	mittlere Gelände-neigung (Grad)	Flächen-anteil an Deutsch land
H	89,6% 300-600 m	48,2% 15°-35°	477,5 m	16°	1,1%
	10,4% 600-1000 m	35,4% 7°-15°			
		8,3% 4°-7°			
		3,5% 2°-4°			
		3,3% 0°-2°			
		1,2% > 35°			

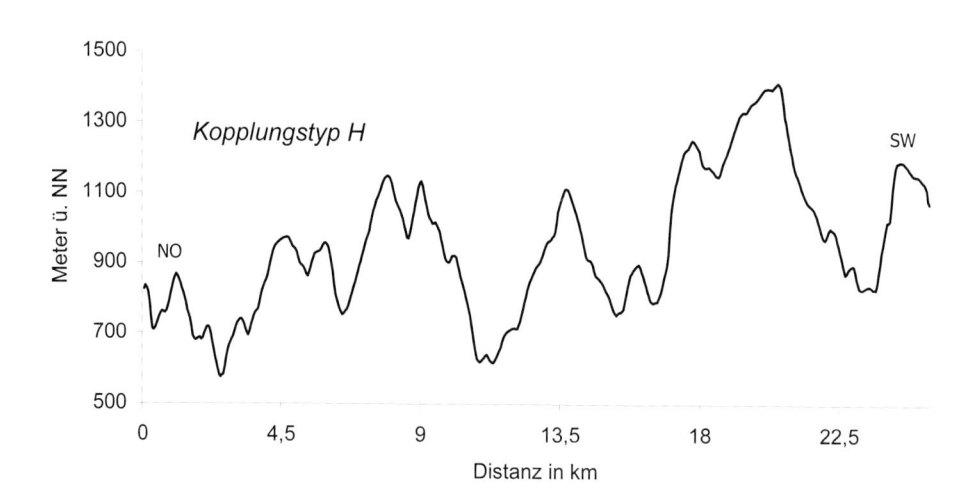

Abb. 29 Beispielhöhenprofil des Kopplungstyps H (Lage des Profils: s. Abb. 24)

Relieftyp 6 und Ableitung der Kopplungstypen I, J und K

Der Relieftyp 6 kommt mit größeren Flächen nahezu ausschließlich in den Alpen vor. Die durchschnittliche Geländeneigung beträgt 25,4°, der mittlere Höhenunterschied liegt bei 842,4 m/4,41 km^2.

Auf 93,8% der Fläche des Relieftyps 6 (Summe der Flächenanteile der Kopplungstypen J und K an Fläche des Relieftyps 6) ist mit intensiven Wasserflüssen und massivem Massenversatz (Muren und Steinschlag) zu rechnen. Auf vegetationsfreien Flächen (Rohböden, BÜK-Einheit 69) kann der größte Teil des Wassers schnell vertikal versickern (v.a. in den Kalkalpen durch Klüfte) oder oberflächlich abfließen. Ist eine Bodendecke ausgebildet, ist an der Grenze Festgestein/Boden Zwischenabfluss zu erwarten. Die Bereiche geringer Geländeneigung sind überwiegend in den Tallagen der Alpen anzutreffen (6,2%).

Der Relieftyp 6 wird in Bereiche differenziert, die steil bis sehr steil sind (7° bis > 35°) und solche, die flach sind (< 7°) und keine Senkengefüge darstellen. Die steilen Bereiche werden durch Kopplungstyp J (66,1%), die flachen Bereiche über den Kopplungstyp I (5,2%) gekennzeichnet. Felsflächen und Flächen mit Rohböden werden als potenzielle Flächen mit hohem Oberflächenabfluss bzw. schneller vertikaler Versickerung bis hin zu Versinkungen dem Kopplungstyp K (22,6%) zugeordnet. 0,3% entfallen auf den Kopplungstyp C.

Der Kopplungstyp I wird als **„hochgelegenes ebenes Relief, Inzidenzgefüge, keine horizontale Kopplung"** gekennzeichnet. Der Kopplungstyp J wird über die Bezeichnung **„steiles Hochgebirgsrelief, Hanggefüge, sehr intensive horizontale Kopplungen"** und der Kopplungstyp K über **„steiles Hochgebirgsrelief, Hanggefüge oder Inzidenzgefüge, entweder sehr hohe Intensität horizontaler Kopplung oder keine"** charakterisiert.

Tab. 24 Geomorphometrische Eigenschaften der Kopplungstypen I, J und K

Kopplungs-typ	Flächenanteile von Reliefenergieklassen	Flächenanteile von Geländeneigungsklassen	mittlere Reliefenergie (m/4,41 km^2)	mittlere Geländeneigung (Grad)	Flächenanteil an Deutschland
I	91,4% 600-1000 m 8,6% > 1000 m	51,3% 4°-7° 26,1% 0°-2° 22,7% 2°-4°	792,7 m	4,2°	0,03%
J	82% 600-1000 m 13,3% > 1000 m	64,2% 15°-35° 19,1% > 35° 16,7% 7°-15°	809,9 m	26,3°	0,33%
K	63,8% 600-1000 m 36,2% > 1000 m	59,9% 15°-35° 27,5% > 35° 12,6% 7°-15°	958,6 m	28,8°	0,11%

Schlussbemerkungen zu den Kopplungstypen

Auf Grundlage der sechs Relieftypen können unter Berücksichtigung der räumlichen Variabilitäten innerhalb der Relieftypen und unter Einbeziehung bodenrelevanter Informationen die dargestellten 11 Kopplungstypen über if-then-Abfragen in ArcInfo abgeleitet werden. In Tab. 25 sind alle Differenzierungskriterien zusammengefasst. Die Areale der Kopplungstypen zeigt Karte 10.

Tab. 25 Differenzierungskriterien der 6 Relieftypen zur Ableitung von 11 Kopplungstypen

Relieftyp	mittlere Geländeneigung (Grad)	mittlere Reliefenergie (m/4,41 km^2)	Differenzierungskriterien (Reliefenergie; Geländeneigungen; bodenrelevante Kriterien)	Kopplungstyp
1	0	5	außerhalb grundwassergeprägter Flächen	A
2	0,4	24,5	1-30 m/4,41 km^2	C
			30–50 m/4,41 km^2	D
3	2,8	84,1	30-80 m/4,41 km^2 & 0°-7°	E
			80-150 m/4,41 km^2 & 0°-35°	F
4	7,4	195,1	-	G
5	15,7	478,7	-	H
6	25,4	842,4	< 7°	I
			7°-71°	J
			Bereich alpiner Rohböden und Felsflächen	K
1-6	0,7	30,6	grundwassergeprägte Bodengesellschaften	B

In Tab. 26 sind die Bezeichnungen der Kopplungstypen und ihre Merkmale zusammengefasst. Grundsätzlich ist zu beachten, dass die Kopplungstypen durch die **flächenanteilig vorherrschenden** potenziellen Prozessrichtungen und -intensitäten interpretiert werden, denn innerhalb jedes Kopplungstypen kommen auf Grund der lokalen Standortbedingungen (Lage im Relief, Bodeneigenschaften, Nutzung, Mikroklima) von der allgemeinen Kennzeichnung abweichende Prozessrichtungen und Prozessintensitäten vor. So gehen Täler mit einer relativ geringen Breite, wie das Mosel- oder Lahntal, in den Kopplungstypen unter.

Tab. 26 Zusammenfassender Überblick über die Kopplungstypen

Kopplungstyp	Bezeichnung	mittlere Reliefenergie (m/4,41 km²)	mittlere Geländeneigung (Grad)	Gefügeart	potenzielle Verbindung von Flächen	Flächenanteil an Deutschland (%)
A	ebenes Relief, Inzidenzgefüge, keine horizontale Kopplung	5,4	0	Inzidenzgefüge	keine	9,9
B	Infusions- und Intrakommunikationsgefüge, hohe Intensität horizontaler Kopplung über Grundwasserströme	30,6	0,7	Infusions- und Intrakommunikationsgefüge	über Grundwasserströme	13,5
C	welliges Relief, Inzidenzgefüge, sehr geringe Intensität horizontaler Kopplung	18,9	0,26	Inzidenzgefüge	keine bis geringe Intensität der potenziellen Verbindungen (kurze Reichweiten)	18,6
D	hügeliges Relief, Inzidenz-Hanggefüge, geringe bis mäßige Intensität horizontaler Kopplung	38,1	0,86	Inzidenz-Hanggefüge		8,8
E	bergig-hügeliges Relief, Hanggefüge, mäßige Intensität horizontaler Kopplung	62,3	1,83	Hanggefüge	geringe bis mittlere Intensität der potenziellen Verbindungen (kurze bis mittlere Reichweiten)	14,4
F	bergiges Relief, Hanggefüge, mittlere Intensität horizontaler Kopplung	105,4	3,61	Hanggefüge	mittlere Intensität der potenziellen Verbindungen (mittlere Reichweiten)	15,3
G	bergiges Relief, Hanggefüge, hohe Intensität horizontaler Kopplung	195,2	7,43	Hanggefüge	hohe Intensität der potenziellen Verbindungen (mittlere bis große Reichweiten)	18,0
H	steiles Bergrelief, Hanggefüge, sehr hohe Intensität horizontaler Kopplung	477,5	15,99	Hanggefüge	sehr hohe Intensität der potenziellen Verbindungen (große bis sehr große Reichweiten)	1,1
I	hochgelegenes ebenes Relief, Inzidenzgefüge, keine horizontale Kopplung	792,67	4,19	Inzidenzgefüge	keine	0,03

Fortsetzung Tab. 26:

Kopplungstyp	Bezeichnung	mittlere Reliefenergie (m/4,41 km^2)	mittlere Geländeneigung (Grad)	Gefügeart	potenzielle Verbindung von Flächen	Flächenanteil an Deutschland (%)
J	steiles Hochgebirgsrelief, Hanggefüge, sehr intensive horizontale Kopplung	809,9	26,32	Hanggefüge	sehr hohe Intensität der potenziellen Verbindungen (große bis sehr große Reichweiten)	0,33
K	steiles Hochgebirgsrelief, Hanggefüge oder Inzidenzgefüge, entweder sehr hohe Intensität horizontaler Kopplung oder keine	958,6	28,78	Hanggefüge oder Inzidenzgefüge	sehr hohe Intensität der potenziellen Verbindungen (große bis sehr große Reichweiten) oder keine Verbindung wegen intensiver vertikaler Wasserflüsse	0,11

4.5.2 Modelleingangsgröße „Hydromorphieflächentyp"

Den Ausgangspunkt für die Ausweisung von Hydromorphieflächentypen bilden die 72 in der Bodenübersichtskarte im Maßstab 1 : 1 Mio. (BGR 1999, im Folgenden als BÜK 1000 abgekürzt) ausgewiesenen Bodeneinheiten (vgl. Kap. 4.1.2). Die in einer Einheit vorkommenden Leit- und Begleitbodentypen werden unter Angabe der Gründigkeit und Bodenarten, der Wasserverhältnisse sowie der Ausgangsgesteine und -substrate, z. T. mit Reliefbezug genannt.

Die Ausweisung der Hydromorphieflächentypen umfasst vier Schritte (vgl. Kap. 3.2.2): Im ersten Schritt werden die Hydrodynamischen Grundtypen für die Leitbodentypen der Bodeneinheiten abgeleitet, im zweiten Schritt darauf aufbauend **Reliefunabhängige Hydromorphieflächentypen** gebildet. Im dritten Schritt werden die Bodeneinheiten im Hinblick auf das Vorhandensein einer Bodenartenschichtung interpretiert, die eine Abnahme der Wasserleitfähigkeit mit zunehmender Profiltiefe bedingen. Areale dieser Bodeneinheiten, die sich in Bereichen von Kopplungstypen mit vorherrschenden Geländeneigungen > 2° befinden, werden als Einheiten gekennzeichnet, die Zwischenabfluss aufweisen können. Im vierten Schritt werden über diese Einheiten reliefunabhängige in **Reliefabhängige Hydromorphieflächentypen** differenziert.

```
┌─────────────────────┐
│  72 Legendeneinheiten│
│      (BÜK1000)      │
└──────────┬──────────┘
           │
     ┌─────┴─────┐
     ▼           ▼
```

| Zuordnung von Hydrodynamischen Grundtypen für jeden Leitboden einer Legendeneinheit | Interpretation der vorherrschenden Bodenartenschichtung einer Legendeneinheit im Hinblick auf potenzielle Bildung von Interflow |

| 18 Reliefunabhängige Hydromorphieflächentypen | 39 Legendeneinheiten mit interflowfördernder Bodenartenschichtung | Kopplungstypen mit vorherrschenden Geländeneigungen > 2° |

26 Reliefabhängige Hydromorphieflächentypen

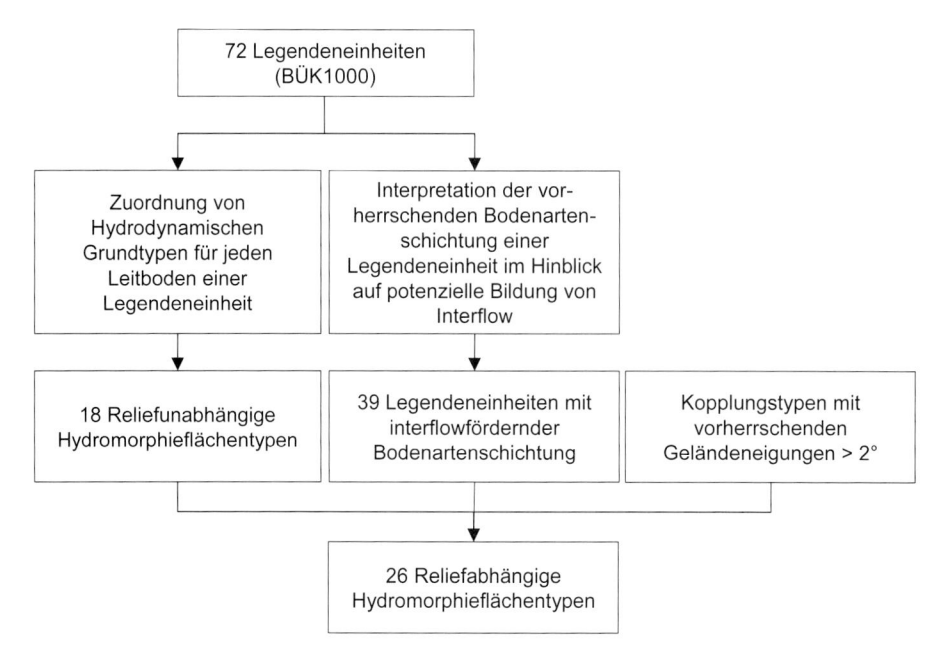

Abb. 30 Fließdiagramm zur Ableitung von Reliefunabhängigen und Reliefabhängigen Hydromorphieflächentypen

4.5.2.1 Ableitung Hydrodynamischer Grundtypen und Bildung Reliefunabhängiger Hydromorphieflächentypen

Für jeden Leitbodentyp wird der Hydrodynamische Grundtyp nach dem in Tab. 7 (S. 75) dargestellten Prinzip abgeleitet (vgl. Kap. 3.2.2). Anschließend werden unter der Annahme, dass alle Leitbodentypen mit dem gleichen Flächenanteil in einer Bodeneinheit vorkommen (vgl. Kap. 3.2.2), 14 Reliefunabhängige Hydromorphieflächentypen gebildet (s. Tab. 27). Der Vollständigkeit halber werden alle 72 Bodeneinheiten der Bodenübersichtskarte typisiert, weshalb Gewässer (ohne Meer), Abbaugebiete und Halden sowie Wattflächen einen Typen bilden.

Tab. 27 Auflistung und Erläuterung aller aus der Bodenübersichtskarte (BÜK1000) abgeleiteten Reliefunabhängigen Hydromorphieflächentypen (Flächenanteile beziehen sich auf Deutschland inkl. Wattflächen)

Typ-Nr.	Kurzbezeichnung	Erläuterung	Flächenanteil (%)
1	100% $AB_{natürlich}$	100% oberflächlicher Abfluss auf Felsflächen und im Bereich von Rohböden	0,1
2	100% $AB_{anthropo}$	100% oberflächlicher Abfluss im Bereich versiegelter Flächen	1,1

Fortsetzung Tab. 27:

Typ-Nr.	Kurz-bezeichnung	Erläuterung	Flächen-anteil (%)
3	100% GR	100% grundwasserbestimmte Bodenfeuchte- und Stoffdynamik	13,4
4	100% SI	100% sickerwassergeprägte Bodenfeuchte- und Stoffdynamik	43,0
5	100% SIGR	100% grundwasserbestimmte Bodenfeuchte- und Stoffdynamik im Unterboden bei sickerwassergeprägter Bodenfeuchte- und Stoffdynamik im Oberboden	0,2
6	100% SIST	100% stauwassergeprägte Bodenfeuchte- und Stoffdynamik im Unterboden bei sickerwassergeprägter Bodenfeuchte- und Stoffdynamik im Oberboden	0,7
7	100% ST	100% stauwassergeprägte Bodenfeuchte- und Stoffdynamik	6,5
8	100% STGR	100% grundwasserbestimmte Bodenfeuchte- und Stoffdynamik im Unterboden bei stauwassergeprägter Bodenfeuchte- und Stoffdynamik im Oberboden	0,8
9	50% SI, 50% GR	50% sickerwassergeprägte, 50% grundwasserbestimmte Bodenfeuchte- und Stoffdynamik	4,1
10	50% SI, 50% ST	50% sickerwassergeprägte, 50% stauwassergeprägte Bodenfeuchte- und Stoffdynamik	6,1
11	66% SI, 34% ST	66% sickerwassergeprägte, 34% stauwassergeprägte Bodenfeuchte- und Stoffdynamik	14,8
12	83% SI, 17% GR	83% sickerwassergeprägte, 17% grundwasserbestimmte Bodenfeuchte- und Stoffdynamik	1,3
13	75-83% SI, 17-25% ST	75-83% sickerwassergeprägte, 17-25% stauwassergeprägte Bodenfeuchte- und Stoffdynamik	4,0
14	50% STGR, 50% ST	50% grundwasserbestimmte Bodenfeuchte- und Stoffdynamik im Unterboden bei stauwasserbestimmter im Oberboden, 50% stauwassergeprägte Bodenfeuchte- und Stoffdynamik	0,8
15	67% SI, 20% ST, 13% GR	67% sickerwassergeprägte, 20% stauwassergeprägte, 13% grundwasserbestimmte Bodenfeuchte- und Stoffdynamik	0,9
16	-	Gewässer (ohne Meer)	0,8
17	-	Abbaugebiete, Halden	0,5
18	-	Watt	0,8

Eine Tabelle, die jeder Bodeneinheit einen Reliefunabhängigen Hydromorphieflächentyp zuordnet, befindet sich im Anhang 4. Die räumliche Verbreitung der Typen zeigt Karte 11.

4.5.2.2 Ableitung Reliefabhängiger Hydromorphieflächentypen

Die Reliefunabhängigen Hydromorphieflächentypen werden im Folgenden durch Abschätzung potenzieller lateraler Bodenwasserflüsse differenziert (vgl. Kap. 3.2.2). Die Differenzierung erfolgt über Areale, die eine interflowfördernde Deckschicht aufweisen und im Bereich von Kopplungstypen liegen, in denen Geländeneigungen größer 2° vorherrschen.

Zunächst werden 40 Bodeneinheiten[64] der BÜK1000 als Einheiten charakterisiert, die eine Bodenartenschichtung aufweisen und – entsprechende Geländeneigungen vorausgesetzt – eine Ablenkung des Sickerwassers in lateraler Richtung begünstigen. Dies sind vor allem Bodeneinheiten, die im Mittelgebirge vorkommen, denn dort treten Interflow begünstigende, periglaziale Deckschichten ubiquitär auf (Völkel et al. 2002, S. 103). In diesen Bereichen bilden vor allem *„Umlagerungsprodukte"*, *„Verwitterungsprodukte"* oder *„Hangschutt"* das Ausgangssubstrat der Bodeneinheiten (vgl. Anhang 1, CD-ROM). Bei Liedtke (2003, S. 66) sind Mittelgebirgsbereiche > 500 m über NN als Periglazialgebiete mit *„vorwiegend steinreichen, oft mehrgliedrigen Schuttdecken oder Deckschutt"* ausgewiesen. Die Untersuchungen von Braukämper (1990) zur Ausbildung periglazialer Deckschichten in Deutschland bestätigen die regionale Verbreitung und die interflowbegünstigenden Eigenschaften selbst in Bereichen von Deckschichten über wasserdurchlässigen Gesteinen (Deckschichten auf Kalkstein). Die niedrigeren Mittelgebirge, die Altmoränenlandschaften sowie das eisfreie Alpenvorland sind bei Liedtke (2003) als *„tiefer gelegenes reliefärmeres Periglazialgebiet mit Geschiebedecksand, Ablualsedimenten und Solifluktionsdecken"* ausgewiesen. Dort haben sich Böden zum großen Teil in geschichteten Ausgangssubstraten unterschiedlicher Bodenart entwickelt (z. B. Geschiebelehm über Geschiebemergel).

In Karte 12 sind all die Areale dargestellt, die von Bodeneinheiten mit einer Bodenartenschichtung eingenommen werden. Diese werden in einem weiteren Schritt auf solche Bereiche reduziert, die vorwiegend Geländeneigungen größer als 2° aufweisen. Dazu werden die Areale der Kopplungstypen C bis K[65] herangezogen (vgl. Karte 10). Diese Areale decken sich nahezu vollständig mit denen, die eine Bodenartenschichtung aufweisen, was die Bindung von Böden mit Bodenartenschichtung an bewegteres Relief betont. Abweichungen ergeben sich vor allem in den flachwelligen und hügeligen Bereichen in der Mitte und im Norden Deutschlands. Über Abfragen in ArcInfo werden solche Areale gekennzeichnet, die sowohl durch eine Bodenartenschichtung gekennzeichnet sind als auch im Bereich der Kopplungstypen C bis K liegen (Karte 13). Somit können 60,3% der Fläche Deutschlands als Bereiche erhöhter Wahrscheinlichkeit des Auftretens lateraler Bodenwasserflüsse gekennzeichnet werden.

---

[64] Bodeneinheiten der BÜK1000 (Erläuterung dieser sowie aller Bodeneinheiten: vgl. Anhang 1, CD-ROM): 15, 18, 19, 20, 21, 22, 23, 24, 25, 28, 29, 30, 38, 40, 41, 42, 43, 44, 46, 47, 48, 49, 50, 51, 52, 53, 55, 56, 57, 58, 59, 60, 61, 62, 63, 64, 65, 66, 67, 68

[65] Obwohl vegetationslose Hochgebirgsbereiche ausgenommen werden müssten, da dort der Oberflächenabfluss bzw. intensive vertikale Wasserflüsse im Bereich von klüftigem Gestein vorherrschen (vgl. Baumgartner & Liebscher 1996, S. 527), werden sie in diesem Zusammenhang berücksichtigt. Ein Nichtberücksichtigen würde auf ein Vorherrschen vertikaler Wasserflüsse schließen.

Die Reliefunabhängigen können in Reliefabhängige Hydromorphieflächentypen differenziert werden, indem die Karten 11 und 13 kombiniert werden. Hydromorphieflächentypen, deren Areale vollständig oder teilweise im Bereich Interflow fördernder Gegebenheiten liegen sind wie folgt zu modifizieren: Aus den Hydrodynamischen Grundtypen Sickerwasser- bzw. Stauwassertyp werden Hangwasser- bzw. Hangnässetypen. Insgesamt lassen sich 26 **Reliefabhängige Hydromorphieflächentypen** unterscheiden (s. Tab. 28).

Tab. 28   Reliefabhängige Hydromorphieflächentypen (Flächenanteile beziehen sich auf Deutschland inkl. Wattflächen)

Typ-Nr.	Kurzbezeichnung	Prägung der Bodenfeuchte- und Stoffdynamik und die vorherrschende Richtung der Bodenwasserflüsse	Flächenanteil (%)
1	100% AB$_{natürlich}$	Oberflächenabfluss herrscht vor, kein Boden vorhanden, vor allem Einfluss auf Stoffdynamik durch Erosion	0,1
2	100% AB$_{anthropo}$	Oberflächenabfluss herrscht auf versiegelten Flächen vor; Wasser wird in Kanalisation konzentriert und abgeleitet	1,1
3	100% GR	grundwasserbestimmte Bodenfeuchte- und Stoffdynamik, laterale Bodenwasser- und Stoffflüsse	13,4
4	100% SI	sickerwassergeprägte Bodenfeuchte- und Stoffdynamik; vor allem vertikale Bodenwasser- und Stoffflüsse	13,6
5	100% SIGR	sickerwassergeprägte Bodenfeuchte- und Stoffdynamik im Oberboden, grundwasserbestimmte im Unterboden; im Oberboden herrschen vertikale Bodenwasser- und Stoffflüsse vor, im Unterboden laterale	0,2
6	100% SIST	sickerwassergeprägte Bodenfeuchte- und Stoffdynamik im Oberboden, stauwasserbestimmte im Unterboden; vor allem vertikale Bodenwasser- und Stoffflüsse	0,3
7	100% ST	stauwassergeprägte Bodenfeuchte- und Stoffdynamik; vor allem vertikale Bodenwasser- und Stoffflüsse	2,1
8	100% STGR	stauwassergeprägte Bodenfeuchte- und Stoffdynamik im Oberboden, grundwasserbestimmte im Unterboden; im Oberboden herrschen vertikale Bodenwasser- und Stoffflüsse vor, im Unterboden laterale	0,8
9	50% SI, 50% GR	sickerwassergeprägte oder grundwasserbestimmte Bodenfeuchte- und Stoffdynamik; vertikale Bodenwasser- und Stoffflüsse oder laterale im grundwassergesättigten Bereich	4,1
10	50% SI, 50% ST	sickerwasser- oder stauwassergeprägte Bodenfeuchte- und Stoffdynamik; vorwiegend vertikale Bodenwasser- und Stoffflüsse	0,6
11	66% SI, 34% ST	vorwiegend sickerwassergeprägte Bodenfeuchte- und Stoffdynamik, untergeordnet stauwassergeprägte; vorwiegend vertikale Bodenwasser- und Stoffflüsse	0,3
12	83% SI, 17% GR	vorwiegend sickerwassergeprägte Bodenfeuchte- und Stoffdynamik, untergeordnet grundwasserbestimmte; vorwiegend vertikale Bodenwasser- und Stoffflüsse, im grundwassergeprägten Bereich laterale	1,3

Fortsetzung Tab. 28:

Typ-Nr.	Kurzbe-zeichnung	Prägung der Bodenfeuchte- und Stoffdynamik und die vorherrschende Richtung der Bodenwasserflüsse	Flächen-anteil (%)
13	75-83% SI, 17-25% ST	vorwiegend sickerwassergeprägte Bodenfeuchte- und Stoffdynamik, untergeordnet stauwassergeprägte; vorwiegend vertikale Bodenwasser- und Stoffflüsse	<0,01
14	50% STGR, 50% ST	stauwassergeprägte Bodenfeuchte- und Stoffdynamik im Oberboden, grundwassergeprägte im Unterboden oder stauwassergeprägte Bodenfeuchte- und Stoffdynamik; vorwiegend vertikale Bodenwasser- und Stoffflüsse, im grundwassergesättigten Bereich laterale	0,3
15	67% SI, 20% ST, 13% GR	vorwiegend sickerwassergeprägte Bodenfeuchte- und Stoffdynamik, untergeordnet stauwassergeprägte und grundwasserbestimmte; vorwiegend vertikale Bodenwasser- und Stoffflüsse, im grundwassergesättigten Bereich laterale	<0,01
16	100% HW	hangwassergeprägte Bodenfeuchte- und Stoffdynamik; laterale Bodenwasser- und Stoffflüsse möglich, Flächen können lateralen Wasserzu-/-abfluss aufweisen	29,4
17	100% HWHN	hangwassergeprägte Bodenfeuchte- und Stoffdynamik im Oberboden, hangnässegeprägte im Unterboden; laterale Bodenwasser- und Stoffflüsse möglich, Flächen können lateralen Wasserzu-/-abfluss aufweisen	0,4
18	100% HN	hangnässegeprägte Bodenfeuchte- und Stoffdynamik; laterale Bodenwasser- und Stoffflüsse möglich, Flächen können lateralen Wasserzu-/-abfluss aufweisen	4,5
19	50% HW, 50% HN	hangwasser- und hangnässegeprägte Bodenfeuchte- und Stoffdynamik; laterale Bodenwasser- und Stoffflüsse möglich, Flächen können lateralen Wasserzu-/-abfluss aufweisen	5,5
20	66% HW, 34% HN	vorwiegend hangwassergeprägte Bodenfeuchte- und Stoffdynamik, untergeordnet hangnässegeprägte; laterale Bodenwasser- und Stoffflüsse möglich, Flächen können lateralen Wasserzu-/-abfluss aufweisen	14,5
21	75-83% HW, 17-25% HN	vorwiegend hangwassergeprägte Bodenfeuchte- und Stoffdynamik, untergeordnet hangnässegeprägte; laterale Bodenwasser- und Stoffflüsse möglich, Flächen können lateralen Wasserzu-/-abfluss aufweisen	4,0
22	50% STGR, 50% HN	stauwassergeprägte Bodenfeuchte- und Stoffdynamik im Oberboden, grundwassergeprägte im Unterboden oder hangnässegeprägte Bodenfeuchte- und Stoffdynamik; laterale Bodenwasser- und Stoffflüsse möglich, Flächen können lateralen Wasserzu-/-abfluss aufweisen, im grundwassergesättigten Bereich herrschen laterale Bodenwasser- und Stoffflüsse vor	0,6
23	67% HW, 20% HN, 13% GR	vorwiegend hangwassergeprägte Bodenfeuchte- und Stoffdynamik, untergeordnet hangnässegeprägte und grundwasserbestimmte; laterale Bodenwasser- und Stoffflüsse möglich, Flächen können lateralen Wasserzu-/-abfluss aufweisen, im grundwassergesättigten Bereich herrschen laterale Bodenwasser- und Stoffflüsse vor	0,9
24	Gewässer	-	0,8
25	Abbaugebiete, Halden	-	0,5
26	Watt	-	0,8

10 der Reliefabhängigen Hydromorphieflächentypen nehmen jeweils mehr als 1% der Fläche Deutschlands (einschließlich Watt) ein (Abb. 31). Den größten Flächenanteil mit 29,4% nehmen die Areale des hangwassergeprägten Reliefabhängigen Hydromorphieflächentyps ein (Typ 16). Diese kommen vor allem in Bereichen der Grundgebirge vor (vgl. Karte 14). Mit 14,5% folgt Typ 20, der sich zu 66% durch hangwassergeprägte und zu 34% durch hangnässegeprägte Bodenfeuchte- und Stoffdynamik auszeichnet und vor allem im Bereich der Kölner Bucht, des Haarstrangs, des Weserberglandes sowie im Bereich der Mainfränkischen Gäue zu finden ist. 13,4% der Böden Deutschlands sind zu 100% grundwasserbestimmt. Große Bereiche werden in Norddeutschland im Bereich der Elbe- und Emsauen, der ehemaligen Urstromtäler und den Marschgebieten eingenommen. In Süddeutschland finden sich größere Flächen im Oberrheingraben und im Alpenvorland.

Die regionale Verbreitung aller Reliefabhängigen Hydromorphieflächentypen sind Karte 14 zu entnehmen.

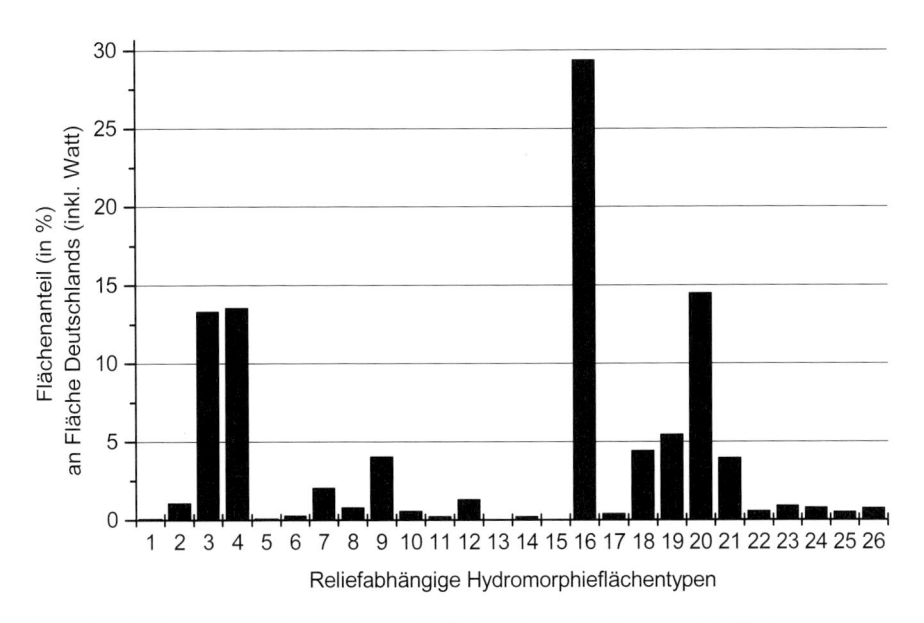

Abb. 31 Flächenanteile (in %) der Reliefabhängigen Hydromorphieflächentypen an der Fläche Deutschlands (inkl. Watt)

4.5.3 Modelleingangsgröße „Typ der Stoffhaushaltsbeeinflussung"

Qualitativ werden 13 Typen der Art und Intensität der Stoffhaushaltsbeeinflussung definiert und den 35 in der Bundesrepublik vorkommenden Bodenbedeckungsarten auf Grundlage der Daten zur Bodenbedeckung (Statistisches

Bundesamt 1997) zugeordnet (Tab. 29). Die Definition der Typen orientiert sich an den vorgeschlagenen Typen von Zepp (1999, S. 454f) (vgl. Kap. 3.1.1.2, S. 57ff) sowie an den auf Deutschland bezogenen Raumtypen von Glawion (2002, S. 302-303) (vgl. Kap. 3.2.3). Abweichungen zu Glawion ergeben sich durch eine geringere Differenzierung (z. B. wird hier nur zwischen Nadelwald und Laub- und Mischwald unterschieden). Erläuterungen der Bodenbedeckungsarten finden sich im Anhang 2 (CD-ROM).

Tab. 29   Typen der Stoffhaushaltsbeeinflussung für Deutschland (Flächenanteile beziehen sich auf die Fläche Deutschlands inkl. Wattflächen)

Typ-Nr.	Beschreibung des Typs der Stoffhaushaltsbeeinflussung	Bodenbedeckungsart oder Gruppen mit Angabe der Nummer der Bodenbedeckungsart (Erläuterungen s. Anhang 2, CD-ROM)	Flächenanteil (%)
1	diffuse anthropogene Einträge über Meerwasser, keine Entnahmen	Salzwiesen: 4.2.1	0,04
2	keine direkten anthropogenen Einträge, keine Entnahmen	Strauch- u. Krautvegetation: 3.2.1, 3.2.2, 3.2.4 Offene Flächen ohne/mit geringer Vegetation: 3.3.1, 3.3.2, 3.3.3 Dauerschneegebiete: 3.3.5	1,1
3	z.T. Abtorfung, z.T. landwirtschaftliche Nutzung	Feuchtflächen im Landesinneren: 4.1.1, 4.1.2 (Sümpfe und Torfmoore)	0,4
4	keine bis geringe direkten anthropogenen Einträge, keine bis geringe periodische Entnahmen	Laub- und Mischwald: 3.1.1, 3.1.3	12,9
5	geringe bis mäßige direkte anthropogene Einträge, geringe bis mäßige periodische Entnahmen	Nadelwald: 3.1.2	15,9
6	regelmäßige direkte, mäßig starke quasinatürliche (Viehexkremente) und/oder anthropogene Einträge bei regelmäßigen Entnahmen	intensiv genutztes Grünland: 2.3.1	11,9
7	regelmäßige direkte, starke quasinatürliche oder künstliche Einträge bei regelmäßigen Entnahmen	Ackerflächen: 2.1.1 Dauerkulturen: 2.2.1, 2.2.2 Heterogene landwirtschaftliche Flächen: 2.4.2, 2.4.3	49,1
8	regelmäßige diffuse, mäßig starke anthropogene Einträge über die Luft, keine Entnahmen	Städtisch geprägte Flächen: 1.1.1, 1.1.2 Industrie-, Gewerbe- und Verkehrsflächen: 1.2.1, 1.2.2, 1.2.3, 1.2.4 Grünflächen: 1.4.1, 1.4.2	6,6

Fortsetzung Tab. 29:

Typ-Nr.	Beschreibung des Typs der Stoffhaushaltsbeeinflussung	Bodenbedeckungsart oder Gruppen mit Angabe der Nummer der Bodenbedeckungsart (Erläuterungen s. Anhang 2, CD-ROM)	Flächenanteil (%)
9	unbedeutende anthropogene Einträge, aktuelle oder frühere regelmäßige direkte Entnahmen großer Volumina mit tiefgreifenden Veränderungen in der Landschaft	Abbauflächen: 1.3.1	0,3
10	regelmäßige aktuelle oder frühere Einträge/Aufträge großer Feststoffvolumina mit nachhaltiger Veränderungen der Landschaft	Deponien, Abraumhalden: 1.3.2	0,04
11	mittel- bis kurzweilige Veränderungen in der Landschaft durch Eintrag, Umschichtung und Entnahme von Feststoffen	Baustellen: 1.3.3	0,02
12	Einträge durch Meerwasser	Watt: 4.2.3	0,8
13	Einträge über Niederschlagswasser, Grundwasser und Fließgewässer, Zufluss aus Kanälen: geringe bis starke anthropogene Beeinflussung	Wasserflächen (ohne Meer): 5.1.1, 5.1.2	0,9

Die Typen der Stoffhaushaltsbeeinflussung bilden im Vergleich mit den Reliefabhängigen Hydromorphieflächentypen und den Kopplungstypen die meisten Areale mit der kleinsten durchschnittlichen Flächengröße.

Der größte Teil der Fläche Deutschlands (61%) wird in Bereichen landwirtschaftlicher Nutzung stark durch direkte quasinatürliche oder künstliche Einträge und Entnahmen anthropogen beeinflusst (Typen 6 und 7). Vor allem der Norden Deutschlands zeichnet sich überwiegend durch stark beeinflusste Flächen aus (vgl. Karte 15). Nach Süden hin dominieren die Flächen, die sich durch keine bis geringe direkte anthropogene Einträge auszeichnen (Typen 1, 2, 3, 4, 5 und 12). Insgesamt nehmen diese einen Flächenanteil von 31,1% ein, wovon ein großer Teil waldbestanden ist (s. Tab. 29). 7% der Gesamtfläche Deutschlands nehmen städtisch geprägte Flächen ein (Typ 8). Neben großen Flächen in Ballungsräumen (z. B. Rhein-Ruhrgebiet, Berlin, Hamburg, München) verteilen sich viele kleine Siedlungsflächen unregelmäßig, mit unterschiedlichen Dichten über den Raum. Die Typen 9, 10 und 11 belegen jeweils sehr wenig Fläche (insgesamt 0,4%) ein, konzentrieren sich aber auf einzelne Regionen (z. B. Tagebau in der Kölner Bucht oder im Leipziger Süden, Kiesabbauflächen an großen Flüssen). Wasserflächen (ohne Meer) sind mit 0,9% an der Fläche vertreten (Typ 13).

Die Raummuster, die sich aus den Typen der Stoffhaushaltsbeeinflussung ergeben, sind zwar durch menschliches Handeln entstanden, orientieren sich aber dennoch häufig an naturgegebenen Strukturen. Diese Beobachtungen für Deutschland decken sich mit den Aussagen von Walz (1999a, S. 2): *„Die Landnutzungsstruktur ist als ein Ausdruck der naturräumlichen Vielfalt zu betrachten. In der Naturlandschaft bestimmen die abiotischen Voraussetzungen die Vielfalt der Oberflächenbedeckung. Dabei handelt es sich um den Wechsel zwischen verschiedenen Vegetationsgemeinschaften, die sich je nach standörtlichen Voraussetzungen wie Exposition, Hangneigung, Bodenart und -typ, Feuchtegrad usw. einstellen. In der traditionellen Kulturlandschaft war auch der Mensch mit seiner Wirtschaftsweise an diese Voraussetzungen gebunden. Das entstandene Nutzungsmuster widerspiegelt ganz direkt die vorgefundenen Voraussetzungen, da der Mensch versuchte, durch eine den jeweiligen Bedingungen bestmöglich angepaßte Nutzung einen möglichst hohen Ertrag zu erzielen."* Deshalb zeichnen vor allem ausgedehnte Waldgebiete und nahezu ausschließlich landwirtschaftlich genutzte Räume Höhenbereiche, Reliefbereiche und Bodeneigenschaften nach, die für die jeweiligen Nutzungen geeignet sind. Viele Gebiete sind durch eine starke Durchmischung verschiedener Nutzungen bzw. verschiedener Typen der Stoffhaushaltsbeeinflussung charakterisiert (z. B. Bergisches Land, Sauerland), die sich auf unterschiedliche lokale ökologische Standorteigenschaften oder gesellschaftlich-politische Ursachen[66] (Staatssystem, Erbrecht etc.) zurückführen lassen. Zwischen 1990 und 2000 zeigen erste Vergleiche zwischen den jeweiligen Daten der Bodenbedeckung, dass auf 12% der Fläche Deutschlands, insbesondere in den östlichen Bundesländern, Landnutzungsänderungen stattgefunden haben[67].

---

[66] Beispielsweise war vor 1991 ein Unterschied des Landnutzungsmusters westlich und östlich der innerdeutschen Grenze deutlich zu erkennen.

[67] Dabei spielen nach Kiefl et al. (2003) vor allem drei Prozesse eine Rolle: Rekultivierung von Braunkohletagebauen, wodurch u.a. der Anteil neuer Wasserflächen zugenommen hat, Aufforstung von Flächen (8000 ha), v.a. im Bereich von aufgegebenen militärischen Übungsplätzen und im Bereich von Tagebauflächen, sowie Zunahme der extensiv genutzten landwirtschaftlichen Flächen (Wechsel von Ackerflächen zu Grünlandflächen). Die bebaute Fläche hat insgesamt um 1800 ha zugenommen. Die mit der Urbanisierung verbundenen Änderungen (Zunahme der Siedlungs- und Gewerbeflächen in der Peripherie größerer Ortschaften) treten damit gegenüber den oben genannten in den Hintergrund.

4.6 BILDUNG VON PROZESSGEFÜGE-GRUNDTYPEN

Die Bildung von Prozessgefüge-Grundtypen geschieht durch die Kombination der Grids der typisierten Modelleingangsgrößen (Kopplungstyp, Hydromorphieflächentyp, Typ der Stoffhaushaltsbeeinflussung). Jede Kombinationsmöglichkeit bildet dabei einen Prozessgefüge-Grundtyp (Abb. 22).

Von maximal möglichen 11 x 26 x 13 = 3718 Prozessgefüge-Grundtypen werden 1199 automatisch generiert. Einzelne oder zusammenhängende Rasterzellen, die durch einen Grundtyp gebildet werden, bilden die Areale eines Grundtyps (Karte 16). Die 1199 Grundtypen bilden insgesamt 587 548 Areale, die unterschiedlich groß sind (maximal 89413 ha)[68], wobei die durchschnittliche Größe 60,7 ha beträgt. 55% der Areale weisen eine Flächengröße kleiner 10 ha auf und nehmen 2,8% der Fläche Deutschlands ein. Obwohl diese im kleinen Maßstab wenig Bedeutung haben, werden sie nicht gefiltert, weil sie häufig mit Arealen anderer Grundtypen vergesellschaftet sein und damit potenziell einen Prozessgefüge-Haupttyp bilden können (vgl. Kap. 3.2.4.2 und Kap. 4.7).

Die Prozessgefüge-Grundtypen halten vielfältige landschaftsökologische Informationen bereit (vgl. Kap. 3.2.4.1). Da in dieser Arbeit die Vergesellschaftung von Prozessgefüge-Grundtypen und nicht die Grundtypen selber im Mittelpunkt der Betrachtung steht, werden ihre Eigenschaften nicht im Einzelnen beschrieben. Über ein Baukastenprinzip wird jedoch jedem Prozessgefüge-Grundtyp ein Code zugeordnet, der sich aus den Typenbezeichnungen der einzelnen drei Modelleingangsgrößen zusammensetzt. An erster Stelle steht eine Ziffer für einen Reliefabhängigen Hydromorphieflächentyp, es folgt ein Buchstabe für einen Kopplungstyp und zuletzt eine Ziffer für einen Typ der Stoffhaushaltsbeeinflussung.

---

[68] Die Bildung unterschiedlich großer Areale ergibt sich durch die Verschneidung der von den Ausgangsgrößen gebildeten Areale: Fallen jeweils große Areale eines Kopplungstyps, eines Hydromorphieflächentyps und eines Stoffhaushaltstyps zusammen, ist das entstehende Prozessgefüge-Grundtypen-Areal entsprechend groß. Kleine Areale entstehen dort, wo sich auf auf kleinem Raum mindestens ein Modelleingangsgrößentyp in seiner Ausprägung ändert. Die Größe der entstehenden Areale ist von der räumlichen und inhaltlichen Schärfe der Grundlagendaten, deren Interpretation und den landschaftlichen Bedingungen abhängig. Durch die Verschneidung der Areale der Eingangsgrößen ergeben sich noch dazu Artefakte als Folge geometrischer Ungenauigkeiten: Z. B. sind die in der BÜK1000 abgegrenzten Siedlungsflächen nicht mit denen in den Daten zur Bodenbedeckung ausgewiesenen kongruent.

Tab. 30   Reihenfolge der Code-Zusammensetzung zur Kennzeichnung eines Prozessgefüge-Grundtyps

Code-Reihenfolge	Typnummer einer Modelleingangsgröße	Informationen aus
1	Reliefabhängiger Hydromorphieflächentyp	Tab. 28
2	Kopplungstyp	Tab. 26
3	Typ der Stoffhaushaltsbeeinflussung	Tab. 29

In Tab. 31 sind exemplarisch solche Prozessgefüge-Grundtypen vorgestellt, die jeweils einen Flächenanteil über 1% an der Fläche Deutschlands einnehmen.

Tab. 31   Prozessgefüge-Grundtypen, die mehr als 1 % der Fläche Deutschlands einnehmen

Nummer des Prozessgefüge-Grundtyps (vgl. Karte 16)	Code (reliefabhängiger Hydromorphieflächentyp – Kopplungstyp – Typ der Stoffhaushaltsbeeinflussung)	Flächenanteil (%)	Anzahl Areale	Durchschnittliche Arealgröße (in ha)	Maximale Arealgröße (in ha)	Anzahl Areale < 10 ha	Gesamtgrenzlänge (in km)
36	3-B-7	6,87	12665	194	62907	6340	92168
654	16-G-4	4,68	14834	113	80424	7972	87239
569	16-F-7	3,78	18310	74	19960	9725	80558
730	16-G-5	3,41	11543	105	89413	5917	63402
655	16-G-7	3,28	18556	63	40390	9498	79406
18	4-C-7	3,21	9205	124	36596	4860	49926
35	3-B-6	3,05	8764	124	29657	4008	54376
643	20-E-7	2,68	9170	104	19717	5057	46815
644	20-F-7	2,34	10543	79	8371	5431	48220
552	16-E-7	2,33	10290	81	13406	5586	44732
84	19-C-7	1,90	2730	248	39819	1520	21004
100	4-C-5	1,88	6205	108	30898	3208	30762
640	16-F-4	1,58	13857	41	6383	7994	42059
44	9-A-7	1,47	2554	205	26434	1333	17658
745	16-G-6	1,45	12194	42	11383	6342	45684
29	4-A-7	1,44	4891	105	17135	2566	23334
265	18-C-7	1,34	3137	152	11232	1674	19028
641	16-F-5	1,24	10554	42	5077	5900	33165

Fortsetzung Tab. 31:

Nummer des Prozessgefüge-Grundtyps (vgl. Karte 16)	Code (reliefabhängiger Hydromorphieflächentyp – Kopplungstyp – Typ der Stoffhaushaltsbeeinflussung)	Flächenanteil (%)	Anzahl Areale	Durchschnittliche Arealgröße (in ha)	Maximale Arealgröße (in ha)	Anzahl Areale < 10 ha	Gesamtgrenzlänge (in km)
82	3-B-8	1,16	8305	50	2782	3683	29634
647	20-C-7	1,15	2492	165	37743	1382	14161
19	4-D-7	1,12	5482	73	6306	2821	22656
649	20-D-7	1,07	5201	73	17003	2896	21308
427	16-C-7	1,05	2472	151	25106	1358	13226
719	20-G-7	1,04	6803	55	3556	3592	25034

Die in Tab. 31 aufgelisteten 24 Prozessgefüge-Grundtypen nehmen mit 7027 Arealen 54,4% der Fläche Deutschlands ein. Jeder dieser dominierenden Grundtypen wird nicht nur über den inhaltlichen Code beschrieben, sondern zusätzlich über ausgewählte raumbezogene Attribute wie Gesamtflächengröße und Gesamtgrenzlänge. Für die spätere Mosaikanalyse ist weniger die flächenhafte Dominanz eines Grundtyps bedeutend als vielmehr die jeweilige Gesamtgrenzlänge bzw. die dadurch möglichen rasterzellenbezogenen Kontaktmöglichkeiten (vgl. Kap. 3.2.4.2): Je länger die Gesamtgrenzlänge ist, um so mehr Möglichkeiten gibt es, dass Areale anderer Grundtypen angrenzen. Die Gesamtflächengröße lässt zwar einen Rückschluss auf die Gesamtgrenzlänge zu, entscheidend ist aber die Form und Anzahl der Areale, denn bei ähnlicher Gesamtflächengröße können sich die Gesamtgrenzlängen immens unterschieden (vgl. Nr. 730 und 29 in Tab. 31).

Die 24 Grundtypen zeichnen sich vor allem durch folgende Typen der Eingangsgrößen mit den größten Flächenanteilen in Deutschland aus:

- Reliefabhängige Hydromorphieflächentypen (s. Tab. 28):
- Typ 16 „100% HW"
- Typ 3 „100% GR",
- Typ 4 „100% SI" und
- Typ 20 „66% HW, 34% HN"

- Kopplungstypen (s. Tab. 26):
- Kopplungstyp A „ebenes Relief, Inzidenzgefüge, keine horizontale Kopplung"
- Kopplungstyp B „Infusions- und Intrakommunikationsgefüge, hohe Intensität horizontaler Kopplung über Grundwasserströme"

- Kopplungstyp C „welliges Relief, Inzidenzgefüge, sehr geringe Intensität horizontaler Kopplung"
- Kopplungstyp D „hügeliges Relief, Inzidenz-Hanggefüge, geringe bis mäßige Intensität horizontaler Kopplung"
- Kopplungstyp E „bergig-hügeliges Relief, Hanggefüge, mäßige Intensität horizontaler Kopplung"
- Kopplungstyp F „bergiges Relief, Hanggefüge, mittlere Intensität horizontaler Kopplung"
- Kopplungstyp G „bergiges Relief, Hanggefüge, hohe Intensität horizontaler Kopplung"

- Typen der Stoffhaushaltsbeeinflussung:
- Typ 4 „keine bis geringe direkte anthropogene Einträge, keine bis geringe periodische Entnahmen"
- Typ 5 „geringe bis mäßige direkte anthropogene Einträge, geringe bis periodische Entnahmen"
- Typ 6 „regelmäßige direkte, mäßig starke quasinatürliche und/oder anthropogene Einträge bei regelmäßigen Entnahmen"
- Typ 7 „regelmäßige direkte, starke quasinatürliche oder künstliche Einträge bei regelmäßigen Entnahmen".

Grundtypen zeichnen sich durch einen bestimmten Grad der Homogenität aus, der der durch die Ausprägungen der unterschiedlichen Modelleingangsgrößen Kopplungstypen, Reliefabhängige Hydromorphieflächentypen und Typen der Stoffhaushaltsbeeinflussung bestimmt wird. Jede Kombination bildet daher eine spezifische vertikale Landschaftsstruktur ab (vgl. Abb. 22).

4.7 MOSAIKANALYSE UND MOSAIKTYPBILDUNG AUF DER GRUNDLAGE VON PROZESSGEFÜGE-GRUNDTYP-AREALEN

4.7.1 *Inhaltlicher Ausschluss ausgewählter Prozessgefüge-Grundtypen von der Mosaikanalyse*

Inhaltlich ist es gerechtfertigt, ausgewählte Grundtypen von der Mosaikanalyse auszunehmen. Zum Einen sind das Grundtypen, die landschaftsökologisch eine hohe Bedeutung haben, wie Watt, Moore und Salzwiesen (z. B. wegen der Seltenheit ihres Auftretens oder wegen der mit ihnen verbundenen Artenspektren von Flora und Fauna), und ggf. nicht in ein Mosaik eingehen sollen. Zum Anderen werden Grundtypen ausgenommen, die ubiquitär vorkommen, wie Siedlungsflächen oder Gewässer. Siedlungsflächen zeigen ein eigenständiges, von den naturräumlichen Bedingungen nur sekundär beeinflusstes Prozessgefüge auf, gleiches gilt für Halden, Abbauflächen (Braunkohle, Kiesabbau etc.) und großräumige Baustellen (z. B. in Berlin). Würden beispielsweise Gewässer-Grundtypen in einen Mosaiktyp eingebunden (weil diese das Mosaik in einer gewässerreichen Region bestimmen), dann würden automatisch auch alle *nicht* in diesem Raum vorkommenden Wasserflächen durch diesen – nur für diese Region landschaftstypischen Mosaiktyp – beschrieben[69].

Daher werden die Grundtypen aus Karte 16 entfernt und in einem separaten Grid gespeichert, die in ihrer Kombination mindestens[70] eine der folgenden Bodenbedeckungsarten oder Flächennutzungen aufweisen:

- Siedlungen (Anzahl der Grundtypen: 169)
- Abbauflächen (Anzahl Grundtypen: 84)
- Halden (Anzahl Grundtypen: 96)
- Baustellen (Anzahl Grundtypen: 41)
- Watt (Anzahl Grundtypen: 30)
- Salzwiesen (Anzahl Grundtypen: 17)
- Moore (Anzahl Grundtypen: 83)
- Felsflächen (Anzahl Grundtypen: 18)
- Wasserflächen (Anzahl Grundtypen: 152)

Danach verbleiben nur noch 509 Grundtypen von den ursprünglich 1199 Grundtypen (Karte 17). Die hohe Zahl an Grundtypen, die von der Mosaikanalyse ausgenommen werden, ergibt sich dadurch, dass z. B. Siedlungen in unterschiedlichen Kopplungstypen-Arealen und unterschiedlichen Hydromorphieflächentyp-Arealen vorkommen. Die ausgenommenen Grundtypen decken 9,8% der Fläche Deutschlands ab (ohne Wattflächen) und werden später jeweils als eigenständiger Prozessgefüge-Haupttyp den mit Hilfe der Mosaikanalyse gebildeten Prozessgefüge-Haupttypen zugefügt (s. Kap. 4.8). Die verbleibenden, in die Mosaikanalyse eingehen Grundtypen nehmen 90,2% der Fläche Deutschlands ein. Das durch diese Grundtypen gebildete Grid wird im Folgenden als „Karte der Analyse-Grundtypen" bezeichnet.

Die 509 Grundtypen bilden 463 269 Areale mit einer durchschnittlichen Größe von 69 ha. Die Standardabweichung beträgt 498 ha. Die durchschnittliche Arealgröße ist damit (als Ergebnis der kleinsten gemeinsamen Geometrien) erwartungsgemäß kleiner als die der einzelnen Eingangsgrößen, die aus Karte 17 einzeln extrahiert wurden (Tab. 32).

---

[69] Jeder Grundtyp kann nur in einem Mosaiktyp vorkommen.
[70] Diese Mindestanforderung ergibt sich aus der unterschiedlichen räumlichen Auflösung der Grundlagendaten; so sind Siedlungsflächen in der BÜK1000 und in den Daten zur Bodenbedeckung ausgewiesen. So kann eine Rasterzelle über beide Datengrundlagen als Siedlung bestimmt sein oder aber durch nur eine der beiden.

Tab. 32 Statistische Kennzeichnung der Areale der in die Mosaikanalyse eingehenden Modellgrößen (jeweils Separation aus Karte 17) sowie der Analyse-Grundtypen (s. Karte 17)

Parameter	Kopplungstypen	Reliefabhängige Hydromorphieflächentypen	Typen der Stoffhaushaltsbeeinflussung	Prozessgefüge-Analyse-Grundtypen
Anzahl Areale	73 262	23 375	124 384	463 269
arithmetisches Mittel	439 ha	11 372 ha	259 ha	69 ha
Standardabweichung	6 648 ha	23 402 ha	16 840 ha	498 ha
maximale Arealgröße	614 356 ha	1 935 136 ha	5 549 700 ha	89 413 ha
50%-Quartil	6 ha	3 ha	30 ha	7 ha
90%-Quartil	283 ha	1.154 ha	226 ha	119 ha

Bei der Mosaikanalyse wird keine inhaltliche Hierarchisierung vorgenommen, so dass *jede* der Modelleingangsgrößen (Kopplungstypen, Reliefabhängige Hydromorphieflächentypen oder Typen der Stoffhaushaltsbeeinflussung) für die Abgrenzung eines Landschaftsgefüges verantwortlich sein kann. Dies ist vor allem deswegen bedeutsam, weil z. B. im Flachland Hydromorphieflächentypen bzw. Böden für die Abgrenzung von Mosaiktypen von großer Bedeutung sind, während im Mittelgebirge in erster Linie Kopplungstypen bzw. das Relief zur Abgrenzung beitragen. Somit wird unabhängig von einer vorgegebenen Randbedingung je nach Landschaftsraum das Grenzkriterium bzw. die grundlegende Eingangsgröße für die Mosaikbildung automatisch ermittelt. Klink (1973, S. 478) nennt Faktoren bzw. Faktorenkombinationen, die sich räumlich differenzierend auswirken, *„Dominanten"* (Dominanten eines Gefüges oder hauptsächlich modifizierende Merkmalskombinationen).

4.7.2   Programmentwicklung und Bildung von Mosaiktypen bei verschiedenen Schwellenwerten

Die Auszählung von Nachbarschaftskontakten zur Bildung von Mosaiktypen kann bei einer hohen inhaltlichen Auflösung und bei einem großen Untersuchungsgebiet nicht mehr manuell durchgeführt werden. Deshalb wurde im Rahmen dieser Arbeit das Programm MOSAIK entwickelt (Böcker 2003), das auf der Grundlage einer ASCII-Datei arbeitet, die aus dem Analyse-Grid erstellt wird (Karte 17).

Das Programm arbeitet in folgender Weise:

1. Die zeilenweise eingelesene ASCII-Datei wird Eintrag für Eintrag (jeder Eintrag entspricht dem Grundtyp einer Zelle) durchgegangen und jeder Grundtyp registriert. Aus allen Grundtypen wird eine Matrix gebildet.
2. In dieser Matrix werden für jedes Grundtyppaar sukzessiv die Kontakte aufsummiert, die sich über die Nachbarschaftsanalyse ergeben. Nachbarschaftskontakte werden nach der Double-count-Methode im Moving-Window-Verfahren ausgezählt (vgl. Kap. 3.2.4.2). Nodata-Werte[71] werden nicht mitgezählt (MOSAIK lässt diese Option zu).
3. Nachdem alle Kontakte ausgezählt worden sind, werden für jeden Grundtyp die Gesamtkontakte berechnet. Zuvor besteht die Option, ob die Kontakte eines Grundtyps zu sich selbst (Autokontakte) berücksichtigt werden sollen. In diesem Fall spiegelt die Konfinität indirekt die Flächengröße der Areale wider. Werden dagegen nur die Kontakte zu anderen Grundtypen betrachtet, entspricht die Konfinität der auf Basis von Grenzlängen berechneten (vgl. Kap. 3.2.4.2). Letztere Option wird hier gewählt.
4. Anschließend wird für jedes Grundtyppaar die beiderseitige Konfinität berechnet. Der Wert der beiderseitigen Konfinität ersetzt dann in der Matrix die Kontaktzahlen eines Grundtyppaares, so dass eine Konfinitätsmatrix ausgegeben wird (Tab. 33).

Tab. 33 Ausschnitt aus einer Konfinitätsmatrix (ohne Berücksichtigung von Autokontakten)

	GT1	GT2	GT3	GT4	GT5	GT6	GT7	GT9	...
GT1		0,0601	0,00498	0,05016	0	0,07736	0,01379	0,01493	
GT2	0,0601		0,05063	0,00459	0,01818	0,15484	0	0	
GT3	0,00498	0,05063		0,01425	0,07407	0,01587	0,03419	0,03243	
GT4	0,05016	0,00459	0,01425		0,06644	0,01307	0,0352	0,06141	
GT5	0	0,01818	0,07407	0,06644		0,05096	0,01351	0,00926	
GT6	0,07736	0,15484	0,01587	0,01307	0,05096		0,02073	0,00766	
GT7	0,01379	0	0,03419	0,0352	0,01351	0,02073		0,05556	
GT9	0,01493	0	0,03243	0,06141	0,00926	0,00766	0,05556		
...									

5. In einem nächsten Schritt ist ein Konfinitätsschwellenwert anzugeben, dessen Überschreitung bedeutende Kontakte eines Grundtyppaares kennzeichnet. Alle Konfinitätswerte, die unter dem Schwellenwert liegen, wer-

---

[71] NODATA = -9999

den aus der Matrix gefiltert. Die Matrix wird anschließend in eine Liste umgewandelt, die zeilenweise jedem Grundtyp alle benachbarten Grundtypen nach absteigender Bedeutung (abnehmende Konfinität) zuordnet. Hierbei können auch Grundtypen vorkommen, die zu anderen Grundtypen keine bedeutende Nachbarschaft aufweisen. Hinter jedem Grundtyp steht in Klammern der entsprechende Konfinfitätswert.

GT1 ⇒ GT158 (0,08401); GT6 (0,07736); GT126 (0,06293); GT2 (0,0601); GT4 (0,05016)
GT2 ⇒ GT6 (0,15484); GT2 (0,14815); GT1 (0,0601); GT3 (0,05063)
GT3 ⇒ GT5 (0,07407); GT293 (0,06897); GT2 (0,05063)
GT4 ⇒ GT151 (0,08734); GT5 (0,06644); GT9 (0,06141); GT1 (0,05016)
GT5 ⇒ GT3 (0,07407); GT4 (0,06644); GT6 (0,05096)
GT6 ⇒ GT2 (0,15484); GT1 (0,07736); GT5 (0,05096)
GT7 ⇒ GT9 (0,05556); GT151 (0,05542)
GT9 ⇒ GT4 (0,06141); GT7 (0,05556)

6. Auf Grundlage dieser Liste werden disjunkte Grundtypabfolgen gebildet, d. h. ein Grundtyp kann nur in einer Abfolge vorkommen (vgl. Kap. 3.2.4.2): Aus jedem Grundtyp und seinem zugeordneten Grundtyp mit der höchsten Konfinität werden zunächst Grundttyppaare gebildet. Die Grundtypen, denen kein anderer Grundtyp zugeordnet werden konnte, bleiben allein stehen.

GT1; GT158
GT2; GT6
GT3; GT5
GT4; GT151
GT5; GT3
GT6; GT2
GT7; GT9
GT9; GT4

7. Im Anschluss an die Paarbildung werden Paare über gemeinsame Grundtypen sukzessiv zu disjunkten Mengen zusammengefasst (vgl. Kap. 3.2.4.2). Die gemeinsamen Grundtypen bilden somit die Durchschnittsmenge, die räumlich Übergänge oder Verknüpfungsareale darstellen kann. In dem Beispiel werden die folgenden Grundtypabfolgen gebildet:

GT1 - GT158
GT2 - GT6
GT3 - GT5
GT4 - GT151 - GT9 - GT7

Die entstehenden Grundtypabfolgen (= Mosaiktypen) werden je nach Anzahl der sie bildenden Grundtypen als Mono- oder Polytypen bezeichnet: Ein Monotyp wird aus einem Grundtyp gebildet, während sich ein Polytyp aus mindestens 2 Grundtypen zusammensetzt. Auch wenn ein Monotyp genau einem Grundtyp entspricht, wird dieser als Monotyp bezeichnet, um zu verdeutlichen, dass der Grundtyp eine Mosaikanalyse und eine Mosaiktypbildung durchlaufen hat.

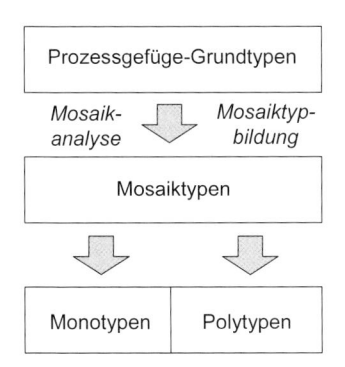

Abb. 32   Unterscheidung von Mosaiktypen in Mono- und Polytypen nach der Mosaiktypbildung

8. Die Poly- und Monotypen werden abschließend aufsteigend durchnummeriert und die Grundtypen in der ursprünglichen ASCII-Datei durch diese Nummer ersetzt (Reklassifikation). Die reklassifizierte Datei wird mit dem ASCIIGRID-Befehl (ArcInfo) oder über „Datenimport" in ArcView eingelesen und in ein Grid umgewandelt. Räumlich werden die Areale der in einem Polytyp zusammengefassten Grundtypen zu größeren Arealen verschmolzen, während Areale von Monotypen mit denen des entsprechenden Grundtyps identisch sind (vgl. Abb. 33).

Verfahren der Reklassifikation

1. Durchnummerierung der Grundtypabfolgen (= Mosaiktypen):

    <1> GT1 – GT58
    <2> GT2 – GT6
    <3> GT3 – GT5
    <4> GT4 – GT151 – GT9 – GT7

2. Reklassifzierung der Grundtypen: Nummer eines Grundtyps wird durch die Nummer des Mosaiktyps ersetzt, in dem der Grundtyp vorkommt. Aus dem Grundtypen-Grid (A) wird ein Mosaiktypen-Grid (B).

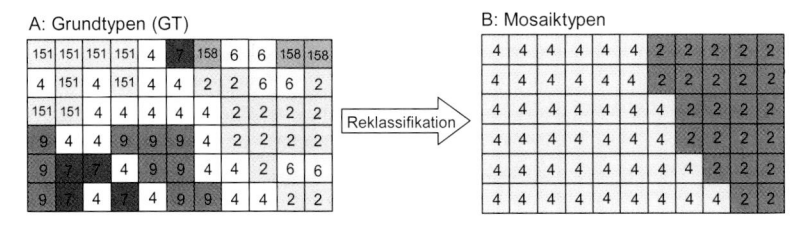

Abb. 33   Beispiel für die Reklassifikation von Grundtypen durch Nummern der gebildeten Mosaiktypen

Über eine **Sensitivitätsanalyse** wird nun getestet, wie sich die Mosaiktypen in Abhängigkeit unterschiedlicher Schwellenwerte in ihrer inhaltlichen Zusammensetzung und hinsichtlich ihrer räumlichen Ausprägung verändern (s. Kap. 4.7.3).

4.7.3 Vergleich der Ergebnisse der Mosaiktypbildungen (Sensitivitätsanalyse)

Um zunächst einen Überblick über die Ausprägung der Konfinitätswerte zu erhalten, wird in einem ersten Schritt der Schwellenwert auf 0 gesetzt, da bei diesem Schwellenwert Grundtypen maximal zusammengefasst werden. Auf Basis der Liste mit den sortierten Konfinitäten pro Grundtyp werden die Häufigkeiten der ranghöchsten Konfinitätswerte bestimmt (Tab. 34). Die Häufigkeiten zeigen (vgl. kumulierte Häufigkeiten, Anhang 5), dass bei einem Schwellenwert von 0,4 nur 3,3% aller **Grundtyppaare** (96,7%-Quantil) in die Mosaikbildung, bei Eingabe eines Schwellenwertes von 0,2 bereits 39,4% aller Grundtyppaare einbezogen werden. Je mehr Grundtyppaare in die Mosaikbildung eingehen, um so mehr Polytypen können gebildet werden.

Tab. 34 Anteil der Grundtyppaare mit unterschiedlichen ranghöchsten Konfinitätswerten

Konfinfitätswerte	Anteil Grundtyppaare
0 - 0,1	25,5%
> 0,1 – 0,2	35,1%
> 0,2 – 0,3	23,9%
> 0,3 – 0,4	12,2%
> 0,4 – 0,69495	3,3%

Deswegen werden in der weiteren Sensitivitätsanalyse folgende Schwellenwerte eingeben (Analyse ohne Nodata-Werte und ohne Autokontakte): 0,4/0,35/0,3/0,25/0,2/0,15/0,1/0,05/0. Die Mosaiktypen unterschieden sich in ihrer Zusammensetzung zwischen den Schwellenwerten 0,4 und 0 stark, so dass zur besseren Erfassung dieser Unterschiede 0,05-Intervalle gewählt werden.

Die erzeugten Dateien und Grids werden im Folgenden formal, inhaltlich und raumstrukturell verglichen, bevor die Festlegung auf einen Schwellenwert erfolgt, auf dessen Grundlage Prozessgefüge-Haupttypen gebildet werden.

Formale Zusammensetzung der Mosaiktypen bei unterschiedlichen Schwellenwerten

Mit kleiner werdendem Schwellenwert nimmt die Anzahl der Polytypen bis auf das Maximum von 129 bei einem Schwellenwert von 0 zu (Abb. 34), während die Anzahl der Monotypen – ebenso wie die Gesamtzahl der Mosaiktypen – abnimmt (vgl. Anhang 6). Beim Schwellenwert 0 treten keine Monotypen mehr auf, die Anzahl der Mosaiktypen entspricht der der Polytypen. Gravierende Änderungen der Häufigkeiten treten vor allem ab Schwellenwerten kleiner 0,4 auf. Der Schwellenwert 0,4 lässt sich diesbezüglich als kritisch bezeichnen.

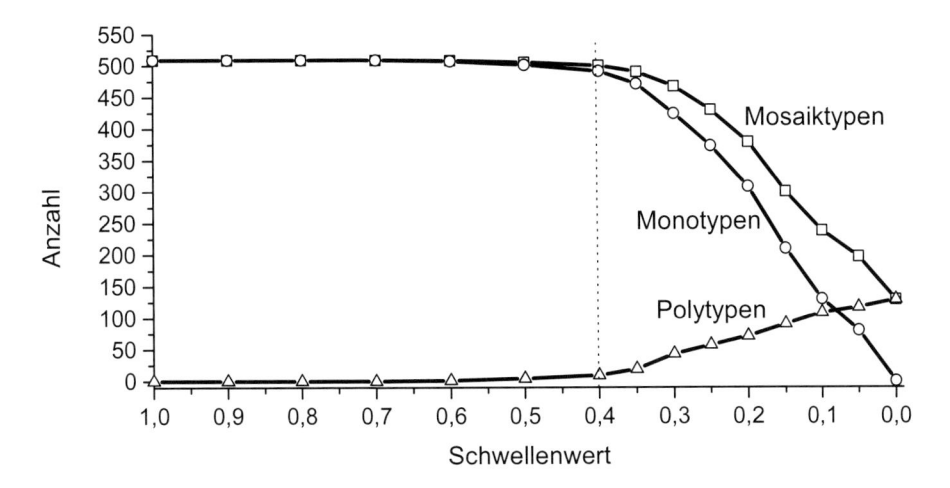

Abb. 34 Entwicklung der Anzahl von Mosaiktypen, Mono- und Polytypen bei verschiedenen Schwellenwerten

Die Polytypen setzen sich mit kleiner werdendem Schwellenwert häufiger aus einer größeren Anzahl von Grundtypen zusammen (Abb. 35). Dennoch treten Polytypen, die aus 2 Grundtypen bestehen, immer am häufigsten auf. Dies lässt sich dadurch erklären, dass die Zuordnung zweier am häufigsten benachbarter Grundtypen zumeist gegenseitig ist: Wenn B am häufigsten mit A auftritt, dann tritt oftmals auch A mit B am häufigsten auf, denn viele Grundtypen weisen keine starke räumliche Verteilung in unterschiedlichen Landschaftsräumen auf. Sie können daher nicht mit einer großen Anzahl anderer Grundtypen benachbart sein. Dementsprechend zeichnen sich Polytypen mit mehr als 2 Grundtypen vor allem dadurch aus, dass sie entweder räumlich miteinander stark durchsetzt vorkommen oder aber, dass ein Grundtyp in unterschiedlichen Regionen jeweils mit anderen Grundtypen häufig benachbart ist.

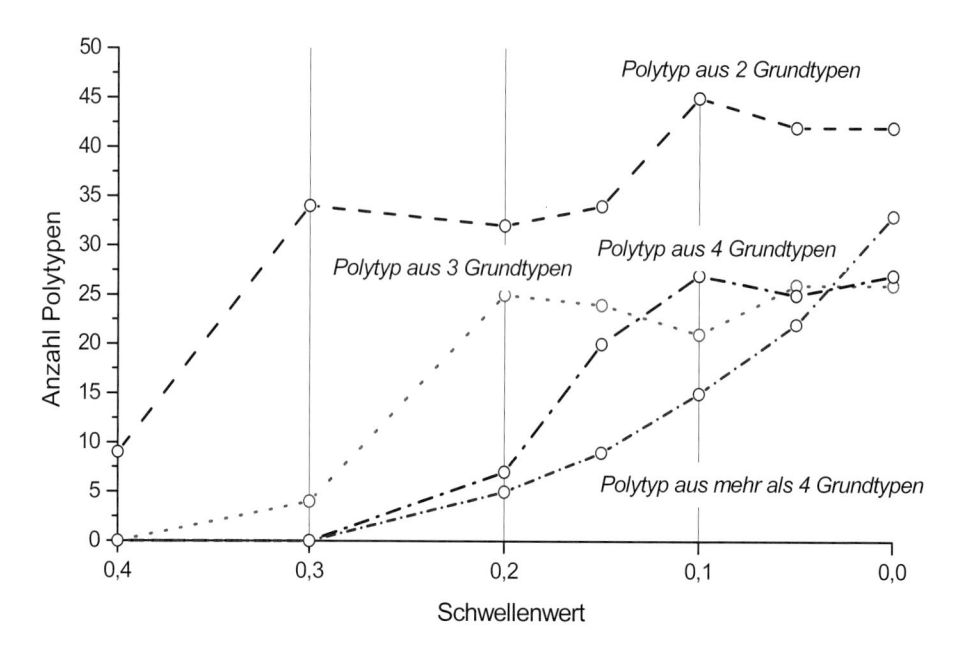

Abb. 35 Entwicklung der Häufigkeiten von Polytypen aus 2 bis 4 Grundtypen bei Schwellenwerten zwischen 0 und 0,4

Inhaltliche Zusammensetzung

Aufschluss über die inhaltliche Zusammensetzung der einzelnen Mosaiktypen geben **Dendrogramme**[72], die auf Grundlage der bei verschiedenen Schwellenwerten gebildeten Mosaiktypen manuell erstellt werden (vgl. Listen der Mosaiktypzusammensetzung, Anhang 7, CD-ROM). In dieser Arbeit werden Dendrogramme von den 78 Mosaiktypen ausgehend konstruiert, die bei Schwellenwert 0 gebildet werden und mindestens ein Areal einer Größe von 400 ha aufweisen (Anhang 8, CD-ROM). Durch das Hinzufügen des **inhaltlichen Codes** (Reliefabhängiger Hydromorphieflächentyp – Kopplungstyp – Typ der Stoffhaushaltsbeeinflussung) zu jedem Grundtyp (vgl. Kap. 4.6) können gleichzeitig inhaltliche Änderungen verfolgt werden. Zusätzlich ist zu jedem Grundtyp die Flächengröße angegeben, die die Areale des jeweiligen Grundtyps einnehmen. Die bei einem Schwellenwert von 0,1 mit gerissener Linie umrandeten Mosaiktypen entsprechen den späteren Prozessgefüge-Haupttypen (vgl. Kap. 4.8). Die Dendrogramme sind nach aufsteigenden Haupttypennummern sortiert. Ein Beispiel für ein solches Dendrogramm zeigt Abb. 36.

---

[72] Fasst man diese als Dendrogramme einer auf metrischen Daten basierenden Clusteranalyse auf, sind die Schwellenwerte mit Ähnlichkeits- oder Distanzmaßen vergleichbar.

```
                Mosaiktyp 5 (Schwellenwert 0),
                Prozessgefüge-Haupttyp 4 (6,33%)

                    ┌─────────────────┐
                    │ 18; 22; 100; 104│              0
                    └────────┬────────┘
                    ┌ ─ ─ ─ ─┴─ ─ ─ ─ ┐
                    │ 18; 22; 100; 104│              0,1
                    └ ─ ─ ─ ─┬─ ─ ─ ─ ┘
                ┌───────────┴───┐
         ┌──────┴──────┐      ┌─┴─┐
         │ 18; 22; 100 │      │104│                  0,2
         └──────┬──────┘      └─┬─┘
           ┌────┴────┐          │
        ┌──┴───┐  ┌──┴──┐       │
        │18;100│  │  22 │     ┌─┴─┐
        └──┬───┘  └──┬──┘     │104│                  0,3
     ┌─────┴───┐     │        └─┬─┘
  ┌──┴────┐ ┌──┴────┐│   ┌──────┴───┐
  │18: 4-C-7│100:4-C-5│22: 4-C-6│104: 4-C-4│         0,4
  │(1144614 ha)│(669633 ha)│(163738 ha)│(116591 ha)│
```

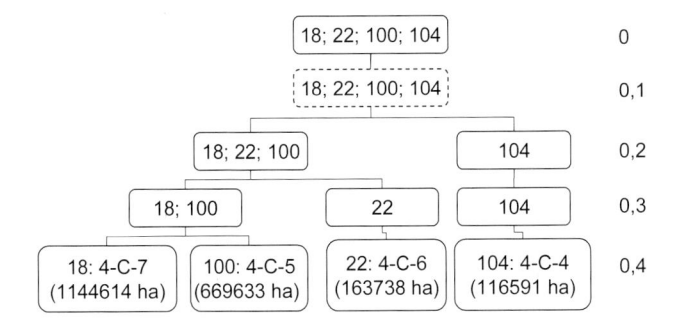

Abb. 36 Beispiel für ein Dendrogramm zur Darstellung der Zusammensetzung von Mosaiktypen über Prozessgefüge-Grundtypen

In einem Dendrogramm sind alle Informationen vorhanden, die zur Interpretation eines Mosaiktyps wichtig sind:

- Anzahl der Grundtypen in einem Mosaiktyp bei unterschiedlichen Schwellenwerten
- Informationen zur sukzessiven inhaltlichen Zusammensetzung der Mosaiktypen
- Angaben dazu, welche Grundtypen in einem Mosaiktyp bei hohen, welche bei niedrigen Schwellenwerten zusammengefasst werden: Grundtypen, die bei einem hohen Schwellenwert zusammengefasst werden, sind in Relation häufiger räumlich benachbart als Grundtypen, die bei einem niedrigen Schwellenwert zusammengefasst werden[73].

58 der 78 bei einem Schwellenwert von 0 gebildeten Mosaiktypen sind erst bei einem Schwellenwerten größer als 0,3 in Grundtypen aufgelöst, was für den hohen räumlichen Zusammenhang der Grundtypen spricht (gemeinsamen Kontakte machen 30% der Summe ihrer jeweiligen Gesamtgrenzkontakte aus).

Ein Vergleich der inhaltlichen Zusammensetzung der bei unterschiedlichen Schwellenwerten gebildeten Polytypen zeigt, dass die Typen der Stoffhaushaltsbeeinflussung immer stärkstes Heterogenitätskriterium sind, also als Dominante (vgl. S. 132) fungieren (Abb. 37). Die in einem Mosaiktyp vereinigten Grundtypen weisen dabei die gleiche Ausprägung eines Reliefabhängigen Hydromorphieflächentyps sowie die gleiche Ausprägung eines Kopplungstypen auf; sie unterscheiden sich allein in ihren Ausprägungen der Typen der Stoffhaushaltsbeeinflussung.

---

[73] Die relative Häufigkeit, mit der ein Grundtyp A neben einem Grundtyp B benachbart auftritt, ergibt sich aus dem Quotient aus der Kontaktzahl der Grundtypen AB und der Kontaktgesamtzahl des Grundtypen A.

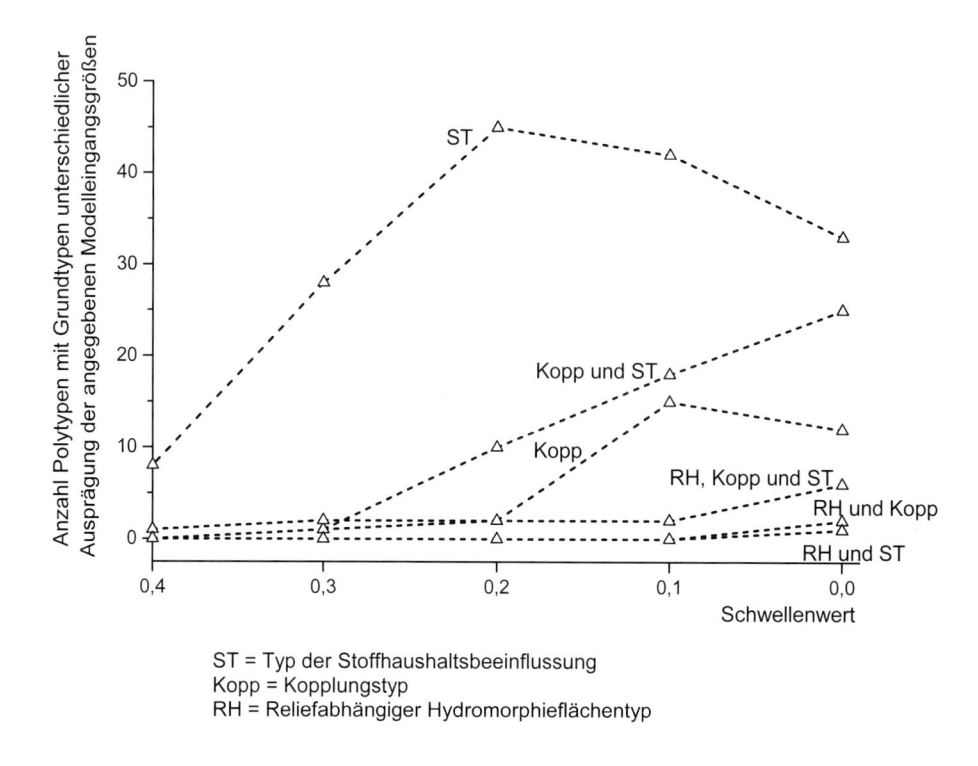

Abb. 37 Anzahl von Mosaiktypen bei unterschiedlichen Schwellenwerten, separiert nach Heterogenitätskriterien

Bei Schwellenwerten kleiner als 0,3 werden die Polytypen zusätzlich über unterschiedliche Kopplungstypen differenziert (kombiniertes Heterogenitätskriterium „Kopp und ST"). Gründe dafür sind die hohe räumliche Auflösung von Arealen der Typen der Stoffhaushaltsbeeinflussung und die räumliche Durchdringung von Arealen der Kopplungstypen. Bei kleiner werdenden Schwellenwerten treten dann Grundtypen mit anderen Inhalten hinzu, die die Heterogenitätskriterien entsprechend verändern: Bei Schwellenwerten kleiner als 0,2 nimmt die Anzahl der Polytypen zu, die sich allein durch unterschiedliche Kopplungstypen auszeichnen (Einzelheterogenitätskriterium „Kopp"). Dies ist in den Regionen der Fall, in denen sich die Areale der Kopplungstypen stark durchdringen, der Typ der Stoffhaushaltsbeeinflussung jedoch gleich bleibt (z. B. Nordostmecklenburgisches Flachland, Westteil der Insel Rügen, Regionen im Norddeutschen Flachland). Ab Schwellenwerten kleiner als 0,1 nimmt die Anzahl der Polytypen zu, die sich durch eine Kombination sehr unterschiedlicher Grundtypen verschiedener Ausprägungen der Kopplungstypen, der Typen der Stoffhaushaltsbeeinflussung und der Reliefabhängigen Hydromorphieflächentypen auszeichnen (kombiniertes Heterogenitätskriterium „RH, Kopp und ST"). Minimal ist der Anteil an Polytypen, der unterschiedliche Reliefabhängige Hydromorphieflächentypen und Kopplungstypen („RH und Kopp") oder Reliefabhängige Hydromorphieflächentypen und Typen der Stoffhaushaltsbeeinflussung („RH und ST") aufweist. Dies ist zum Ersten darin begründet, dass bei der Ableitung der Reliefabhängigen Hydromorphieflächentypen ein Teil der Kopplungstypen berücksichtigt werden (vgl. Kap. 4.5.1 und 4.5.2), wodurch einige Arealgrenzen identisch sind, und zum Zweiten, dass die Areale der Typen der Stoffhaushaltsbeeinflussung zum großen Teil kleiner ausgebildet sind als die der Reliefabhängigen Hydromorphieflächentypen und sich dadurch in diese räumlich einpassen.

Zusammenfassend kann bezüglich der inhaltlichen Zusammensetzung festgestellt werden:

1. Die Typen der Stoffhaushaltsbeeinflussung treten als stärkstes Heterogenitätskriterium hervor, weil die räumliche Auflösung der Daten hoch ist und die Bodenbedeckung und Flächennutzung im landschaftsökologischen Prozessgefüge stark differenzierende Merkmale sind, die kleinräumig häufig wechseln und auf diese Weise das Mosaik einer Landschaft maßgeblich bestimmen.

2. Welche Grundtypen zu einem Polytyp zusammengefasst werden, ist neben der Lage ihrer Areale auch davon abhängig, wie groß die einzelnen Areale ausgebildet sind, wie lang ihre Grenzen sind und in welcher Umgebung sie eingebettet sind (Patch-Matrix-Konzept). Die Umgebung (Matrix) wird durch ein Areal eines Merkmals vorgegeben, in die Areale (Patches) eines anderen Merkmals eingebettet sind. Das patchbildende Merkmale wirkt räumlich differenzierend. Welches Merkmal die Matrix und welches die Patches bildet, ist von den variierenden landschaftlichen Strukturen abhängig: Im Flachland erfolgt die Differenzierung eher über die Typen der Stoffhaushaltsbeeinflussung oder die prozessrichtungsdefinierten Hydromorphieflächentypen, während sie im Bereich der Mittelgebirge eher über die Kopplungstypen und die Typen der Stoffhaushaltsbeeinflussung geschieht.

3. Die Mosaiktypen unterscheiden sich je nach Schwellenwert in ihrer inhaltlichen Komplexität, wobei sie sich mit kleiner werdendem Schwellenwert komplexer zusammensetzen.

Landschaft, als komplexes System aus sich überlagernden natur- und kulturräumlichen (Landnutzung) Strukturen (vgl. Kap. 2.2), die miteinander über Prozesse verbunden sind, zeichnet sich durch eine Heterogenität aus, die sie als Komplex erfassbar macht. Deshalb ist in diesem Sinne eine Mindestanforderung an die Heterogenität einer Landschaft und damit an die eines Prozessgefüge-Haupttyps zu stellen: Zur Beschreibung und Abgrenzung landschaftsökologischer Prozessgefüge-Haupttypen werden deshalb die bei Schwellenwerten zwischen 0,3 und 0 gebildeten Polytypen herangezogen, die im Folgenden raumstrukturell verglichen werden.

Raumstruktureller Vergleich

Grundsätzlich steigt mit der Zunahme der Polytypen bei kleiner werdendem Schwellenwert der Flächenanteil an, den die Areale der Polytypen an der Analysefläche einnehmen (Abb. 38). Bei einem Schwellenwert von 0,1 wird nahezu die gesamte Analyse-Fläche von Polytypen eingenommen, bei einem Schwellenwert von 0,3 dagegen nur etwa 50%. Da der größte Teil Deutschlands über Polytypen gegliedert und beschrieben werden soll, ist das Kriterium der Komplexität (s. o.) beim Schwellenwert 0,1 für den überwiegenden Anteil der Fläche Deutschlands erfüllt.

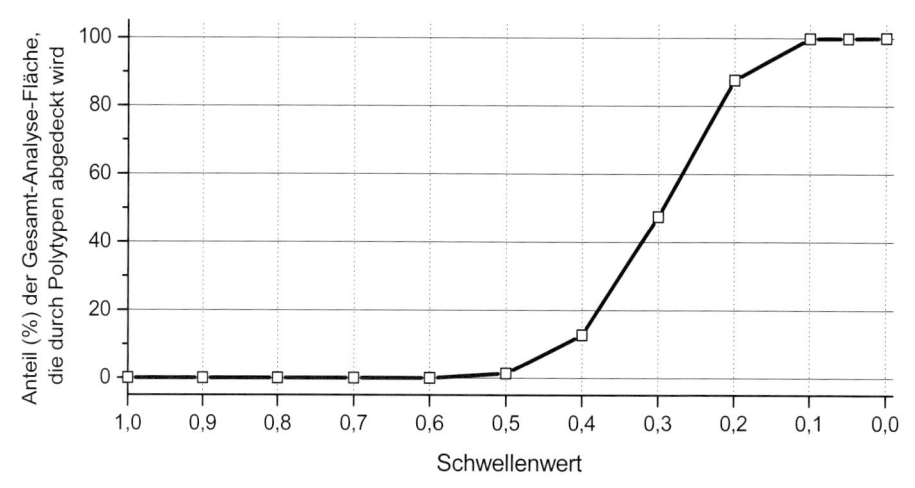

Abb. 38 Durch Areale von Polytypen bei Schwellenwerten zwischen 0 und 1 eingenommenen Anteile an der Analyse-Fläche

Das Areal eines Prozessgefüge-Haupttyps sollte möglichst räumlich zusammenhängend ausgebildet sein und damit wenig durch Areale anderer Haupttypen zergliedert sein (geringe Fragmentierung). Innenliegende Enklaven („Inseln") sind entweder als raum- und damit auch prozessgefügetypisch anzusehen und sollten dann vollständig integriert werden, so dass keine Enklaven mehr vorhanden sind. Enklaven können aber auch für ein von dem Prozessgefüge der Umgebung abgekapseltes Prozessgefüge stehen, das keinen typischen räumlichen und funktionellen Zusammenhang zu dem Prozessgefüge der umgebenden Landschaft aufweist (z. B. Siedlungen zur umgebenden Landschaft).

Die räumliche Zusammengehörigkeit eines Areals wird als raumstrukturelles Kriterium herangezogen. Um diese beurteilen zu können, wird pro Schwellenwert für jedes Areal der gebildeten Mosaiktypen gezählt, wie viel Areale anderer Mosaiktypen darin eingeschlossen sind (Inselareale)[74]. Inseln, die aus Nodata-Werten bestehen, werden mitgezählt[75]. Da ihre Anzahl jedoch aufgrund der gesetzten Randbedingungen (a-priori-Herausnahme bestimmter Grundtypen) bei allen Schwellenwerten konstant bleibt, können Vergleiche vorgenommen werden. Eine hohe Anzahl an Inselarealen bedeutet (unabhängig von der Größe der Inselareale) eine hohe interne Fragmentierung, eine geringe Anzahl dagegen eine geringe. Die Anzahl intern fragmentierter Areale (im Folgenden ist mit Fragmentierung immer die interne, durch Inselpolygone entstehende gemeint) nimmt ebenso wie die Gesamtarealanzahl mit kleiner werdendem Schwellenwert ab (jeweils ohne Nodata-Areale) (Abb. 39). Allein zwischen den Schwellenwerten 0,2 und 0,1 wird die Anzahl der fragmentierten Areale um 50% reduziert, bei Schwellenwerten kleiner als 0,1 nimmt die Anzahl dagegen nur noch minimal ab. Da die Abnahme der Anzahl fragmentierter Areale weniger stark abnimmt als die Gesamtarealanzahl, nimmt das prozentuale Verhältnis der fragmentierten zu allen Arealen zu (Abb. 39).

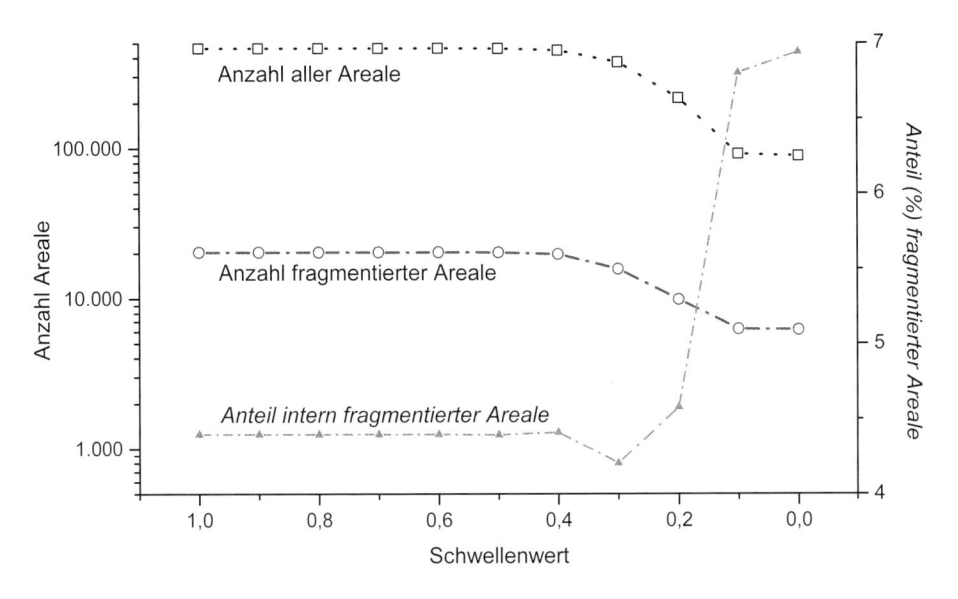

Abb. 39 Entwicklung der Gesamtanzahl aller sowie der fragmentierten Mosaiktypenareale bei unterschiedlichen Schwellenwerten

---

[74] Technisch muss für die Zählung von Inselarealen das Mosaiktypengrid in ein ArcInfo-Coverage umgewandelt werden (gridpoly-Befehl in ArcInfo). Darauf aufbauend werden Inselpolygone mit dem Befehl „countvertices" (in ArcInfo) gezählt.

[75] Der Befehl „countvertices" in ArcInfo lässt nicht zu, Inseln aus Nodata-Werten von der Zählung auszunehmen. Andere technische Versuche gelingen in ArcInfo aufgrund der Topologiestruktur nicht, denn die Grenze einer Nodata-Insel ist zugleich Grenze des umliegenden Polygons. In ArcView können Nodata-Polygone gelöscht, doch aufgrund der fehlenden Topologiestruktur keine Inselpolygone gezählt werden.

Damit verbunden ist die Entwicklung des Anteils der fragmentierten Areale an der Gesamtanalysefläche (Abb. 40): Dieser nimmt bis zu einem Schwellenwert von 0,15 stark zu, so dass bei einem Schwellenwert von 0,15 nahezu 100% der Analysefläche durch fragmentierte Mosaiktypenareale eingenommen werden. Dies ist damit zu erklären, dass durch die zunehmende Flächengröße der Areale immer mehr Areale anderer Mosaiktypen bzw. Nodata-Areale (a priori-Singularitäten und -Ubiquitäten, wie z. B. Siedlungsflächen oder Gewässer) umschlossen werden.

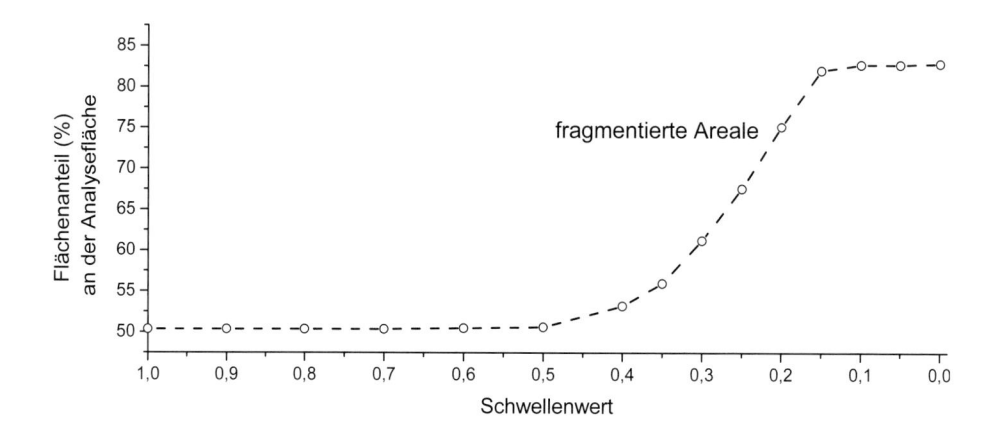

Abb. 40 Entwicklung der Anteile an der Analyse-Fläche, die durch fragmentierte Areale eingenommen werden

Obwohl es zunächst widersprüchlich erscheint, zeichnen sich die Areale ab einem Schwellenwert von 0,1 durch einen zunehmenden räumlichen Zusammenhang aus. Dies wird durch den Vergleich der Karten deutlich, die jeweils die Areale der bei einem bestimmten Schwellenwert gebildeten Mosaiktypen darstellen. Eine Auswahl der bei unterschiedlichen Schwellenwerten gebildeten Mosaiktyp-Karten befindet sich im ArcView-Projekt „Anhang9.apr" (Anhang 9, CD-ROM). An dieser Stelle dient dafür der Beispielraum „nördliches Nordrhein-Westfalen/Südniedersachsen", der die Westfälische Tieflandsbucht, die Kölner Bucht, das Weserbergland, das Bergische Land und das Sauerland umfasst, und in dem unterschiedliche morphologisch definierte Landschaftstypen vorkommen (Flachland, Hügelland, Mittelgebirge). In den Abbildungen 41 bis 44 sind die Entwicklung der Arealgrößen der Mosaiktypen in Abhängigkeit der Schwellenwerte sowie die Entwicklung der Häufigkeiten von Mono- und Polytypen zu erkennen. In Abb. 41 sind die Grundtypen dargestellt, in den Abbildungen 42 bis 44 die Mosaiktypen, die bei Schwellenwerten 0,2, 0,1 oder 0 gebildet wurden. Auf eine Legendendarstellung der in den Kartenausschnitten vorkommenden Mosaiktypen wird verzichtet.

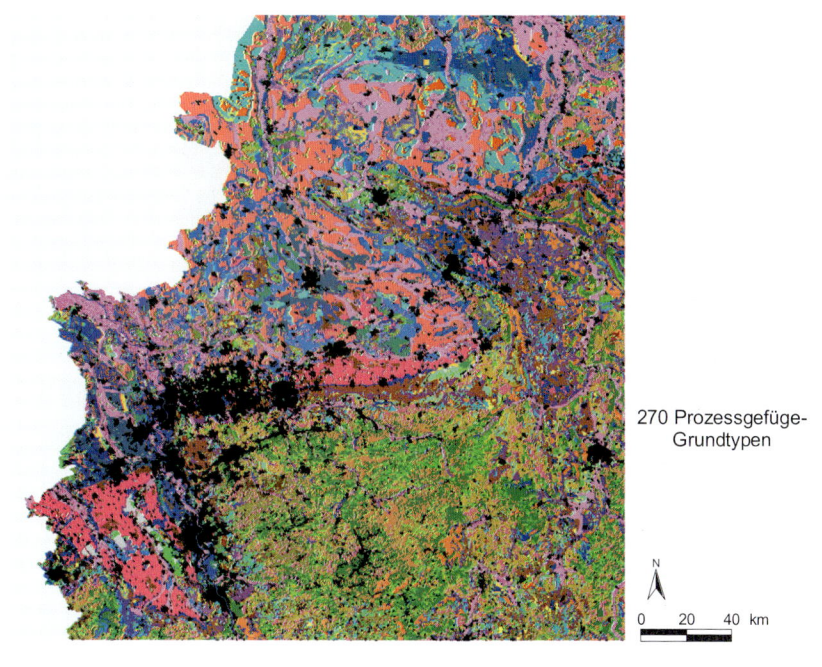

Abb. 41 Darstellung der Grundtypenareale im Beispielraum „nördliches Nordrhein-Westfalen/Südniedersachsen"

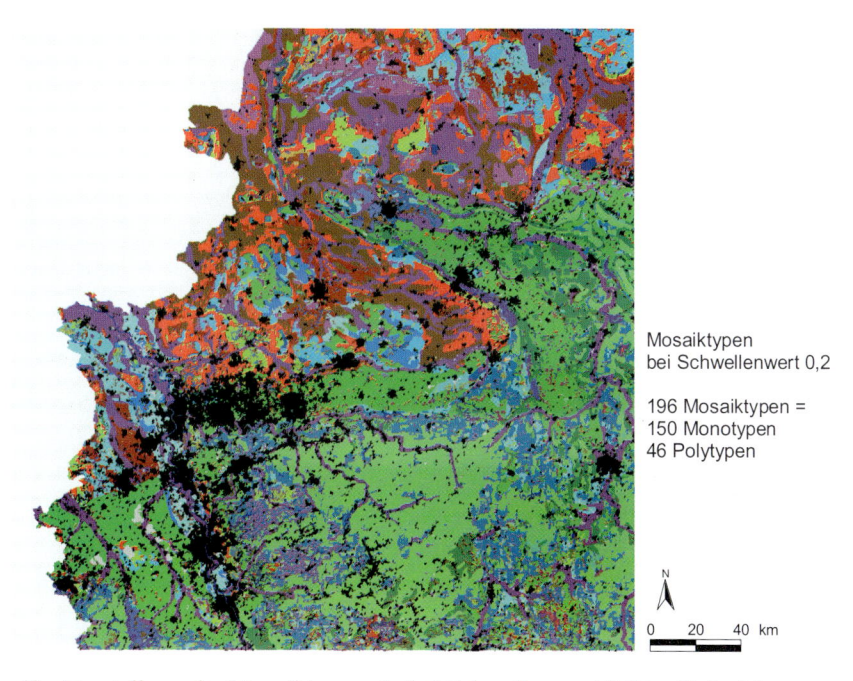

Abb. 42 Darstellung der Mosaiktypareale bei Schwellenwert 0,2 im Beispielraum „nördliches Nordrhein-Westfalen/Südniedersachsen"

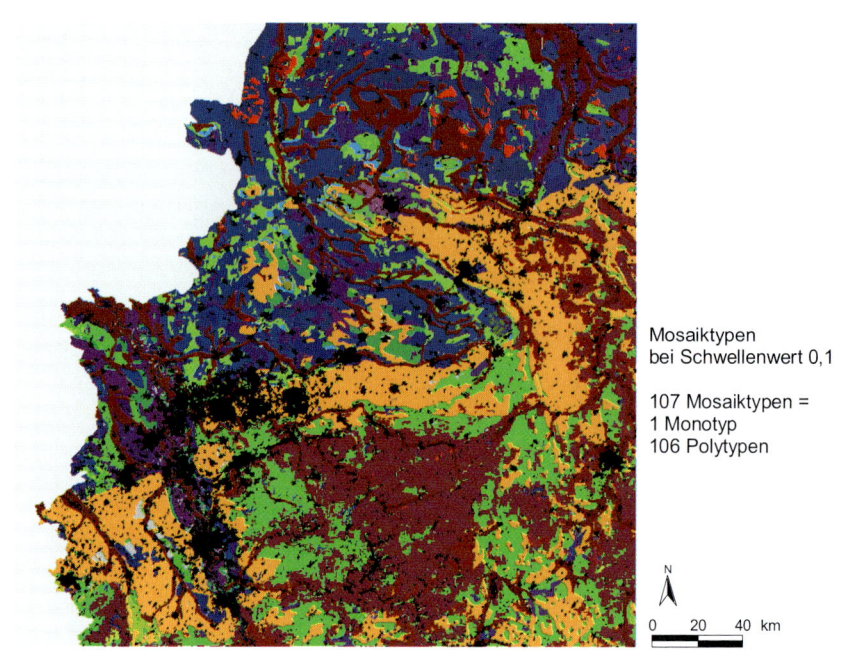

Abb. 43 Darstellung der Mosaiktypareale bei Schwellenwert 0,1 im Beispielraum „nördliches Nordrhein-Westfalen/Südniedersachsen"

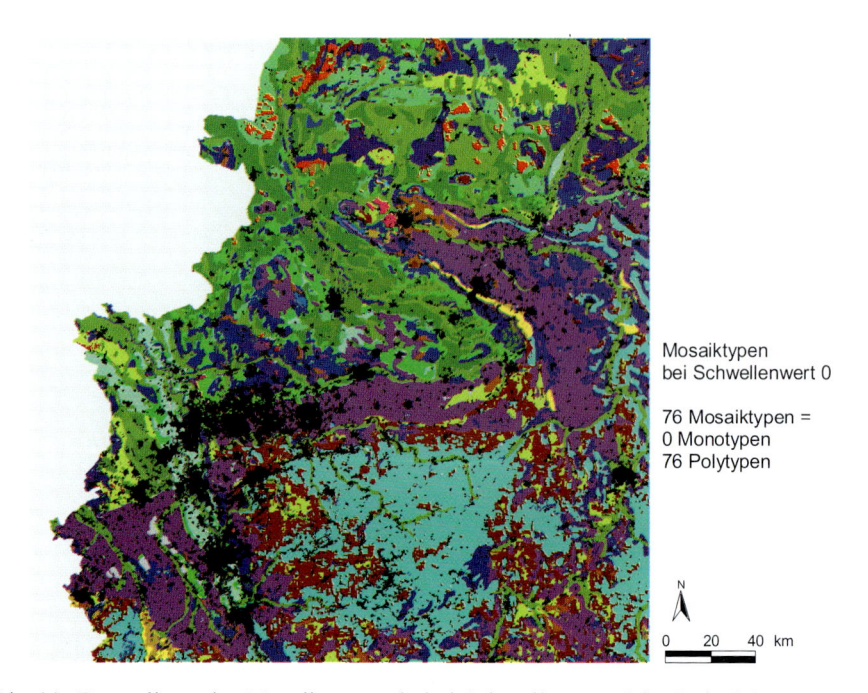

Abb. 44 Darstellung der Mosaiktypareale bei Schwellenwert 0 im Beispielraum „nördliches Nordrhein-Westfalen/Südniedersachsen"

In den Abbildungen 41 bis 44 wird deutlich, wie Grundtypen mit kleiner werdendem Schwellenwert immer stärker räumlich zusammengefasst werden, besonders z. B. im Weserbergland und im Sauerland/Bergischen Land. Teilräume werden zudem über den gleichen Mosaiktyp beschrieben: Diese sind sich in ihrer Konstellation an Grundtypen ähnlich, in ihrer individuellen räumlichen Zusammensetzung und Komposition aus Grundtypen unterscheiden sie sich jedoch (z. B. Kölner Bucht und Weserbergland). Dennoch sind sie sich in ihrer Zusammensetzung an Grundtypen ähnlicher als Teilräume, die über einen anderen Mosaiktyp gekennzeichnet werden.

Grundsätzlich nimmt mit kleiner werdendem Schwellenwert das Abstraktions- und Assoziierungsniveau zu: Jede bei einem bestimmten Schwellenwert gebildete Mosaiktyp-Karte kann man deshalb auch als Karte eines bestimmten Generalisierungsgrades auffassen (vgl. Abb. 45).

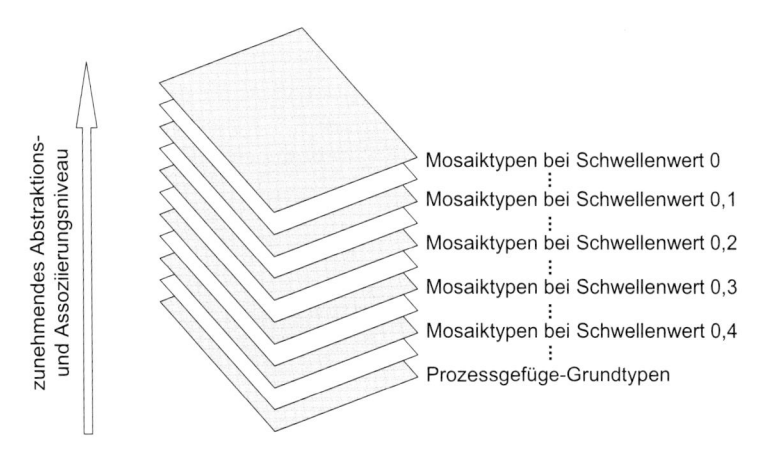

Abb. 45 Zunehmendes Abstraktions- und Assoziierungsniveau der Mosaiktypen mit kleiner werdendem Schwellenwert

4.7.4 *Festlegung eines Schwellenwertes für die Definition von Prozessgefüge-Haupttypen*

Der Vergleich von Mosaiktypen bei unterschiedlichen Schwellenwerten zeigt, dass mit kleiner werdendem Schwellenwert

- eine geringere Anzahl an Mosaiktypen gebildet wird, wobei der Anteil der Polytypen zunimmt, während die Anzahl der Monotypen abnimmt,
- die Wahrscheinlichkeit sinkt, dass die in einem Polytyp zusammengefassten Grundtypen alle in einem Areal anzutreffen sind (dagegen ist die Wahrscheinlichkeit hoch, dass diejenigen Grundtypen eines Polytyps benachbart vorkommen, die bei einem hohen Schwellenwert zu-

sammengefasst wurden, während die bei niedrigerem Schwellenwert hinzugekommenen mit einer geringeren Wahrscheinlichkeit benachbart auftreten),
- die inhaltliche Heterogenität mit kleiner werdendem Schwellenwert nicht sprunghaft zunimmt, was sich in sehr großen, aus zahlreichen Grundtypen bestehenden Polytypen äußern würde. Stattdessen werden mehr Polytypen gebildet, die sich dabei vor allem aus 2 bis 4 unterschiedlichen Grundtypen zusammensetzen.

Dem Zweck dieser Arbeit entsprechend sollen Typen zusammenfassenden Charakters gebildet werden, die den Vergleich von Landschaften anhand ihres landschaftsökologischen Prozessgefüges in kleinem Maßstab (1 : 1 Mio.) ermöglichen. Deshalb muss die Anzahl der zu beschreibenden Typen in einem praktikablen Umfang gehalten werden. Da aufgrund der geforderten Heterogenität die Wahl des Schwellenwertes auf den Bereich zwischen 0 und 0,3 (aufgrund der mit diesen Schwellenwerten verbundenen Heterogenität) beschränkt werden kann[76], ist als weiteres Entscheidungskriterium die räumliche Ausprägung der Areale entscheidend. Die Mosaiktypen, die beim Schwellenwert 0,1 gebildet wurden, sind insgesamt in bezug auf die Zielsetzung am besten geeignet: Die inhaltliche Heterogenität der Polytypen erscheint plausibel und die Areale sind räumlich zusammenhängend ausgeprägt.

4.8 PROZESSGEFÜGE-HAUPTTYPEN ALS ERGEBNIS DER MOSAIKANALYSE

Bei einem Schwellenwert von 0,1 werden 238 Mosaiktypen gebildet (vgl. Kap. 4.7.3), die im Folgenden die Prozessgefüge-Haupttypen darstellen. Von diesen stellen 130 (54,6%) Monotypen und 108 (45,4%) Polytypen dar. Die Areale der Monotypen nehmen gemeinsam nur 0,14% der Analysefläche ein, so dass diesen eine geringe Bedeutung zukommt. 50 von den 108 Polytypen nehmen 99,0% der Analysefläche ein, so dass die Areale der restlichen 58 Polytypen nur 1% der Analysefläche kennzeichnen. Viele der Haupttypen haben demnach im kleinen Maßstab eine geringe flächenhafte Bedeutung. Es werden alle Areale gefiltert, die eine Fläche kleiner als 400 ha aufweisen. Da einige Haupttypen ausschließlich Areale dieser Größenordnung aufweisen, bleiben von den

---

[76] Dabei kann es kein richtig oder falsch geben (wenn a priori Randbedingungen gesetzt wurden). In Abhängigkeit des Maßstabes und des Ziels der Raumgliederung können Raumgliederungen nur zweckmäßig oder unzweckmäßig sein.

ursprünglich 238 Haupttypen nur 80 Haupttypen übrig. Die verbleibenden 80 Haupttypen, von denen 34 den größten Teil (97,6%) der Analysefläche einnehmen, enthalten 309 der 509 in die Mosaikanalyse eingegangenen Grundtypen. Die restlichen 200 Grundtypen bilden die gefilterten Haupttypen.

Den 80 Haupttypen werden die von der Mosaikanalyse a priori ausgenommen Singularitäten und Ubiquitäten (vgl. Kap. 4.7.1, S. 130ff) als jeweils eigenständige Haupttypen mit den Nummern 81 bis 89 hinzugefügt (Siedlungen, Abbauflächen, Halden, Baustellen, Watt, Salzwiesen, Moore, Felsflächen, Wasserflächen). Auch Areale dieser Haupttypen mit einer Flächengröße kleiner 400 ha werden gefiltert, wodurch vor allem eine Vielzahl kleinflächiger, über Deutschland verteilter Siedlungs[77]- und Wasserflächen entfernt werden[78]. Insgesamt bilden die 89 Haupttypen 14517 Areale (Karte 18 und Kartenbeilage).

Prozessgefüge-Haupttypen sind in dieser Arbeit wie folgt definiert: Prozessgefüge-Haupttypen stellen eine auf inhaltlichen (inhaltliche Vorauswahl, s. Kap. 4.7.1, S. 130ff) und raumstrukturellen Kriterien (vgl. Kap. 4.7.3, S. 136ff) beruhende Kombination aus Prozessgefüge-Grundtypen dar. Die Prozessgefüge-Grundtypen eines Prozessgefüge-Haupttyps treten dabei relativ häufiger benachbart auf als mit Prozessgefüge-Grundtypen anderer Prozessgefüge-Haupttypen. Zwischen den Prozessgefüge-Grundtyparealen eines Prozessgefüge-Haupttyps kann häufiger und intensiver ein Wasser- und Stoffaustausch (oder anderer Austausch, z. B. Austausch von Organismen) stattfinden als zwischen diesen und den Prozessgefüge-Grundtyparealen anderer Prozessgefüge-Haupttypen. Dennoch können Prozessgefüge-Grundtypareale eines Prozessgefüge-Haupttyps mit direkt angrenzenden Grundtyparealen anderer Haupttypen verbunden sein; Haupttypgrenzen stellen keine Barrieren dar.

Zusammenfassend kann man einige der Aussagen über Prozessräume von Müller (1992) (vgl. Kap. 3.1.2) auf die Areale der Haupttypen übertragen:

1. Prozessgefüge-Haupttypen können anhand ihrer Relationsgefüge unterschieden werden: Die Relationen zwischen den Grundtypen eines Haupttyps sind häufiger und intensiver als zwischen diesen und den Grundtypen anderer Haupttypen.

2. Die Prozessgefüge der Grundtypen bestimmen das Prozessgefüge eines Haupttyps.

3. Aus der Konstellation an Grundtypen resultieren unterschiedliche Haupttyp-Prozessgefüge. Dies gilt ebenso für die individuelle Konstellation und

---

[77] Orte und Städte können wie bei vielen anderen Karten generalisiert als Punkt dargestellt werden.

[78] 6438 Areale mit einer Fläche kleiner als 400 ha bleiben trotz Filterung erhalten, da in deren Umgebung kein anderer Haupttyp mit einer flächenhaften Mehrheit vorkommt, der den Haupttyp des Areals mit einer Fläche kleiner 400 ha während des Filterprozesses eindeutig ersetzen könnte.

Anordnung innerhalb der unterschiedlichen Areale eines Haupttyps[79]. Erkenntnisse (z. B. Intensität von Bodenwasserflüssen, Stofftransportmengen, Habitatfunktionen) aus einem Areal eines bestimmten Haupttyps sind eher auf ein anderes Areal des gleichen Haupttyps übertragbar als auf ein Areal eines anderen Haupttyps.

Im Folgenden werden die Haupttypen und ihre Areale gekennzeichnet:
- über ausgewählte Komponenten- und Gefügemerkmale inhaltlich
- über ausgewählte Rahmen- und Kompositionsmerkmale raumstrukturell (über alle Areale eines Haupttyps gemittelt oder arealindividuell)

4.8.1 Inhaltliche und raumstrukturelle Kennzeichnung der Prozessgefüge-Haupttypen

Über Komponenten- und Gefügemerkmale werden allgemein (vgl. Syrbe 1999, Haase 1991c, S. 62ff) die Inhalte einer übergeordneten Raumeinheit in chorischer Dimension beschrieben (z. B. bildet der Boden eine Komponente, das inhaltliche Gefüge wird über die Nennung von Leit- und Begleitbodentypen gekennzeichnet, vgl. Kap. 3).

Hier werden die 89 Prozessgefüge-Haupttypen nach Gruppen getrennt (s.u.) über die Komponentenmerkmale Kopplungstyp, Reliefabhängiger Hydromorphieflächentyp und Typ der Stoffhaushaltsbeeinflussung gekennzeichnet. Jede Ausprägung einer Komponente wird genannt und ihr Flächenanteil an der Gesamtfläche des entsprechenden Haupttyps – als Gefügemerkmal – angegeben (vgl. Tab. 10.1 bis 10.5 in Anhang 10, CD-ROM). Jede der Komponenten kann pro Haupttyp eine oder mehrere Ausprägungen aufweisen. Eine einzige Ausprägung einer Komponente bedeutet, dass 100% der Fläche des entsprechenden Haupttyps durch die gleiche Ausprägung dieser Komponente gekennzeichnet ist. Die Haupttypen innerhalb der Gruppen sind aufsteigend nach Nummer des Reliefabhängigen Hydromorphieflächentyps, nach zunehmender Intensität der Kopplungen und nach zunehmender Beeinflussung der Stoffhaushalts sortiert (vgl. Tab. 10.1 bis 10.5 in Anhang 10, CD-ROM). Um die flächenhafte Bedeutung der Haupttypen herauszustellen, wird angegeben, wie viel Areale ein Haupttyp aufweist und wie viel Prozent der Fläche Deutschlands diese einnehmen. Als ergänzende Angabe zur inhaltlichen Heterogenität wird die Anzahl der Grundtypen genannt, aus der sich jeweils ein Haupttyp zusammensetzt.

---

[79] Durch die jeweilig unterschiedlichen Formen und Größen von Grundtyparealen und deren unterschiedlichen Flächenanteile kann man von den Haupttypen aus nicht auf das individuelle Prozessgefüge eines bestimmten Areals schließen. Jedes Areal steht für ein individuelles Prozessgefüge, dass sich aus der individuellen Konstellation und Komposition untergeordneter Prozessgefüge-Grundtypen ergibt.

In Abhängigkeit davon, welche Komponente zu 100% von einer einzigen Ausprägung bestimmt wird, können 80 der 89 Haupttypen in 4 Gruppen unterschieden werden; Singularitäten und Ubiquitäten werden in einer 5. Gruppe zusammengefasst:

- Gruppe 1: Pro Haupttyp existieren *eine* Ausprägung des Kopplungstyps sowie *eine* Ausprägung des Reliefabhängigen Hydromorphieflächentyps (also jeweils 100% der Fläche einer Haupttyps dieser Gruppe werden durch einen Kopplungstyp bzw. einen Hydromorphieflächentyp eingenommen), aber *mehrere* Typen der Stoffhaushaltsbeeinflussung, die die Dominantenfunktion übernehmen. 42 Haupttypen nehmen 59,3% der gesamten Analysefläche ein.

  Die Haupttypen der Gruppe 1 zeichnen sich vor allem durch grundwasserbestimmte oder hangwassergeprägte Bodenfeuchte- und Stoffdynamik aus. Während in den hangwassergeprägten Regionen der Stoffhaushalt vor allem gering beeinflusst wird (> 50% Wälder), zeigt dieser in den grundwasserbestimmten Regionen eine starke Beeinflussung (landwirtschaftliche Nutzung), wodurch in diesen Regionen Stoffe schnell ins Grundwasser gelangen können. Die Haupttypen der Gruppe 1 kommen in folgenden Regionen vor (vgl. Karte 19): Mecklenburgische Seenplatte, Schleswig-Holsteinisches Hügelland, Lüneburger Heide, Thüringisches Becken, Erzgebirgsvorland, Sächsisches Flachland, Rheinhessisches Plateau, Wetterau, Kraichgau, Albvorland um Nürnberg, Ries, Albhochflächen, Alpenvorland.

- Gruppe 2: Pro Haupttyp existieren *eine* Ausprägung des Reliefabhängigen Hydromorphieflächentyps, jedoch *mehrere* Kopplungstypen und *mehrere* Typen der Stoffhaushaltsbeeinflussung. Letztgenannte übernehmen gemeinsam die Dominantenfunktion. 18 Haupttypen nehmen 21,2% der gesamten Analysefläche ein.

  Die Haupttypen dieser Gruppe zeichnen sich durch hangwasser- und hangnässegeprägte oder durch sickerwassergeprägte Bodenfeuchte- und Stoffdynamik aus. Der Stoffhaushalt wird zumeist stark beeinflusst, die Kopplung der Flächen variiert innerhalb der Areale wegen unterschiedlicher Anteile an Kopplungstypen. Es dominieren jedoch Hanggefüge mit geringer bis mäßiger Intensität der potenziellen Flächenverbindung. Die Haupttypen dieser Gruppe setzen sich im Gegensatz zu den Haupttypen der anderen Gruppen pro Haupttyp aus einer größeren Anzahl von Grundtypen zusammen, weil sich diese Räume sowohl aus Mosaiken unterschiedlicher Kopplungstypen als auch aus Mosaiken unterschiedlicher Typen der Stoffhaushaltsbeeinflussung zusammensetzen. Diese Haupttypen kommen vor allem in flachwelligen/hügeligen Regionen vor (vgl. Karte 19): im Bereich der Mecklenburgisch-Brandenburgischen Becken, im

Schleswig-Holsteinischen Hügelland, im Unterbayerischen Hügelland, im Bereich der Donau-Iller-Lech-Platten, im Alpenvorland, in der Lüneburger Heide, auf den Albhochflächen, im Sächsischen Hügelland, im Erzgebirgsvorland, im Östlichen und Nördlichen Harzvorland.

- Gruppe 3: Pro Haupttyp existieren *eine* Ausprägung des Reliefabhängigen Hydromorphieflächentyps, *ein* Typ der Stoffhaushaltsbeeinflussung sowie *mehrere* Kopplungstypen. Letztgenannte übernehmen die Dominantenfunktion. 15 Haupttypen nehmen 1% der gesamten Analysefläche ein.

  Der Stoffhaushalt im Bereich dieser Haupttypen ist sehr gering bis gering beeinflusst. Die Haupttypen zeichnen sich durch ein Nebeneinander oder eine Durchsetzung von unterschiedlichen Kopplungstypen aus. Die Areale nehmen kleine Flächen ein und kommen vor allem im Harz, im Moseltal, im Bereich der Schwäbischen Alb, im Bereich der Isar-Inn-Schotterplatten, im Fränkischen Keuper-Lias-Land, im Oberpfälzisch-Obermainischen Hügelland und im Elbe-Mulde-Tiefland vor (vgl. Karte 19).

- Gruppe 4: Pro Haupttyp existieren *mehrere* Kopplungstypen, *mehrere* Reliefabhängige Hydromorphieflächentypen und *mehrere* Typen der Stoffhaushaltsbeeinflussung. Alle Komponenten übernehmen gemeinsam die Dominantenfunktion. 2 Haupttypen nehmen 12,3% der gesamten Analysefläche ein.

  Die beiden Haupttypen zeichnen sich vor allem durch unterschiedliche Kopplungstypen aus, deren Areale sich gegenseitig durchsetzen (z. B. im Weserbergland) oder deren groß ausgeprägten Arealen benachbart auftreten (z. B. Haarstrang und Soester Börde). Die Haupttypen dieser Gruppe kommen vor allem im Nordostmecklenburgischen Flachland, im Wesergerbland, im Bereich des Haarstrangs, im Unterbayerischen Hügelland, im Randbereich des Thüringer Beckens, im Erzgebirgsvorland, im Bereich der süddeutschen Gäue, im Albvorland, in der Niederrheinischen Bucht und auf der Alb vor (vgl. Karte 19).

- Gruppe 5: Die restlichen 9 Haupttypen entsprechen Singularitäten und Ubiquitäten und werden in einer 5. Gruppe zusammengefasst. Dazu gehören neben den a-priori Singularitäten auch die Haupttypen 29, 31 und 77. Ihre Areale nehmen 6,3% der gesamten Analysefläche ein.

Raumstrukturelle Kennzeichnung der Haupttypen

Allgemein benutzen Haase et al. (1991) zur raumstrukturellen Kennzeichnung von chorischen Raumeinheiten **Rahmen- und Kompositionsmerkmale**. Über Rahmenmerkmale können strukturelle Kennzeichen für einen Typ als Ganzes beschrieben werden (z. B. durchschnittliche Höhe über NN). Kompositionsmerkmale dagegen (Kopplungseigenschaften[80], Anordnungsmuster[81], Mensureigenschaften[82], innere räumliche Heterogenität[83]) beschreiben die Verteilung und Anordnung von untergeordneten Arealen innerhalb eines Areals (Syrbe 1999, S. 480).

Die raumstrukturelle Kennzeichnung der Haupttypen erfolgt über folgende Merkmale, die sich auf alle Areale eines Haupttyps beziehen (vgl. Anhang 11):

- durchschnittliche Höhe in Metern über NN (Median)
- maximale Höhe in Metern über NN
- durchschnittliche Reliefenergie in Metern pro 4,41km² (Median)
- durchschnittliche Geländeneigung in Grad (arithmetisches Mittel)
- maximale Geländeneigung pro Haupttyp in Grad
- Angabe zur Spannweite der Flächengröße der Haupttypareale (in ha) und
- deren durchschnittliche Flächengröße (in ha) (arithmetisches Mittel)

In der Attributtabelle der digitalen Karte 18 (s. CD-ROM) werden neben den Legendeninformationen Merkmale bereitgehalten, die die Arealstruktur und die Komponenten innerhalb eines Areals näher beschreiben (die flächenhafte Dominanz von Merkmalsausprägungen kann absolut oder aber anteilig dominierend sein):

- Flächengröße des Areals (in ha)
- flächenhaft dominierender Grundtyp (inhaltlicher Code)
- durchschnittliche Höhe in Metern ü. NN (Median)
- durchschnittliche Reliefenergie in Metern pro 4,41 km2 (Median)
- durchschnittliche Geländeneigung in Grad (arithmetisches Mittel)
- dominierende Bodenbedeckungsartnummer (Erläuterung der Bodenbedeckungsarten: s. Anhang 2, CD-ROM)
- dominierende Bodengesellschaftseinheitsnummer (Erläuterung der Bodengesellschaftseinheiten: s. Anhang 1, CD-ROM)

---

[80] Kopplungseigenschaften werden bei den Prozessgefüge-Haupttypen konzeptionell berücksichtigt. Die Kopplung von Flächen wird übergeordnet und nicht auf ein einzelnes Areal bezogen (was einer topischen Betrachtungsweise entspräche) betrachtet und typisiert.

[81] Anordnungsmuster werden nicht analysiert. Anstelle dessen werden Nachbarschaftslagen der Prozessgefüge-Grundtypareale über die Konfinitätsanalyse berücksichtigt, wobei Form und Größe der benachbarten Areale nur indirekt eine Rolle spielen (im Gegensatz zu Anordnungsmustern).

[82] Mensureigenschaften werden vereinfacht über die flächenhafte Dominanz eines Grundtyps beschrieben (über alle Areale eines Haupttyps gemittelt und für jedes einzelne Areal).

[83] Die innere räumliche Heterogenität kann z. B. über das Landschaftsstrukturmaß „IJI" (Interspersion and Juxtaposition Index) beschrieben werden. Der IJI kann hier wegen der großen zu analysierenden Datenmenge (v.a. in Abhängigkeit der räumlichen Auflösung von 1 ha-Zellen) weder über alle Areale eines Haupttyps noch für die einzelnen Areale berechnet werden. Für eine niedrigere räumliche Auflösung (1 km²) oder einen Raumausschnitt ist dies jedoch möglich.

Damit hält die digitale Karte Informationen bereit, die nicht unmittelbar aus der analogen Karte abgelesen werden können. Diese ermöglichen eine – über die verallgemeinerte Beschreibung der Haupttypen hinausgehende – Interpretation eines bestimmten Haupttypareals.

4.8.2 Legendenaufbau und Kartendarstellung der Prozessgefüge-Haupttypen

Die **Legende der analogen Karte** (Anhang 12) **sowie die auf der Kartenbeilage abgedruckte Legende** stellen die verbale Übersetzung der Informationen aus den Tabellen 10.1 bis 10.5 dar, die sich im Anhang 10 (CD-ROM) befinden. Die Legenden sind hierarchisch aufgebaut: Die Haupttypen werden auf höchster Ebene **Abteilungen** vorherrschender Richtung der Bodenwasserflüsse zugeordnet, weil die Haupttypen vor allem über Kopplungstypen und/oder Typen der Stoffhaushaltsbeeinflussung differenziert werden[84]. Die Abteilungen werden dann über die Prägung der Bodenfeuchte- und Stoffdynamik weiter in **Klassen** differenziert (Abb. 46). Innerhalb der Klassen werden die Haupttypen nach zunehmender, über die Kopplungstypen gesteuerten Intensität der Bodenwasser- und Stoffflüsse sowie nach zunehmender Beeinflussung des Stoffhaushalts sortiert. Die Klassen 7 bis 10 werden nicht weiter in Klassen unterteilt. Bei den diesen Klassen zugeordneten Haupttypen handelt es sich um technogene Systeme oder um Ökosysteme besonderer Dynamik (z. B. Watt).

Die **Legende zur digitalen Karte** hält die Informationen bereit, die mit denen der analogen Legende identisch sind. Die Informationen der Abteilung und der Klasse werden jedem Haupttyp entsprechend zugeordnet. Die digitale Karte dient vor allem für die Abfrage arealbezogener Informationen. Die analoge Legende kann sowohl ergänzend zur digitalen Karte wie zur Kartenbeilage hinzugezogen werden.

---

[84] Bis auf zwei Ausnahmen (Haupttypen 46 und 78) bildet ein einzelner Hydromorphieflächentyp das vereinende Merkmal innerhalb der Haupttypen. Innerhalb einer Gruppe eines Hydromorphieflächentyps zeigen sich Unterschiede im Relief und in der Intensität der Flüsse (Reichweite, Intensität der Verbindung einzelner Flächen etc.). Gleichzeitig ändern sich in Abhängigkeit der Reliefverhältnisse die Anteile unterschiedlicher Landnutzungen. Gemäß der dominierenden Landnutzungen setzt sich ein Haupttyp oftmals aus Wald, Acker und Grünland zusammen. Somit werden die Areale der Hydromorphieflächentypen durch unterschiedliche Kombinationen an Kopplungstypen und/oder Stoffhaushaltstypen differenziert. Differenzierungen gibt es aber auch innerhalb der prozessrichtungsdefinierten Hydromorphieflächentypen, weil sich diese bereits über unterschiedliche Hydrodynamische Grundtypen zusammensetzen können.

1	**Vorwiegend vertikale Bodenwasser- und Stoffflüsse**
	1.1 Vorwiegend sickerwassergeprägte Bodenfeuchte- und Stoffdynamik
	1.2 Sickerwassergeprägte Bodenfeuchte- und Stoffdynamik im Oberboden, stauwassergeprägte im Unterboden (100% SIST)
	1.3 Stauwassergeprägte Bodenfeuchte- und Stoffdynamik (100% ST)
	1.4 Sicker- oder stauwassergeprägte Bodenfeuchte- und Stoffdynamik
2	**Vorwiegend vertikale Bodenwasser- und Stoffflüsse im Oberboden, laterale, beidseitig gerichtete Bodenwasser- und Stoffflüsse im grundwassergesättigten Bodenbereich**
	2.1 Sickerwassergeprägte Bodenfeuchte- und Stoffdynamik im Oberboden, grundwasserbestimmte im Unterboden (100% SIGR)
	2.2 Stauwassergeprägte Bodenfeuchte- und Stoffdynamik im Oberboden, grundwassergeprägte im Unterboden (100% STGR)
3	**Vorwiegend laterale, einseitig gerichtete Bodenwasser- und Stoffflüsse**
	3.1 Vorwiegend hangwassergeprägte Bodenfeuchte- und Stoffdynamik
	3.2 Hangnässegeprägte Bodenfeuchte- und Stoffdynamik (100% HN)
	3.3 Hangwasser- oder hangnässegeprägte Bodenfeuchte- und Stoffdynamik (50% HW/50% HN)
4	**Vorwiegend vertikale Bodenwasser- und Stoffflüsse oder laterale, beidseitig gerichtete Bodenwasser- und Stoffflüsse im grundwassergesättigten Bodenbereich**
	4.1 sickerwassergeprägte oder grundwasserbestimmte Bodenfeuchte- und Stoffdynamik (50% SI/50% GR)
5	**Laterale, beidseitig gerichtete Bodenwasser- und Stoffflüsse im grundwassergesättigten Bodenbereich**
	5.1 grundwasserbestimmte Bodenfeuchte- und Stoffdynamik (100% GR)
6	**Vorwiegend lateral einseitig gerichtete Bodenwasserflüsse oder lateral beidseitig gerichtete Bodenwasser- und Stoffflüsse im Unterboden bei gleichzeitig vertikalen im Oberboden**
	6.1 Vorwiegend hangwassergeprägte Bodenfeuchte- und Stoffdynamik oder stauwassergeprägte Bodenfeuchte- und Stoffdynamik im Oberboden und grundwassergeprägte im Unterboden
7	**Vorwiegend lateral und oberflächlich abfließende Bodenwasser- und Stoffflüsse**
8	**Gezeitengeprägte Bodenwasser- und Stoffflüsse sowie Bodenfeuchte- und Stoffdynamik**
9	**Moorspezifische Bodenwasser- und Stoffflüsse sowie Bodenfeuchte- und Stoffdynamik**
10	**Technogen geprägte Flächen mit jeweils individuell unterschiedlichen Bodenwasser- und Stoffflüssen und unterschiedlicher Bodenfeuchte- und Stoffdynamik**
11	**Wasserflächen**

Abb. 46 Aufbau der zu Karte 18 und zur Kartenbeilage gehördenden Legende (Legende: vgl. Anhang 12)

4.8.3 Beispiele für die Interpretation von Prozessgefüge-Haupttypen

Im Folgenden wird anhand von drei ausgewählten Haupttypen, deren Areale jeweils einen relativ großen Flächenanteil in Deutschland einnehmen, exemplarisch dargestellt, wie diese – unter Verwendung der Angaben der Legende sowie unter Verwendung der Zusatzinformationen in der digitalen Karte – interpretiert werden können. Die Bezeichnungen der Haupttypen dienen als Beispiel.

Haupttyp 52: Walddominierter Hangwassertyp der Mittelgebirge mit intensiven lateralen Kopplungen
- bergiges Relief: Kopplungstyp G (Hanggefüge, hohe Intensität horizontaler Kopplung)
- vorwiegend laterale, einseitig gerichtete Bodenwasser- und Stoffflüsse
- hangwassergeprägte Bodenfeuchte- und Stoffdynamik (100% HW)
- Natürlicher Stoffhaushalt: 64% gering beeinflusst (37% Laub-/Mischwald, 27% Nadelwald), 36% stark (landwirtschaftliche Nutzung)

Vorkommen: Harz, Sauerland, Ost- und Westeifel, Hunsrück, Taunus, Odenwald, Spessart, Rhön, Westerwald, Thüringisch-Fränkisches Mittelgebirge, Bayerischer Wald, Schwarzwald, Pfälzer Wald, Saar-Nahe-Bergland, Osthessisches Bergland, Albkantenbereich der Schwäbischen Alb, vereinzelt in der Fränkischen Alb, Erzgebirge

Beispielräume: <u>Sauerland und Thüringisch-Fränkisches Mittelgebirge</u>. Diese unterscheiden sich im dominierenden Grundtyp: Im Sauerland dominiert GT654, im Thüringer Wald GT730. Diese Grundtypen unterscheiden sich im Typ der Stoffhaushaltsbeeinflussung bzw. Flächennutzung: Im Sauerland dominieren demnach Laub- und Mischwald, im Thüringer Wald dagegen Nadelwald.
Diese beiden Regionen werden dennoch über den gleichen Haupttyp beschrieben, weil Areale des Haupttyps 52 auch in Regionen vorkommt, die sich sowohl aus Laub- und Mischwald als auch aus Nadelwald zusammensetzen: Im Harz ist beispielsweise auffällig, dass dessen Südseite ein Band aus Laub- und Mischwald säumt, während die Nordseite und die Höhenlagen von Nadelwald gebildet werden. Im Thüringer Wald ist der Nadelwald auch mit Laub- und Mischwald durchsetzt, allerdings nicht so stark wie im Sauerland.
Da der Stoffhaushalt zum größten Teil durch direkte Stoffeinträge gering beeinflusst wird, ist zu erwarten, dass die Wasserflüsse weniger mit Pestiziden etc. angereichert sind. Vielmehr können im Bereich der Nadelwälder aufgrund der schlecht abbaubaren Nadelstreu und der Versauerung der Böden Minerale, Aluminium oder Schwermetalle ausgetragen werden.

Haupttyp 76: Weidewirtschaft dominierter, grundwassergeprägter Typ
- Auen und Niederungen: Kopplungstyp B (Infusions- und Intrakommunikationsgefüge, hohe Intensität horizontaler Kopplung über Grundwasserströme
- laterale, beidseitig gerichtete Bodenwasser- und Stoffflüsse im grundwassergesättigten Bodenbereich
- grundwasserbestimmte Bodenfeuchte- und Stoffdynamik (100% GR)
- Natürlicher Stoffhaushalt: 84% stark beeinflusst (landwirtschaftliche Flächen, 58% Ackerflächen, 30% intensiv genutztes Grünland), 16% gering beeinflusst (Wald)

Vorkommen: Elbeniederung, Elbmarsch, Weser, Urstromtäler, Oderbruch, Seemarschen, Oberrhein, Donau, Isar, Inn, Lech etc.

Beispielräume: Elbtalniederung (GT36 dominierend, Ackerflächen) und Elbmarsch (GT35 dominierend, intensiv genutztes Grünland). Ackerbaulich genutzte Flächen der Elbmarsch weisen Entwässerungsgräben auf, weshalb dort erst Ackerbau möglich wird. Die Bodenfeuchte- und Stoffdynamik ist im Bereich der drainierten Flächen geringer grundwassergeprägt als im Bereich der nicht drainierten Flächen. Wo Ackerbau betrieben wird, sind Stoffeinträge ins Grundwasser wegen der schnellen Wasserabfuhr im Entwässerungssystem möglich. Im Bereich von intensiv genutzten Weiden ist der Stoffeintrag über Gülle und Exkremente der Weidetiere ggf. hoch. Alle Flächen des Haupttyps 76 zeichnen sich durch Empfindlichkeit gegen Einträge ins Grundwasser aus. Dabei spielen auch Stoffeinträge aus den benachbarten Flächen eine Rolle (Senkengefüge). Ggf. kommen noch Überflutungen hinzu, die Stoffe mit dem Flusswasser einbringen.

Haupttyp 46: Ackerbaugeprägter, hügelig-bergiger Typ, hangwassergeprägt, laterale Kopplung mäßiger Intensität
- vorwiegend laterale, einseitig gerichtete Bodenwasser- und Stoffflüsse
- hpts. hangwassergeprägte Bodenfeuchte- und Stoffdynamik, untergeordnet hangnässegeprägt (66% HW, 34% HN)
- hpts. Mosaik aus bergigem und hügel-bergigem Relief: 37% Kopplungstyp F (Hanggefüge, mittlere Intensität horizontaler Kopplung), 37% Kopplunsgtyp E (Hanggefüge, mäßige Intensität horizontaler Kopplung), 12% Kopplungstyp 11 (Inzidenz-Hanggefüge, geringe bis mäßige Intensität horizontaler Kopplung), 14% Kopplungstyp C (Inzidenzgefüge, sehr geringe Intensität horizontaler Kopplung), 2% Kopplungstyp A (Inzidenzgefüge, keine horizontale Kopplung)
- Natürlicher Stoffhaushalt: 80% stark beeinflusst (hpts. Ackerflächen), 20% gering (Wald)

Vorkommen: Unteres und Oberes Weserbergland, südlicher Teil der Westfälischen Tieflandsbucht (Soester Börde), Niederrheinische Bucht (linksrheinischer Teil), Weser-Leine-Bergland, Niedersächsische Börden, Vogelsberg und

Westhessisches Bergland, Thüringer Becken, Mainfränkische Platten, Fränkisches Keuper-Lias-Land, Schwäbisches Keuper-Lias-Land, Oberpfälzisch-Obermainisches Hügelland, Unterbayerisches Hügelland

Beispielräume: <u>Unteres und Oberes Weserbergland</u> (GT644 dominierend), <u>Münsterland</u> (GT647 dominierend), <u>Mainfränkische Platten</u> (GT643 dominierend). Alle Flächen werden vorwiegend ackerbaulich genutzt, die Unterschiede in der Grundtyp-Ausprägung ergeben sich durch unterschiedliche Kopplungstypen: Der GT647 zeichnet sich durch Kopplungstyp C, der GT644 durch Kopplungstyp F und der GT643 durch Kopplungstyp E aus.

Im Münsterland sind die Areale der unterschiedlichen Kopplungstypen bandartig von Süd nach Nord mit abnehmender Intensität angeordnet (Kopplungstyp F bis C, z. T. auch vereinzelt Kopplungstyp A). Im Weserbergland verzahnen sich die Areale der Kopplungstypen E und D, im Bereich der Mainfränkischen Platten die Kopplungstypen E und F, E und D. Flächen werden über laterale Flüsse mäßiger Intensität verbunden. Wegen der überwiegenden ackerbaulichen Nutzung sind Stoffverlagerungen von höher gelegenen Flächen in tiefer gelegene möglich.

4.9 BILDUNG VON PROZESSGEFÜGE-TYPEN

Prozessgefüge-Haupttypen werden über Klassen unterschiedlicher Klimatischer Wasserbilanz (KWB) in Prozessgefüge-Typen differenziert, weil die Stärke und Häufigkeit von Wasser- und Stoffflüssen stark von der klimabedingten, zur Verfügung stehenden Menge Wasser abhängt. Die Daten zur Klimatischen Wasserbilanz (1961-1990) werden so klassifiziert, dass Deutschland großräumig gegliedert wird. Anschließend werden die Klassen bezüglich des klimaabhängigen Wasserangebots (und damit des potenziellen Bodenwasserangebots) und der Intensität klimaabhängiger Bodenwasserflüsse interpretiert und bezeichnet. Im letzten Schritt wird die Karte der Haupttypen mit derjenigen kombiniert, die die Areale der 6 Typen des klimaabhängigen Wasserangebots darstellt. Jede Kombinationsmöglichkeit stellt dann einen Prozessgefüge-Typ dar, der sich durch die Inhalte des räumlich zugehörigen Haupttyps und die Zusatzinformation zum klimaabhängigen Wasserangebot auszeichnet. Dabei ist zu berücksichtigen, dass die Zusammensetzung der Grundtypen in den einzelnen Typ-Arealen gegenüber der Beschreibung der zugehörigen Haupttypen flächenanteilig eine andere sein kann. Dieses inhaltliche Problem ist mit jedem Generalisierungsprozess verbunden und muss bei der Interpretation entsprechend berücksichtigt werden.

4.9.1 Ableitung und Typisierung der Modelleingangsgröße zur Bildung von Prozessgefüge-Typen: Typen des klimaabhängigen Wasserangebots

Die Daten zur Klimatischen Wasserbilanz (mm/Jahr) werden über 6 Klassen (Tab. 35 und Karte 20) so klassifiziert, dass großräumige Unterschiede betont und hervorgehoben werden. Areale kleiner als 400 ha werden gefiltert.

Tab. 35   Klassifizierung der Klimatischen Wasserbilanz, Anteile der Klassen an der Fläche Deutschlands mit Watt und Typen des klimaabhängigen Wasserangebots und der Intensität der Bodenwasserflüsse

KWB-Klasse	KWB (in mm/Jahr)	Flächenanteil (in %) mit Watt	Typen des klimaabhängigen Wasserangebots und der Intensität der Bodenwasserflüsse
a	-151 bis 0	6,7	klimaabhängiges Wasserdefizit, sehr geringe Intensität der Bodenwasserflüsse
b	> 0 bis 200	31,5	sehr geringes klimaabhängiges Wasserangebot, geringe Intensität der Bodenwasserflüsse
c	> 200 bis 400	38,7	mäßiges klimaabhängiges Wasserangebot, mäßige Intensität der Bodenwasserflüsse
d	> 400 bis 800	17,9	mittleres klimaabhängiges Wasserangebot, mittlere Intensität der Bodenwasserflüsse
e	> 800 bis 1200	3,4	hohes klimaabhängiges Wasserangebot, hohe Intensität der Bodenwasserflüsse
f	> 1200	1,8	sehr hohes klimaabhängiges Wasserangebot, sehr hohe Intensität der Bodenwasserflüsse

Obwohl die hier gewählte Klassifikation sehr viel größere Klassenspannweiten aufzeigt als die der anderen Veröffentlichungen (s. Abb. 47), werden die Trockengebiete Deutschlands ebenso deutlich herausgestellt wie die Mittelgebirgshochlagen und die Alpen als Regionen mit einem hohen jährlichen Wasserüberschuss. Die räumliche Differenzierung über die hier gewählten Klassen stellt einen Kompromiss zwischen den in Abb. 47 aufgeführten Klasseneinteilungen anderer Quellen dar. Vor allem die Mittelgebirgsbereiche werden räumlich ausreichend differenziert (Karte 20). Der größte Teil Deutschlands weist eine jährliche Klimatische Wasserbilanz zwischen 0 und 400 mm auf. Jede Klasse der Klimatischen Wasserbilanz steht hier für eine bestimmte potenzielle, klimaabhängige Wirksamkeit zur Abführung von Stoffen über Bodenwasserflüsse (Tab. 35).

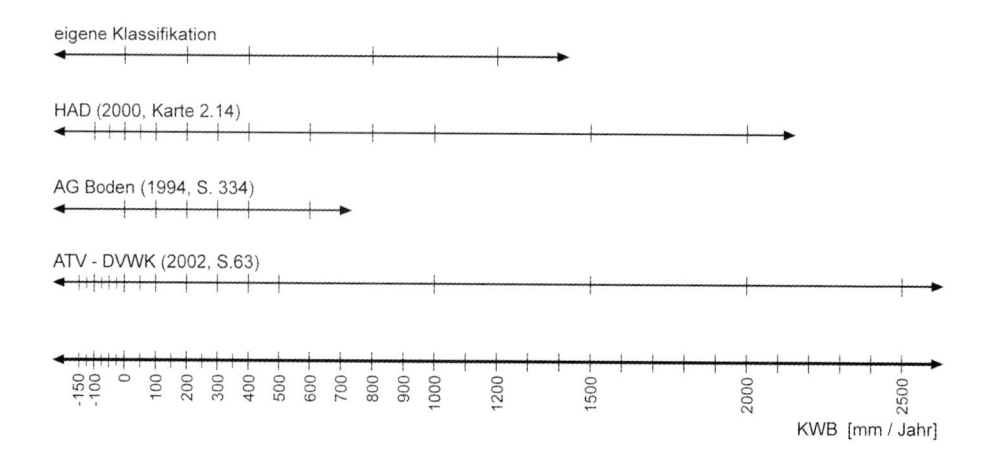

Abb. 47 Zusammenstellung unterschiedlicher Klasseneinteilungen von Karten mit Darstellungen der mittleren jährlichen klimatischen Wasserbilanz (mm/Jahr) in Deutschland (Zeichnung: R. Wieland)

Unabhängig von den jahreszeitlichen Schwankungen bedeutet eine hohe Klimatische Wasserbilanz eine große Wassermenge, die durch den Boden sickern, Stoffe lösen und mitführen kann. Wie viel Stoffe gelöst und potenziell mit Wasser abgeführt werden können, ist von den Bodeneigenschaften (z. B. Bodenart, Lagerungsdichte, Bodenartenschichtung, Wasserdurchlässigkeit, pH-Wert und Redoxpotenzial, KAK, Humusgehalt) und den direkten anthropogenen Stoffeinträgen und -entnahmen abhängig. Dass tendenziell in Regionen mit einem geringen Wasserangebot weniger Stoffe aus dem Boden ausgetragen werden, wird anhand der räumlichen Verteilung der diffusen Stickstoffemissionen (1998-2000) in Oberflächengewässer in Deutschland deutlich (UBA 2003[85]): Regionen mit einem jährlichen Wasserdefizit und einem geringen Wasserangebot, die zugleich landwirtschaftlich intensiv genutzt werden, weisen geringe Stickstoff-Emissionen auf (< 1000 kg/km^2*a^{-1}). Dagegen sind diese in intensiv landwirtschaftlich genutzten Räumen mit mittlerem bis hohem Wasserangebot wesentlich größer (1000 - 2000 kg/km^2*a^{-1}). Regionen mit hoch anstehendem Grundwasser (z. B. Nordwestdeutschland) zeichnen sich durch sehr hohe Stickstoff-Emissionen aus (2000 - > 3000 kg/km^2*a^{-1}), während sich in landwirtschaftlich intensiv genutzten Schichtstufenlandschaften (z. B. Weserbergland und Hessisches Bergland) die Bodeneigenschaften günstig auf den Austrag auswirken, denn hier werden nur zwischen 1000 und 1500 kg/km^2*a^{-1} Stickstoff emittiert. Ähnlich verhält es sich mit Phosphor-

---

[85] http://www.env-it.de/umweltdaten/jsp/dispatcher?event=WELCOME: Themenkatalog, Binnengewässer, Oberflächengewässer, Einträge wasserbelastender Stoffe

Emissionen. Da jedoch im Vergleich mit Stickstoff ein größerer Anteil Phosphor über erodiertes Bodenmaterial in Oberflächengewässer gelangt, ist der Austrag in den Mittelgebirgen mit 75 - 125 kg/km^2*a^{-1} Phosphor größer (UBA 2003).

In den über die Referenzperiode gemittelten Jahreswerten der KWB spiegelt sich das Verhältnis von Niederschlag und potenzieller Verdunstung im Jahresverlauf nicht wider. Somit bedeuten negative Bilanzen nicht, dass zu bestimmten Zeitpunkten keine intensiven bodenwassergebundenen Prozesse ablaufen. Allgemein ist die KWB im Sommerhalbjahr wegen der höheren Temperaturen und der damit verbundenen höheren Verdunstung z. T. sehr viel niedriger als im Winterhalbjahr (vgl. ATV-DVWK 2002, S. 61), obwohl im Sommerhalbjahr größere Niederschlagssummen beobachtet werden (Klein & Menz 2003, S. 44). Indirekt spiegelt die KWB auch den Faktor Wärme wider, denn warme Regionen weisen im Allgemeinen eine geringere KWB auf als kühlere.

4.9.2 Bildung von Prozessgefüge-Typen durch Kombination der Prozessgefüge-Haupttypen mit Typen des klimaabhängigen Wasserangebots

Durch Kombination der Karte 20, die die Areale der Typen des klimaabhängigen Wasserangebots darstellt (Wasserangebotsregionen), mit der Karte der Prozessgefüge-Haupttypen (Karte 18), wird über jede Merkmalsausprägungskombination ein Prozessgefüge-Typ gebildet. Die 89 Haupttypen werden auf diese Weise in 303 Prozessgefüge-Typen differenziert. Nach einer Filterung von Arealen einer Größe kleiner als 400 ha bleiben 274 Prozessgefüge-Typen übrig (Karte 21).

Die Kennzeichnung der Typen erfolgt durch Kombination der Haupttypen-Nummer (1-89) mit dem Buchstaben eines Typs des klimaabhängigen Wasserangebots (a bis f). Insgesamt bilden die 274 Prozessgefüge-Typen 16718 Areale. Die Vielzahl an Prozessgefüge-Typen steht einer angemessenen Gestaltung in Form einer analogen Karte in den Maßstäben 1 : 5,5 Mio. und 1 : 1 Mio. entgegen. Die analoge Karte (Karte 21) im Maßstab 1 : 5,5 Mio. soll lediglich einen Eindruck über die räumliche Differenzierung Deutschlands über Prozessgefüge-Typen geben und späteren Kartenvergleichen dienen. Für Detailbetrachtungen wird deshalb auf die digitale Version der Karte verwiesen (s. CD-ROM).

Anhang 13 zeigt auf, wie groß der Flächenanteil der einzelnen Prozessgefüge-Typen ist (sortiert nach Prozessgefüge-Haupttypen und Typen des klimaabhängigen Wasserangebots). In dieser Matrix kann zudem abgelesen werden, wie Prozessgefüge-Haupttypen jeweils durch Typen des klimaabhängigen Wasserangebots differenziert werden. So kommen einige Prozessgefüge-

Haupttypen in wenigen klimaabhängigen Wasserangebots-Regionen vor, einige in allen. 71,2% der Fläche Deutschlands wird von Prozessgefüge-Typen eingenommen werden, die in den Wasserangebotsregionen b und c liegen.

4.9.3 Legendenaufbau und Kennzeichnung der Prozessgefüge-Typen

Die Kennzeichnung eines Prozessgefüge-Typs über Prozessgefüge-Haupttypnummer und Buchstaben des Typs des klimaabhängigen Wasserangebots ermöglicht die Erstellung einer **analogen Legende** (Anhang 14), die auf derjenigen der Prozessgefüge-Haupttypen aufbaut (vgl. Anhang 12).

Der Prozessgefüge-Typ 9a kann beispielsweise über die jeweilig zugehörigen Beschreibungen wie folgt gekennzeichnet werden:

Typ 9a
- hügelig-bergiges Relief: Hanggefüge, mäßige Intensität horizontaler Kopplung (Kopplungstyp E)
- vorwiegend vertikale Bodenwasser- und Stoffflüsse
- hpts. sickerwassergeprägte Bodenfeuchte- und Stoffdynamik, untergeordnet grundwasserbestimmt (83% SI/17% GR)
- Natürlicher Stoffhaushalt: 80% stark beeinflusst (hpts. Ackerflächen), 20% gering (Nadelwald)
- klimaabhängiges Wasserdefizit, sehr geringe Intensität potenzieller Bodenwasserflüsse (KWB zwischen -151 und 0 mm/Jahr)

Auch in der digitalen Kartenversion (vgl. CD-ROM) erfolgt die verbale Kennzeichnung der Prozessgefüge-Typen über die Beschreibungen der Haupttypen und der Typen des klimaabhängigen Wasserangebots.

Zusätzlich werden die Prozessgefüge-Typareale individuell über

- den dominierenden Kopplungstyp (Kennzeichnung der Kopplungstypen: s. Tab. 26),
- die dominierende Bodenbedeckungsart (Erläuterung der Bodenbedeckungsarten: s. Anhang 2, CD-ROM),
- die dominierende Bodengesellschaftseinheit (Erläuterung der Bodengesellschaftseinheiten: s. Anhang 1, CD-ROM),
- die durchschnittliche Höhe in Metern über NN (Median),
- die durchschnittliche Geländeneigung in Grad (arithmetisches Mittel),
- die durchschnittliche Reliefenergie in Metern pro 4,41 km^2 (Median) und
- die durchschnittliche KWB in mm pro Jahr (Median)

gekennzeichnet.

5 DISKUSSION

Hauptergebnisse der vorliegenden Arbeit sind im Beitrag zur Methodenentwicklung und in der Typisierung und Raumgliederung zu sehen. Sie haben zu landschaftsökologischen Karten Deutschlands auf zwei Hierarchieebenen geführt (Prozessgefüge-Haupttypen und Prozessgefüge-Typen): Die Karte der Prozessgefüge-Haupttypen wird analog in den Maßstäben 1 : 1 Mio. (Kartenbeilage) und 1 : 5,5 Mio. (Karte 18) sowie digital (und damit ohne festgelegten Maßstab) dargestellt. Die Karte der Prozessgefüge-Typen ist aus den in Kap. 4.9.2 angeführten Gründen in dieser Arbeit an die digitale Form gebunden.

Die in den Karten dargestellten Prozessgefüge-Haupttypen und -Typen stellen komplexe, nach einheitlichen Kriterien und einheitlichem Typisierungskonzept integrativ inhaltlich gekennzeichnete Raumtypen dar. Ein Prozessgefüge-Haupttyp in chorischer Dimension zeichnet sich durch jeweils eine bestimmte Konstellation

- gleicher oder unterschiedlicher Typen der Stoffhaushaltsbeeinflussung,
- gleicher oder unterschiedlicher Kopplungstypen sowie
- gleicher oder unterschiedlicher Reliefabhängiger Hydromorphieflächentypen aus,

die innerhalb der Areale eines Haupttyps häufig miteinander vergesellschaftet auftreten.

Die Areale der Haupttypen lassen den Vergleich bezüglich

- der vorherrschenden Richtung der Bodenwasser- und Stoffflüsse,
- der Prägung der Bodenfeuchte- und Stoffdynamik und
- der Art und Intensität der Flächenkopplung zu.

Die Areale der Prozessgefüge-Typen ermöglichen zudem den Vergleich der klimaabhängigen Intensität von Bodenwasserflüssen. Prozessgefüge-Typen zeichnen sich in chorischer Dimension gegenüber den Prozessgefüge-Haupttypen zusätzlich durch einen Typ des klimaabhängigen Wasserangebots aus.

Das Raumgliederungsverfahren ist induktiv und nachvollziehbar, da das Typisierungskonzept dargelegt wird, die in die Typisierung eingehenden Eingangsgrößen inhaltlich und kartographisch in analoger wie digitaler Form dargestellt werden und die induktive Raumbildung mit Hilfe des Programms MOSAIK (Böcker 2003) erfolgt.

Damit ermöglichen die hier entwickelte Konzeption und Methodik ebenso wie die Karten der Prozessgefüge-Haupttypen und -Typen vielfältige Übertragungen auf Anwendungen, deren Aufgabe es ist, skalenübergreifend mehrdimensionale Merkmalskomplexe zu regionalisieren (vgl. Kap. 6).

Die Typisierungs- und Gliederungsergebnisse dieser Arbeit werden im Folgenden mit einer Auswahl bestehender, im weiteren Sinn als landschaftsökologisch aufzufassender Raumgliederungen verglichen, die Deutschland vollständig oder in Teilbereichen in kleinem oder mittlerem Maßstab gliedern (Maßstäbe von 1 : 76 000 bis 1 : 1 000 000). Unterschiede und Gemeinsamkeiten der Karten werden herausgestellt und diskutiert. Dies eröffnet gleichzeitig die Gelegenheit, die Konzeption und die Methodik dieser Arbeit zu reflektieren, kritische Punkte herauszustellen und die Qualität der Raumgliederung über landschaftsökologische Prozessgefüge zu beurteilen.

Die Karten der Prozessgefüge-Haupttypen und der Prozessgefüge-Typen werden folgenden Karten gegenübergestellt:

- Karte der Naturräumlichen Gliederung (BfLR 1960), Maßstab 1 : 1 000 000
- Karte der Geoökologischen Raumtypen von Renners (1991), Maßstab 1 : 1 000 000
- Karte der Naturraumtypen der DDR von Richter (1978) bzw. Barsch & Richter (1981), Maßstäbe 1 : 500 000 bzw. 1 : 750 000
- Kartenvariante „UBA PNV IX" der multivariat-statistisch abgeleiteten Raumgliederung Deutschlands von Schmidt (2002), Maßstab 1 : 4 000 000
- Karte der landnutzungsbezogenen Raumtypen von Glawion (2002), Maßstab ca. 1 : 333 000
- Karten der Meso- und Makrochoren von Haase & Mannsfeld (2002), ohne festgelegte Maßstäbe
- Karte „Landschaftsökologische Differenzierung des Bonner Raumes" von Zepp (1997), Maßstab ca. 1 : 76 000

Karte der Naturräumlichen Gliederung 1 : 1 000 000 (BfLR 1960)

Die Karte der Naturräumlichen Gliederung 1 : 1 000 000 (BfLR 1960) stellt die Abgrenzung von Naturräumlichen Haupteinheiten und der Gruppen der Haupteinheiten dar.

Der Vergleich mit den **Gruppen der Naturräumlichen Haupteinheiten** erfolgt auf Grundlage der Grenzen der 87 Naturraumeinheiten von Burak & Zepp (2000)[86], da diese den Gruppen der Naturräumlichen Haupteinheiten weitestgehend entsprechen (Karte 22). Gegenüber der Karte von 1960 wurden zusätzlich die Nagelfluhhöhen und das Nördlinger Ries abgegrenzt. In den Gruppen sind jeweils diejenigen Naturräumlichen Haupteinheiten vereint

---

[86] Digitale Grundlage zur Erstellung der Karte von Burak & Zepp (2000) bildete der Datensatz vom Bundesamt für Naturschutz (1999).

worden, die sich *"nach Möglichkeit naturräumlich"* als zusammengehörig erweisen (Schmithüsen 1953, S. 33). Diese Gemeinsamkeiten beruhen auf dem geologisch-orographischen Charakter und auf dem Klima, *"je nachdem welche Faktorenkonstellation sich als raumprägend erweist"* (Klink 1972, S. 14).

Die Naturraumeinheitsgrenzen von Burak & Zepp (2000) werden in dieser Arbeit gemeinsam mit den Grenzen der **Naturräumlichen Haupteinheiten** (s.u.) dargestellt. Die Naturräumlichen Haupteinheiten entsprechen denjenigen der Karte von 1960 (BfLR 1960), die in digitaler Form[87] vorliegt (Bundesamt für Naturschutz 1999). Es empfiehlt sich, Karte 22 auf eine Transparentfolie zu kopieren oder zu drucken (s. Karte_22.pdf, Anhang 15, CD-ROM), um den Kartenvergleich zu erleichtern.

In Kap. 1.2 dieser Arbeit (S. 17 ff) ist Grundsätzliches zum Konzept der Abgrenzung und Kennzeichnung der Einheiten im Rahmen der Naturräumlichen Gliederung dargestellt. Weil die Typisierung der Naturräumlichen Einheiten nicht nachvollziehbar ist, können diese mit den Karten der Prozessgefüge-Haupttypen und -Typen (Karte 18 bzw. Kartenbeilage und Karte 21) hier ausschließlich raumstrukturell verglichen werden. Über den Vergleich kann dennoch – trotz der Kritik an der Naturräumlichen Gliederung (NRG) – die Qualität der Raumgliederungen über landschaftsökologische Prozessgefüge beurteilt werden: In die Begrenzung der Naturräumlichen Einheiten ist das Wissen und die Erfahrung vieler landeskundiger Bearbeiter eingegangen und ihre jahrzehntelange Anwendung in Lehre und Planung bestätigt die Wertschätzung ihrer Abgrenzung und Beschreibung.

<u>Vergleich mit den Gruppen der Naturräumlichen Haupteinheiten</u>

Sowohl die Areale der Prozessgefüge-Haupttypen als auch diejenigen der Prozessgefüge-Typen sind wesentlich kleiner als die der Gruppen der Naturräumlichen Haupteinheiten (im Folgenden werden die Gruppen der Naturräumlichen Haupteinheiten abgekürzt als Gruppen, die Prozessgefüge-Haupttypen als Haupttypen und die Prozessgefüge-Typen als Typen bezeichnet). Die Areale der Gruppen setzen sich jeweils aus Arealen unterschiedlicher Haupttypen bzw. Typen zusammen. Diese Areale bilden gemeinsam Mosaike, die die Gruppenareale jeweils als Einheit beschreiben können (vgl. z. B. Fläming, Altmark, Lüneburger Heide, Harz, Schleswig-Holsteinische Geest, Oberrheingraben und Mainfränkische Platten, Schwarzwald). Die Mosaike innerhalb der einzelnen Gruppenareale zeichnen sich durch bestimmte Flächenanteile von Haupttypen aus, wobei mindestens ein Haupttyp flächen-

---

[87] Hinweis: Die Karte weist Fehler in der Grenzschließung sowie einige „Schönheitsfehler" auf.

anteilig dominiert (z. B. der Haupttypen 52 im Pfälzer Wald, im Thüringer Wald, im Bereich des Odenwalds, des Spessarts und der Rhön). Die Grenzlinien der Gruppen erleichtern das Erkennen der Mosaike. Ohne diese Grenzlinien könnten die als Mosaik erkannten Areale nicht problemlos mit der gleichen Linienführung begrenzt werden, da sich Areale gleichen Typs oder Haupttyps in der Umgebung fortsetzen.

Da die Naturraumeinheiten der NRG in erster Linie nach physiognomischen, den Gesamtcharakter des Naturraumes widerspiegelnden Kriterien abgegrenzt wurden, trägt das Relief häufig zur Begrenzung bei. Die Grenzen zwischen den Gruppenarealen spiegeln somit Wertegefälle morphometrischer Parameter wider (z. B. Änderung der Reliefenergie, Geländeneigungen) (vgl. Karten 1 bis 9). Der Vergleich zeigt jedoch auch, dass das Relief nicht immer für die Grenzziehung ausschlaggebend ist: Der Boden und sein Wasserhaushalt wirken ebenfalls grenzbildend, was sich durch einen Vergleich der Karte der Gruppen mit den Karten bestätigt, die Hydromorphieflächentypen darstellen (Karten 11 und 14) (vgl. z. B. Grenze zwischen Dümmer-Geest-Niederung und Ems-Hunte-Geest).

Die Rolle des Klimas bei der Begrenzung von Naturraumeinheiten wird durch den Vergleich der Naturraumeinheiten mit den Arealen der – gegenüber den Haupttypen zusätzlich über die Klimatische Wasserbilanz definierten – Prozessgefüge-Typen deutlich. Da die Ausprägung der Klimatischen Wasserbilanz stark von Niederschlagshöhen (die mit der Höhe im Allgemeinen zunehmen) abhängig ist, spiegeln die Typareale auch orographisch höher gelegene Räume wider. Deshalb lässt sich beispielsweise die Grenze zwischen Fränkischer und Schwäbischer Alb besser über die Areale der Prozessgefüge-Typen als über die der Prozessgefüge-Haupttypen nachvollziehen. Prozessgefüge-Typen spiegeln auch den Grad der Kontinentalität wider. Deren Arealgrenzen begründen deshalb u.a. die Grenze zwischen den Mecklenburgischen Becken und dem Schleswig-Holsteinischen Hügelland besser als über die Haupttypenareale: Das große zusammenhängende Areal des Prozessgefüge-Haupttyps 66, der in den beiden Naturräumen flächenhaft dominiert, wird über die Areale der Prozessgefüge-Typen 9 und 21 differenziert.

<u>Vergleich mit den Haupteinheiten</u>

„Eine Naturräumliche Haupteinheit besteht in der Regel aus mehreren Untereinheiten, die auf Grund ihrer Lage und gemeinsamer Merkmale zusammengehören. Vielfach kennzeichnen diese Einheiten ein ähnlicher Gefügestil, jedoch können Untereinheiten mit andersartigen Dominanten dazwischenliegen (z. B. eine feuchte Flußniederung zwischen zwei ähnlichen Lößplatten). Die ähnlichen hier zur Verklammerung herangezogenen Merkmale sind Faktoren von hoher ökologischer Wertigkeit, wie ein bestimmter Grundwasser-

bereich, ein gleichförmiges Bodensubstrat, eine bestimmte Ausprägung des Mesoklimas, die sich aus der Lage der Großform des Reliefs ergibt oder – ökologisch indirekt wirksam – gleiche Geländeformen" (Klink 1972, S. 13f).

Unter diesem Gesichtspunkt können die Areale der Prozessgefüge-Haupttypen und -Typen auch als Untereinheiten der Haupteinheiten aufgefasst werden, da ihre Areale kleiner als die Haupteinheiten ausgebildet sind. Auch die Haupteinheiten können über Mosaike beschrieben und in ihrer Abgrenzung bestätigt werden, wobei die Mosaike aus Prozessgefüge-Typarealen deren Abgrenzung vor allem im Bereich der Mittelgebirge (vgl. z. B. Sauerland, Schwarzwald oder Fränkische und Schwäbische Alb) aus den gleichen Gründen wie bei dem Vergleich mit den Gruppen aufgeführt (s.o.) besser begründen als diejenigen aus Prozessgefüge-Haupttyparealen. Einige Abgrenzungen lassen sich jedoch weder über die Haupttypen noch über die Typen nachvollziehen, so z. B. die Differenzierung der Dümmer-Geestniederung, Ems-Hunte-Geest oder der Nordbrandenburgischen Platten. Hier haben entweder Kriterien zur Abgrenzung beigetragen, die sich nicht in den Prozessgefüge-Haupttypen oder -Typen widerspiegeln, oder die Grenzführung beruht auf naturräumlichen Unterschieden, die erst in größeren Maßstabsebenen deutlich werden und die Grenzen begründen.

Mosaike aus Arealen der Haupttypen und Typen bestätigen die Abgrenzung der Haupteinheiten sowie deren Gruppen weitestgehend. Gleichzeitig bestätigen die Haupteinheiten und deren Gruppen wegen ihrer übergeordneten Ordnungsstufe gleichzeitig die räumliche Abgrenzung der Prozessgefüge-Haupttypen und -Typen und damit indirekt das Konzept ihrer Typisierung. Die Ordnungsstufe der Naturräumlichen Haupteinheiten kann nach Haase (1964, in Leser 1997, S. 202) als mesochorisch (obere Stufe), die der Gruppen als makrochorisch bezeichnet werden. Die Prozessgefüge-Haupttypen und -Typen können somit als *„mesochorisch, untere Stufe"* gekennzeichnet werden.

Durch den Vergleich der Karten zeigt sich auch, dass sich die Karte der NRG und die Karten der Prozessgefüge-Haupttypen und -Typen im Praxiseinsatz sinnvoll ergänzen können: Über die prozentuale Bestimmung der Flächenanteile unterschiedlicher Haupttypen oder Typen pro Naturraum ist die Bildung von Flächentypen möglich, auf deren Grundlage die Haupteinheiten oder deren Gruppen typisiert werden können. Auf diese Weise können die Einheiten der NRG auch bezüglich des anthropogenen Einflusses auf den natürlichen Stoffhaushalt über die aktuelle[88] Flächennutzung gekennzeichnet werden.

---

[88] Dabei sind die in dieser Arbeit verwendeten Daten zur Bodenbebeckung (1989-1992) – wie auf S. 93 erwähnt – nicht mehr als aktuell zu bezeichnen.

Karte der Geoökologischen Raumtypen von Renners (1991), Maßstab 1 : 1 000 000

Die Geoökologischen Raumtypen von Renners (1991) wurden auf Grundlage der Naturräumlichen Haupteinheiten mit Hilfe einer typisierenden, komplexen Kennzeichnung gebildet. Typisierungsgrundlage bilden Merkmale wie Reliefenergie (m/5 km Horizontalerstreckung)[89], Nährstoffgehalt (des Bodens ohne Düngung), Bodenfeuchteregime, Niederschlagshöhe, Niederschlagsverteilung, Kontinentalitätsstufe und Wärmestufe. Die alten Bundesländer werden über die Areale von 87 Raumtypen gegliedert. Die Grenzführung der Naturräumlichen Haupteinheiten wurde zum Teil von Renners (1991) geändert. Änderungen in der Grenzführung erfolgen in erster Linie auf Grundlage der Bodenkarte von Hollstein (1963), weil dem geomorphologisch-pedologischen Komplex bei der Typisierung ein besonderes Gewicht zugemessen wird. Erst in den Räumen, in denen das Relief und/oder das Klima bei übereinstimmenden Bodeneigenschaften große Unterschiede aufweisen, erfolgt die Abgrenzung nicht nach der Bodenkarte (Renners 1991, S. 45). Die Typisierungskriterien werden von Renners (1991) je nach Raum entsprechend ihrer räumlich differenzierenden Wirkung gewichtet.

Während Renners (1991) die Typisierungskriterien für jede Naturräumliche Haupteinheit durch Vergleich der vorliegenden, bereits klassifizierten Datengrundlagen priorisiert, erfolgt in der vorliegenden Arbeit die Gewichtung der drei Modelleingangsgrößen zur Bildung der Prozessgefüge-Haupttypen während des induktiven Bildungsprozesses automatisch (vgl. Kap. 4.8.1). Die Modellgrößen können einzeln oder gemeinsam die Dominantenfunktion übernehmen. Ihre Gewichtung ist abhängig von

- der Arealgröße (kleine Areale bedingen eine stärkere Raumdifferenzierung) oder
- der Regelhaftigkeit benachbarter, unterschiedlicher Areale. Dabei können die Areale durch verschiedene Ausprägungen einer oder mehrerer Modelleingangsgrößen gekennzeichnet sein. Die nachbarschaftlichen Kontakte begründen die Zusammenfassung zu entsprechenden Haupttypen.

Die Karte von Renners (1991) kann nicht nur unter raumstrukturellen, sondern auch unter inhaltlichen Kriterien den Karten der Prozessgefüge-Haupttypen und -Typen gegenübergestellt werden, weil ähnliche Typisierungskriterien

---

[89] Renners (1991) gibt die Reliefenergie in m pro 5 km Horizontalentfernung an, weil sie die Karte der Landformen in Mitteleuropa von Waldbaur (1958) als Kartiergrundlage benutzt. Waldbaur (1958, S. 154) hat die Reliefenergie als *„Höhenunterschied morphologisch zusammengehöriger Voll- und Hohlformen (innerhalb 5 km Entfernung) gemessen"*. Die Bestimmung der Reliefenergie erfolgt nicht nach der Feldermethode (wie in dieser Arbeit), sondern nach der Konturenmethode (vgl. Waldbaur 1958, S. 154ff).

Eingang fanden – auch wenn Renners die Flächennutzung nicht einbezieht[90]. Insgesamt weisen die Prozessgefüge-Haupttypen kleinere Areale als die der Raumtypen von Renners auf. Davon sind die Haupttypen 66 und 52 ausgenommen, da diese z. B. im Bereich der Mecklenburgischen Becken bzw. in den Mittelgebirgen jeweils große Areale bilden. Im Detail ergeben sich wegen der unterschiedlichen Klassifikation und der nicht in identischer Form interpretierten Kriterien Unterschiede in der raumstrukturellen Differenzierung: Durch die Berücksichtigung des Nährstoffgehalt bei Renners werden Räume über unterschiedliche Raumtypen gekennzeichnet, die in dieser Arbeit von nur einem Prozessgefüge-Haupttyp beschrieben werden: So umfassen die Areale des Prozessgefüge-Haupttyps 52 das Sauerland und das Saar-Nahe-Bergland, während diese Räume bei Renners jeweils über zwei unterschiedliche Raumtypen charakterisiert werden (II12 und II22).

Unterschiede in der Arealausprägung zwischen denen der Raumtypen und denen der Prozessgefüge-Haupttypen ergeben sich zum Einen durch die Berücksichtigung von Nährstoff- und Wärmestufen bei Renners und zum Anderen durch die Berücksichtigung von differenzierten Relieftypen (in Form von Kopplungstypen) in dieser Arbeit: Bei Renners (1991) wird die Reliefenergie in nur 4 Klassen eingeteilt, von der eine alle Raumtypen in den Alpen, eine weitere die Raumtypen im Flachland sowie in Auen und Niederungen beschreibt. Somit werden Mittelgebirge über nur zwei unterschiedliche Reliefausprägungen differenziert – im Gegensatz zur Abstufung der Mittelgebirge über mindestens 4 Kopplungstypen in der hier vorliegenden Arbeit.

Naturraumtypenkarte der DDR (Richter 1978, Barsch & Richter 1981)

Barsch & Richter (1981, Richter 1978) beschreiben das Gebiet der DDR über insgesamt 73 Naturraumtypen, die in 5 Klassen zusammengefasst sind. Die Klasseneinteilung erfolgt vor allem nach Art und Genese des Lockermaterials und/oder nach hydromorphen Eigenschaften. Der Hydromorphiegrad spielt für 28 Naturraumtypen eine differenzierende Rolle. Daneben begründen genetische, morphologische und klimatische sowie den Nährstoffhaushalt kennzeichnende Merkmale die Typenbildung. In unterschiedlichen Naturräumen stellen

---

[90] Die Berücksichtigung der Flächennutzung wirkt sich in dieser Arbeit aufgrund der räumlichen Auflösung bei der Bildung der Prozessgefüge-Haupttypen räumlich kaum aus: Nur zwei Prozessgefüge-Haupttypen (55 und 56) werden bei gleicher Ausprägung von Kopplungstyp und Reliefabhängigem Hydromorphieflächentyp durch unterschiedliche Kombinationen aus Typen der Stoffhaushaltsbeeinflussung inhaltlich differenziert. Obwohl bei der Bildung der anderen Haupttypen die Typen der Stoffhaushaltsbeeinflussung nicht räumlich differenzierend wirken, tragen sie bei der inhaltlichen, prozessorientierten Interpretation erst zur integrativen Kennzeichnung der Haupttypen bei. Somit liegt die Schlussfolgerung nahe, dass die Flächennutzung erst abschließend herangezogen werden könnte (vgl. Haase & Mannsfeld 2002). Dies ergibt sich jedoch zwangsläufig aus den Ergebnissen dieser Arbeit. Jedoch kann bei anderer räumlicher Auflösung kann die Flächennutzung bei der Mosaikbildung eine bedeutendere Rolle spielen.

jeweils unterschiedliche Merkmale das *„diagnostische"* Merkmal dar (Richter 1978). Durch die Klassifikation der Naturraumtypen wird auf einen Blick deutlich, bei welchen Naturraumtypen welche Merkmale bei der Typenbildung differenzierend wirken. Die Klassenbildung hat sich erst während der Kartierung ergeben (Richter 1978, S. 328). In der Legende der Prozessgefüge-Haupttypen in dieser Arbeit werden diese Unterschiede nicht wie bei Richter (1978) in Form übergeordneter Klassen deutlich, sondern indirekt über die Beschreibung der Haupttypen selbst.

Die mittlere Flächengröße der Naturraumtypen-Areale (50 km^2) ist 14 mal kleiner ist als die der Haupteinheiten der Naturräumlichen Gliederung (Richter 1978, S. 327). Dementsprechend bildet die Karte die Naturraumstruktur sehr differenziert ab. Die Areale der Haupttypen und Typen weisen zwar etwas größere Flächen auf, in der Regel fallen jedoch die Begrenzungen von Naturraumtyp-Mosaiken mit Haupttyp-Grenzen zusammen, so dass viele Übereinstimmungen deutlich werden. Der Differenzierungsgrad der Naturraumtypen wird über die Haupttypen nicht erreicht, da weder Ausgangssubstrate noch morphologische Detailkennzeichnungen typbildend berücksichtigt werden.

Das Gebiet der DDR wird durch insgesamt 51 unterschiedliche Prozessgefüge-Haupttypen beschrieben, von denen 29 Haupttypen ca. 99% der Gesamtfläche einnehmen. Der nordöstlich der Elbe gelegene Raum wird in der Karte von Richter (1978) vor allem über Naturraumtypen des glazial bestimmten Tieflands und der Niederungen gekennzeichnet, bei denen die Erscheinungsform des Bodenwassers das diagnostische und damit prägende Merkmal darstellt. Der gleiche Raum wird über Prozessgefüge-Haupttypen mit sickerwassergeprägter Bodenfeuchte- und Stoffdynamik und vorherrschend vertikal gerichteten Bodenwasser- und Stoffflüssen beschrieben, die über verschiede Kopplungstypen differenziert sind. Die nach dem Einfluss des Grundwassers unterschiedenen Naturraumtypen von Richter (1978) entsprechen in ihren Arealen hauptsächlich denen des Prozessgefüge-Haupttyps 76, untergeordnet denen der Haupttypen 70, 72, 78, die sich mindestens im Unterboden durch grundwassergeprägte Bodenfeuchte- und Stoffdynamik auszeichnen. Der südwestlich der Elbe gelegene Raum wird zum Einen über lößbestimmte, niederschlagsarme, zum Anderen vor allem über durch Reliefform und Gesteinsart definierte Naturraumtypen beschrieben. Trotz der unterschiedlichen typbildenden Kriterien betonen die Areale der in diesem Raum vorkommenden Prozessgefüge-Haupttypen viele Strukturen in ähnlicher Weise.

Über Prozessgefüge-Typen werden vor allem diejenigen Räume gekennzeichnet, die bei Richter (1978) über Klimamerkmale definierte Naturraumtypen (niederschlagsarm, niederschlagsreich) beschrieben werden. Damit können die Trockengebiete ebenso wie die niederschlagsreicheren Mittelgebirgsräume (Harz, Erzgebirge, Thüringer Wald) über ausgewählte Prozessgefüge-Typen abgebildet werden.

Kartenvariante „UBA PNV IX"[91] der multivariat-statistisch abgeleiteten Raumgliederung Deutschlands von Schmidt (2002), Maßstab 1 : 4 000 000

Schmidt (2002) leitet Raumtypen mit Hilfe eines Clusterverfahrens auf Grundlage unterschiedlicher Variablenkonstellationen ab. Zielvariable ist die potenzielle natürliche Vegetation (pnV) in Form einer Karte vom Bundesamt für Naturschutz. Anhand der Variablen wird die Abgrenzung der 67 Klassen der pnV, die *„Integralindikator für die landschaftsökologisch definierte Standortqualität"* ist (Schmidt 2002, S.32), begründet. Die Erstellung der pnV-Karte soll darüber nachträglich nachvollziehbar gemacht werden.

Zur Erstellung der Kartenendvariante (UBA PNV XI) gehen als Variablen Bodenart, Höhe und Globalstrahlung ein. In dieser als abschließend bestes Raumgliederungsergebnis (im Sinne der größten Ähnlichkeit mit der pnV-Karte) dargestellten Kartenvariante gliedern Areale von 21 Klassen den Raum. Diese Klassen sind entsprechend der Eingangsvariablen vor allem im Mittelgebirge über Landhöhe und Globalstrahlung, im Flachland über die Bodenart definiert (vgl. Karten in Schröder et al. 2001). Großstrukturen werden über Areale nachgezeichnet, die in etwa der Größe der Gruppen der Naturräumlichen Haupteinheiten (BfLR 1960, vgl. Karte 22) entsprechen, z. T. aber auch größer ausgebildet sind. Mittelgebirge wie Odenwald, Spessart, Hunsrück oder Taunus werden über unterschiedliche Klassen beschrieben, obwohl sie in ihrer Reliefausprägung (Reliefenergie, Geländeneigungen) und den durch das Relief gesteuerten Wasser- und Stoffflüssen ähnlich sind. Sie werden unterschiedlichen Klassen zugeordnet, weil die orographische Höhe in die Klassenbildung eingeht. Die Höhe als alleiniges beschreibendes Reliefmerkmal einzubeziehen, erscheint aus landschaftsökologischer Sicht nicht sinnvoll. Sie geht bei Schmidt (2002) jedoch ein, weil sie neben Boden und Klima ein Merkmal ist, das für *„die PnV ökologisch ausschlaggebend"* ist (Schmidt 2002, S. 32). Die Klassen beschreibt Schmidt (2002) in erster Linie über die potenzielle Vegetation. Diese Beschreibungen werden über ausgewählte Angaben zur Ausprägung der Variablen ergänzt, die in die Klassenbildung eingegangen sind.

Die Karten der Prozessgefüge-Haupttypen und Prozessgefüge-Typen zeigen ähnliche Raumabgrenzungen, weil indirekt bzw. direkt ähnliche Variablen berücksichtigt werden. Bei Schmidt (2002) gehen diese unklassifiziert und untypisiert in die Clusteranalyse, bei der Bildung von Prozessgefüge-Haupttypen dagegen klassifiziert und typisiert in die Mosaikanalyse ein. Bestimmte Klassenareale fallen mit denen von Prozessgefüge-Haupttypen oder -Typen teilweise zusammen: z. B. Areale des Haupttyps 52 z. T. mit denen der Klasse 12 bei Schmidt (2002). Größere Ähnlichkeiten zeigen sich beim Vergleich der Haupttypen mit der Original-Karte der pnV (vgl. Anhang B1.1 in

---

[91] UBA = Umweltbundesamt, PNV = potenzielle natürliche Vegetation, XI = Kartenvariante 9

Schröder 2001), weil diese Strukturen differenzierter nachzeichnet als die Kartenvariante UBA PNV XI (z. B. im Schwarzwald oder im Nordwestdeutschen Flachland).

Karte der landnutzungsbedingten Raumtypen von Glawion (2002, S. 300f)

Glawion (2002) definiert 16 landnutzungsbedingte Raumtypen nicht nur über die Interpretation der Landnutzung bzw. Bodenbedeckung (Corine Land Cover), sondern zusätzlich auf Basis wasser-, nährstoff- und wärmehaushaltlicher Eigenschaften (Glawion 2002, S. 297). Die Raumtypen werden unter anderem durch 13 Kombinationen unterschiedlicher anthropogener Stoffeinträge und -entnahmen charakterisiert, die sich an den Kategorien der anthropozoogenen Beeinflussung der standörtlichen Stoffdynamik von Zepp (1999, S. 454f) orientieren (vgl. Tab. 4 in dieser Arbeit). Die resultierenden Raumeinheiten sind räumlich wenig zusammenhängend ausgebildet, da die Zuordnung der Raumtypen zellenbasiert auf Grundlage der Daten zur Bodenbedeckung (Statistisches Bundesamt 1997) erfolgt. Die Zellengröße beträgt 1 ha. Größere Raumeinheiten lassen sich über Raumtyp-Mosaike oder dominierende Raumtypen erkennen. Zusammenhängende Raumeinheiten, die als Planungsgrundlage dienen könnten, werden nicht geschaffen. Die Karte zeichnet sich durch ihren informativen Charakter aus und kann deshalb zur Kennzeichnung von bestehenden Raumeinheiten verwendet werden (z. B. anstelle von Flächennutzungsarten). Die Ableitung der einzelnen Raumtypen ist anhand der Darstellung in Glawion (2002) nicht im Detail nachvollziehbar. Ein Vergleich mit den Karten der Prozessgefüge-Haupttypen und -Typen kann deshalb nicht wie bei den anderen diskutierten Karten durchgeführt werden. Einen unmittelbaren Vergleich lässt die Karte mit der Karte der Typen der Stoffhaushaltsbeeinflussung zu (vgl. Karte 15). Gemeinsamkeiten und Unterschiede wurden bereits in Kap. 4.5.3 (S. 123ff) angesprochen.

Karten der Meso- und Makrochoren für Sachsen (Haase & Mannsfeld 2002)

Die Karte der Prozessgefüge-Haupttypen soll mit Karten der Meso- und Makrochoren von Sachsen verglichen werden, obwohl diese auf Datengrundlagen im Maßstab 1 : 50 000 und nach einem anderen Konzept (vgl. Haase & Mannsfeld 2002) erstellt wurden. Dieser Vergleich soll klären, ob trotz unterschiedlicher Detailgrade der Datengrundlagen auf einer vergleichbaren Maßstabsebene ähnliche Ergebnisse erlangt werden können. Mesochoren werden durch Aggregierung von Mikrochoren gebildet, Makrochoren durch Aggregierung von Mesochoren. Einzelne Meso- wie Makrochoren stellen individuelle, einmalig und nicht typisierte Raumeinheiten dar. Die Geometrien der Mesobzw. Makrochoren befinden sich als ArcView-Shape-Dateien auf einer CD, die Haase & Mannsfeld (2002) beigefügt ist. Auf deren Grundlage werden die Meso- und Makrochoren gemeinsam im Maßstab 1 : 1 000 000 in Form eines pdf-Dokuments dargestellt (Karte_Sachsen.pdf, s. Anhang 15, CD-ROM). Diese Karte kann zur Erleichterung des Vergleichs auf Transparentfolie gedruckt werden.

Die Areale der Mesochoren sind kleiner ausgebildet als die der Prozessgefüge-Haupttypen und liegen deshalb zum Großteil innerhalb von Haupttypareale. Viele zerschneiden die Haupttypareale und lassen sich daher offensichtlich nicht mit Hilfe der Prozessgefüge-Haupttypen interpretieren. Gleiches gilt für die Areale der Makrochoren: Diese sind etwas größer als die der Haupttypen ausgebildet, zerteilen aber dennoch die Haupttypareale. Insgesamt beschreiben nur wenige räumliche Kombinationen von Haupttypareale einige Makrochoren (z. B. Westerzgebirge, Mittleres Erzgebirge, Osterzgebirge).

Die unterschiedlichen Detailstufen der Datengrundlagen, die unterschiedlichen Kennzeichnungs- bzw. Typisierungskriterien, ihre Klassifikation sowie der große Bezugsraum (Deutschland) zur Bildung der Prozessgefüge-Haupttypen (diese sind dadurch heterogener zusammengesetzt) stehen einer gegenseitigen Bestätigung der Arealabgrenzungen entgegen.

Karte „Landschaftsökologische Differenzierung des Bonner Raums" von Zepp (1997)

Ein Vergleich von Karten gleichen Maßstabs, die auf Grundlage des *gleichen* Typisierungsansatzes und inhaltlich ähnlicher, jedoch unterschiedlicher Detailstufe angehörenden Datengrundlagen erstellt wurden, soll helfen abzuschätzen, ob man zu ähnlichen Ergebnisse gelangt.

Ein Vergleich bietet sich – mit Einschränkungen – mit der Karte von Zepp (1997) an, die einen Maßstab von etwa 1 : 76 000 aufweist. Die in dieser Karte ausgewiesenen Areale von 20 Prozessgefüge-Typen stellen keine aggregierten Raumeinheiten nach raumstrukturellen Kriterien dar, da sie durch quasitopisches Vorgehen gebildet wurden. Deshalb bietet sich ein Vergleich weniger mit den durch raumstrukturelle Aggregierung entstandenen Prozessgefüge-Haupttypen und -Typen, sondern mehr mit der Karte der Prozessgefüge-Grundtypen an. Ein vergleichbar großer Kartenausschnitt wird über die Areale von 183 Prozessgefüge-Grundtypen differenziert. Es gibt Arealübereinstimmungen innerhalb Bereiche gleichen Kopplungstyps. Innerhalb dieser ergeben sich Unterschiede, weil in der Karte von Zepp (1997) Landnutzungen bzw. die darauf aufbauenden Typen stärker differenziert dargestellt werden.

Einfluss von Arealgrößen auf die inhaltliche Gewichtung von Modelleingangsgrößen

Die Bedeutung der unterschiedlichen Gewichtung typbildender Merkmale je nach unterschiedlicher Landschafts- bzw. Naturraumstruktur eines Raumes tritt bei den hier diskutierten Karten deutlich hervor. Die räumlich von Region zu Region ggf. variierenden räumlichen Auflösungen der Raumbildungs- bzw.

Raumgliederungsmerkmale bestimmen sowohl bei den hier vorgestellten Raumgliederungen als auch den in dieser Arbeit durchgeführten induktiven Raumbildungen die inhaltliche Gewichtung von Merkmalen. Durch die automatisierte Mosaiktypbildung wird dieser Einfluss wegen der Ausschaltung subjektiver Gewichtungen besonders deutlich, wie das Beispiel eines alternativen Vorgehens zur Bildung von Prozessgefüge-Typen deutlich macht, das sich von dem in dieser Arbeit durchgeführten unterscheidet: Geht die Karte der 6 Typen des klimaabhängigen Wasserangebots (TKW) von *vornherein* mit den Karten der anderen Modelleingangsgrößen in die Bildung von Prozessgefüge-Grundtypen – und damit in die Mosaikanalyse – ein, wird nahezu die gleiche Arealgeometrie gebildet (vgl. Karte 23; für Ausdruck auf Transparentfolie: s. Karte_23.pdf, Anhang 15, CD-ROM) wie sie sich durch die Differenzierung der Prozessgefüge-Haupttypareale über die Verschneidung mit den Arealen der TKW ergeben (vgl. Karte 21 sowie Kap. 4.9.2). Dies lässt sich damit begründen, dass die Grundtypen innerhalb einer TKW-Region häufiger und regelhafter benachbart auftreten als mit denen anderer Klimaregionen: Da die TKW große Areale bilden (vgl. Karte 20) unterscheiden sich die Grundtypen nach diesen Regionen getrennt über das Klima, obwohl sie das gleiche über Hydromorphie, Kopplung und Beeinflussung des Stoffhaushaltes definierte Prozessgefüge aufweisen. Die Areale der TKW geben somit indirekt einen Bezugsrahmen zur Bildung von Mosaiken vor. Die Berücksichtigung der TKW *nach* der induktiven Bildung der Prozessgefüge-Haupttypen ermöglichen die separate Darstellung von Prozessgefüge-Haupttyp-Arealen. Dies wäre bei dem oben beschrieben Verfahren nicht möglich. Zudem sollen sich Prozessgefüge-Haupttypen durch jeweils ein bestimmtes über Hydromorphie, Kopplung und Beeinflussung des Stoffhaushaltes definierte Prozessgefüge auszeichnen, das mit Hilfe der KWB bezüglich der potenziellen wassergebundenen Prozessintensitäten gekennzeichnet wird. Die Klassifizierung der KWB entscheidet über die Größe der entstehenden Prozessgefüge-Typareale.

Aus diesen Ausführungen ergibt sich grundsätzlicher Untersuchungsbedarf, um zu klären, in wie weit sich die Eingangsgrößen (bei aus mehreren vertikalen Schichten zusammengesetzten Raumeinheiten) in Abhängigkeit ihrer jeweiligen Arealgrößen auf ihre inhaltliche Gewichtung auswirken. Somit könnten Datengrundlagen so in ihrer inhaltlichen und räumlichen Auflösung angepasst werden, dass die Raumbildung so wenig wie möglich durch Vorgaben gesteuert wird. In diesem Zusammenhang wäre ebenfalls näher zu untersuchen, wie sich die Mosaikergebnisse ändern, wenn die Kontakte eines Typs zu sich selbst bei der Berechnung der beiderseitigen Konfinität und damit bei der Mosaikbildung auswirkt. Erste Untersuchungen haben gezeigt, dass viele Kontakte zu anderen Typen abgewertet werden, wenn die Autokontakte berücksichtigt werden. Beispielsweise beträgt die beiderseitige Konfinität zwischen den Prozessgefüge-Grundtypen 1 und 3 in dieser Arbeit ohne Einbezug der Autokontakte 0,456, mit Einbezug jedoch nur 0,026. Diese Unterschiede wirken sich immens auf die Bildung von Mosaiktypen aus.

Die Zusammenfassung von Prozessgefüge-Grundtypen mit dem Programm MOSAIK hängt damit von

- der Häufigkeit ihres nachbarschaftlichen Auftretens,
- der Berücksichtigung der Autokontakte bei der Berechnung der beiderseitigen Konfinität,
- der Klassifizierung der Modelleingangsgrößen und den daraus resultierenden Arealgrößen ab.

Wird ein relativ großer, durch eine bestimmte Wertespanne seiner Ausprägung (z. B. KWB) definierter Raum über die Wahl kleinerer Klassen dargestellt, wird dieser Raum über mehrere, räumlich verzahnte kleine Areale räumlich abgebildet, die in regelhafter Art nachbarschaftlich auftreten. Im Rahmen der Mosaikanalyse werden diese zu einem Areal oder mehreren größeren Arealen vereint. Die Grenzen dieser Areale werden dann durch die Vielzahl an kleinen Arealen gebildet. Die Grenzen weisen dadurch ggf. andere Formen auf als diejenigen der Areale, die sich aus der groben Klassifizierung der Werteausprägungen ergeben. Demzufolge ist es bei der induktiven Bildung größerer Raumeinheiten aus Gründen der „Selbstorganisation" empfehlenswerter, mit räumlich hoch auflösenden Eingangsgrößen zu arbeiten als mit räumlich gering aufgelösten.

In dieser Arbeit werden Grenzen vor allem gemeinsam durch die Areale der Kopplungstypen und Reliefabhängigen Hydromorphieflächentypen bestimmt. Dabei prägen nicht die einzelnen, durch die Verschneidung entstandenen Areale die Grenze, sondern zum Großteil räumlich vergesellschaftete.

Die Differenzierung der Haupttypen erfolgt in erster Linie über die Typen der Stoffhaushaltsbeeinflussung. Dies trifft vor allem für die Haupttypen zu, die der Gruppe 1 (pro Haupttyp: 1 Kopplungstyp, 1 Reliefabhängiger Hydromorphieflächentyp, mehrere Typen der Stoffhaushaltsbeeinflussung) angehören (vgl. Kap. 4.8.1, S. 150ff und Karte 19). In kleinräumig stark unterschiedlich reliefierten Räumen (Mecklenburgische Becken, Schleswig-Holsteinisches Hügelland, Teilräume der Mittelgebirge im Bereich der Deckgebirge, Alpenvorland) zeichnen sich die Haupttypen der Gruppe 2 gleichzeitig durch unterschiedliche Kopplungstypen und unterschiedliche Typen der Stoffhaushaltsbeeinflussung aus. In wenigen Räumen bilden alle drei Eingangsgrößen zusammen die Dominante (Haupttypen der Gruppe 4).

Je nach Bedeutung der unterschiedlichen Modelleingangsgrößen für die Abgrenzung der Haupttypareale können folgende **Grenztypen** benannt werden:

- durch Hydromorphieflächentyp bestimmt
- durch Kopplungstyp(en) bestimmt
- durch Hydromorpieflächentyp und Kopplungstyp(en) bestimmt

- durch Typ(en) der Stoffhaushaltsbeeinflussung und Hydromorphieflächentyp bestimmt
- durch Kopplungstyp(en), Typ(en) der Stoffhaushaltsbeeinflussung und Hydromorphieflächentyp bestimmt.

Durch Verschneiden der Polygone aller Modelleingangsgrößen und anschließender Darstellung und Kennzeichnung jedes Grenzabschnittes, können die Grenzen in der Haupttypen- oder Typenkarte entsprechend typisiert werden. Eine Kennzeichnung der Grenzen kann als Interpretationshilfe dienen, die prozessualen Beziehungen zwischen Arealen von Haupttypen oder Typen einzuschätzen. Eine kartographische Unterscheidung der Typen von Grenzen würde jedoch zu einer Überfrachtung der Darstellung führen.

Schlussfolgerungen

Insgesamt zeigen die vorgenommenen Kartenvergleiche, dass sich wegen des korrelativen Zusammenhangs landschaftsbestimmender Merkmale (Herz 1984) immer wieder Übereinstimmungen in der Betonung räumlicher Strukturen finden auch wenn sich die Typisierungs- und Klassifikationsansätze zur Erstellung der Karten unterscheiden. Dennoch sind neue Raumgliederungen – wie diejenige dieser Arbeit – nach neuen inhaltlichen Konzepten und unter Verwendung neuer Methoden und Techniken erforderlich. Die inhaltliche Kennzeichnung der gliedernden Typen ist entscheidend. Der Zweck bestimmt jeweils die Inhalte der unterschiedlichen Karten, so dass eine Karte niemals alle anderen ersetzen kann.

Im Rahmen der Kartenvergleiche sind verschiedene methodische Punkte diskutiert worden, die einer weiterführenden Untersuchung bedürfen. Dies betrifft

- die Abschätzung des Einflusses der Arealgrößen der Eingangsgrößenausprägungen auf die spätere inhaltliche Gewichtung der Eingangsgrößen durch die Mosaiktypbildung,
- die Festlegung von limitierenden Grenzwerten für die maximale Arealgröße von Eingangsgrößen unter Berücksichtigung der an die Maßstabsebene gebundenen inhaltlichen Charakteristika im Hinblick auf die Zielarealgrößen der angestrebten Dimension,
- die Untersuchung der Ergebnisunterschiede der Mosaikbildung, die sich durch Berücksichtigung bzw. Nichtberücksichtigung der Autokontakte zur Berechnung der beiderseitigen Konfinität ergeben und Ausarbeitung einer Empfehlung für die Anwendung dieser Optionen in Abhängigkeit der Fragestellung sowie

- die Untersuchung, Darstellung und Beurteilung der Unterschiede, die sich durch mehrstufige Mosaikbildung gegenüber einer einstufigen ergeben, sowie Ausarbeitung einer Empfehlung in Abhängigkeit von den inhaltlichen wie raumstrukturellen Zielen einer Raumgliederung.

Die Karte der Prozessgefüge-Haupttypen sowie der Prozessgefüge-Typen sollte kartographisch zu einer komplexen Karte weiterentwickelt werden, so dass Inhalte, die bislang allein aus der Legende erschlossen werden können, direkt ablesbar werden (vgl. Renners 1991, Dahm 1957). Zudem sind alle erforderlichen Daten soweit aufbereitet, dass sie in einem Informationssystem zusammengefasst werden können, die die Nachvollziehbarkeit der Raumgliederung garantieren.

6 ANWENDUNGSASPEKTE UND ÜBERTRAGBARKEIT

Den Anlass für diese Arbeit ergab sich von wissenschaftlicher wie planerischer Seite aus (vgl. Kap. 1): Seitens der **Planungspraxis** werden Bezugsräume sowie Informationen zum Aufbau und zu dem Wirkungsgefüge einer Landschaft benötigt, denn nach dem Raumordnungsgesetz der Bundesrepublik Deutschland sind *„bei der Sicherung und Entwicklung der ökologischen Funktionen [...] auch die jeweiligen Wechselwirkungen zu berücksichtigen"* (§ 2 Abs. 2 Punkt 8 ROG[92]). Von **wissenschaftlicher Seite** aus werden Wechselwirkungen in der Landschaft erforscht und Ergebnisse komplex dargestellt (u.a. in kartographischer Form). Diese Informationen werden zum Einen von Akteuren in der Planung aufgegriffen, zum Anderen dienen sie als Grundlage weiterer Forschungen, in denen Zusammenhänge in Detailstudien untersucht und Möglichkeiten der Übertragbarkeit von solchen zumeist kleinräumigen, kostenintensiven Untersuchungen gesucht werden (Regionalisierung). Die daraus resultierenden Ergebnisse können ebenfalls als Grundlage in der Planung dienen.

Die über landschaftsökologische Prozessgefüge typisierten Landschaften fördern durch ihren integrativen Charakter und ihre integrative Kennzeichnung bei Planern das Verständnis für die Wechselwirkungen, deren Berücksichtigung im Raumordnungsgesetz gefordert werden; so vor allem, wenn die Methodik zu ihrer Erstellung nachvollziehbar dargelegt wird. Dies schließt die Dokumentation von Teilergebnissen in Form von Karten und Beschreibungen ein (idealerweise in einem Informationssystem). Die Möglichkeit der Abfrage von arealindividuellen Informationen auf Basis digitaler Karten erhöht nicht nur die Anwendbarkeit der Karten sondern fördert zugleich ihre Akzeptanz. Erschließen sich dem Planer auf diese Weise auch detaillierte Informationen aus der Karte, die sich mit seinem Wissen über einen bekannten Raum decken, wird dieser nicht nur die Karte an sich, sondern auch das Konzept ihrer Erstellung akzeptieren. Bislang wird immer wieder beklagt, dass komplexe Raumgliederungen in der Planung keine Akzeptanz finden, weil sich Informationen nur durch größeren Aufwand erschließen lassen (vgl. Bastian 2002). Auf der Grundlage der landschaftsökologischen Karten dieser Arbeit können vor allem größere Planungsräume (größer 100 km^2) über Areale von Prozessgefüge-Haupttypen und -Typen gekennzeichnet werden. Darauf aufbauend lassen sich Landschaftsfunktionen und -potenziale bewerten[93] und Leitbilder einer nachhaltigen Planung formulieren (vgl. Haase & Mannsfeld 2002, Mosimann et al. 2001). Werden als Bezugsräume die Naturräumlichen Haupteinheiten von

---

[92] Raumordnungsgesetz (ROG) vom 18. August 1997 (BGBl. I S. 2081, 2102), i.d.F. der Bekanntmachung vom 25.08.1997 (BGBl. I S. 2102), geändert durch Gesetz vom 15.12.1997 (BGBl. I S. 2902)
[93] Wegen ihrer heterogenen Zusammensetzung können Areale von Prozessgefüge-Haupttypen bzw. -Typen z. B. mit Hilfe von Fuzzy sets bewertet werden (vgl. Syrbe 1993).

Meynen & Schmithüsen (1952-1963) bzw. die auf den Blättern der geographischen Landesaufnahme (BfLR 1948/49-1994) ausgewiesenen verwendet, können die Karten der Prozessgefüge-Haupttypen und -Typen deren Aufbau verdeutlichen und den Prozessgefüge-Charakter einer Haupteinheit darstellen (vgl. Kap. 5).

Aus wissenschaftlicher Sicht können auf Grundlage der Prozessgefüge-Haupttyp- und -Typareale topisch wie chorisch wirksame, vor allem wasserbezogene Prozesse quantifiziert und modelliert werden – auch wenn dabei im Gegensatz zu Flusseinzugsgebieten In- und Outputs schwieriger zu erfassen sind, da Prozessgefüge-Haupttyp- und -Typareale nach allen Seiten offene Systeme darstellen. Die Areale können zum Beispiel von Gewässern durchflossen werden oder Inputs von höher gelegenen, über andere Haupttypen oder Typen gekennzeichneten Flächen erfahren (z. B. in Form von Interflow oder oberflächlich abfließendem Wasser). Die Quantifizierung wassergebundener Prozesse dient zur Beschreibung und Modellierung des Gebietswasser- und Stoffhaushaltes und ermöglicht darüber die Kennzeichnung von Wasser- und Stoffflüssen bezüglich ihrer Intensität (Menge pro Zeit und Fließstrecke), ihrer chemischen Zusammensetzung und ihrem zeitlichen Verhalten in Abhängigkeit von der vertikalen wie horizontalen Landschaftsstruktur einschließlich der Flächennutzung und den damit verbundenen direkten anthropogenen Stoffeinträgen und -entnahmen.

Untersuchungsergebnisse und -erkenntnisse, die innerhalb von Prozessgefüge-Haupttyp- bzw. -Typarealen gewonnen wurden und deren Merkmalskomplexität widerspiegeln, können (trotz der individuellen Unterschiede innerhalb der Areale eines Haupttyps bzw. Typs) eher auf ein Areal des gleichen Haupttyps bzw. Typs übertragen werden als auf eines anderer Haupttypen bzw. Typen. Dies trifft ebenso auf die Übertragung von solchen Merkmalen zu, die auf Grundlage einer ähnlichen Merkmalskomplexität wie die landschaftsökologischen Prozessgefüge-Haupttypen und -Typen definiert oder bewertet wurden (z. B. Hochwasserwirksamkeit, Bodenerosionsgefahr, potenzielle natürliche Vegetation, Phytodiversität).

Die **Methodik zur Typisierung** von Landschaften über landschaftsökologische Prozessgefüge in chorischer Dimension kann auf andere Räume ähnlichen Maßstabs übertragen sowie in modifizierter Form (Modelleingangsgrößen, Klassifizierung) zur Typisierung von Landschaften auf anderen Maßstabsebenen angewendet werden.

Abschließend wird festgestellt, dass das Modell der landschaftsökologischen Prozessgefüge von Zepp (1991c, 1999) in chorischer Dimension anwendbar ist. Das Modell lässt nicht nur die notwendige Modifikation der Modelleingangsgrößen, ihre Ableitung und Klassifikation, sondern auch die Wahl der Raumgliederungsverfahren und der Verfahren zur Umsetzung des Modells zu.

ZUSAMMENFASSUNG

Für Deutschland lag bislang keine landschaftsökologische Raumgliederung vor, die die gesamte Fläche nach der Wiedervereinigung der beiden deutschen Staaten abdeckt. Seit Jahrzehnten wurde auf die von der Autorenschaft um Meynen & Schmithüsen (1952-1963) erstellte Naturräumliche Gliederung Deutschlands zurückgegriffen, in der Naturräume nach ihrem unterschiedlichen Gesamtcharakter voneinander abgegrenzt sind. Der naturräumliche Gesamtcharakter wurde in erster Linie über die Physiognomie erfasst, die vor allem durch das Relief und die Vegetation bestimmt wird. Der Aufbau der Landschaft über ihre Bestandteile und vor allem deren Wechselwirkungen wurden über diese Raumeinheiten dagegen nicht dargestellt.

Ziel dieser Arbeit war es deshalb, Landschaften Deutschlands in chorischer Dimension über landschaftsökologische Prozessgefüge systematisch zu erfassen, zu typisieren und räumlich voneinander abzugrenzen. Dazu wurde ein entsprechendes Konzept und eine zur Umsetzung geeignete GIS-gestützte Methodik entwickelt. Die Herausforderung lag darin, Landschaften nach ihrem inhaltlichen wie räumlichen Gefüge systematisch zu ordnen. Dazu wurden die Erkenntnisse der komplex-analytisch ausgerichteten Landschaftslehre der DDR mit den Erkenntnissen der kleinräumigen landschaftsökologischen Detailforschung der BRD miteinander verbunden.

Für die landschaftsökologische Erfassung und Typisierung von Landschaften mussten geeignete Typisierungskriterien gefunden werden. Die Auswahl dieser Kriterien ist von der Landschaftsauffassung sowie von der Maßstabsebene abhängig, auf der Landschaften betrachtet und dargestellt werden sollen. In dieser Arbeit wird Landschaft als hierarchisches System aufgefasst, das sich aus Bestandteilen zusammensetzt, die miteinander vor allem über Bodenwasser- und Stoffflüsse in Relation stehen. Größere Landschaftsräume zeichnen sich durch eine vertikale wie horizontale Struktur aus: Die vertikale Struktur wird durch Klima, Vegetation und Flächennutzung, Relief, Boden und Gestein gebildet, wobei diese einzelnen Landschaftsfaktoren als Schichten aufgefasst werden. Die horizontale Struktur bildet komplex oder separierend Merkmalsausprägungen innerhalb einer oder mehrerer dieser Schichten ab. Über diese Merkmalsausprägungen können Räume definiert und abgegrenzt werden.

Für die Typisierung größerer Landschaftsräume in Deutschland sollten Raumstrukturen erfasst werden, die sich aus der charakteristischen Anordnung von in funktionaler Beziehung stehenden Raumeinheiten ergeben. Die Erfassung solcher Raumeinheiten macht in inhaltlicher wie raumstruktureller Hinsicht methodische Schwierigkeiten, da nicht nur die Wechselwirkungen innerhalb der Teilräume erfasst werden müssen, sondern auch diejenigen, die zwischen diesen bestehen. Um diesen Schwierigkeiten zu begegnen, wurde ein Modell gewählt, das diese Wechselwirkungen prozessorientiert und integrativ berücksichtigt. Die Prozessorientierung bedeutet dabei die Erfassung und Darstellung vertikaler wie horizontal gerichteter Prozesse unterschiedlicher räumlicher Reichweiten, die selbst Bestandteil wie Ausdruck des Landschaftssystems sind. Einen solchen integrativen Ansatz stellt das Modell der landschaftsökologischen Prozessgefüge von Zepp (1991c, 1999) dar. Über ausgewählte, den Wasser- und Stoffhaushalt widerspiegelnde Merkmale werden Landschaften hierarchisch typisiert und räumlich differenziert. In dem Modell werden auf hierarchisch höchster Ebene (Prozessgefüge-Haupttypen) der Bodenwasserhaushalt und die Beeinflussung des natürlichen Stoffhaushaltes durch anthropogene Stoffeinträge und -entnahmen berücksichtigt. Die auf einer Hierarchieebene untergeordneten Prozessgefüge-Typen werden zusätzlich über ausgewählte Merkmale zum systeminternen Zustand gekennzeichnet. Das Modell wurde bislang nur in kleineren Räumen angewandt, wobei Wechselwirkungen benachbarter Flächen jeweils nur von einer Fläche ausgehend über Bodenwasser- und Stoffflüsse berücksichtigt wurden. Da sich eine größere Landschaft jedoch aus einer Vielzahl kleiner Flächen zusammensetzt, die miteinander über Bodenwasser- und Stoffflüsse in Verbindung stehen können, sollte aus der regelmäßigen Anordnung von Flächen (Mosaik) innerhalb Deutschlands auf charakteristische, in einem größeren Raum vorherrschende Prozessbeziehungen geschlossen werden. Deshalb wurden zunächst kleine, in ihrem Prozessgefüge als homogen definierte Raumeinheiten (Prozessgefüge-Grundtypen) in ihrer räumlichen Anordnung analysiert und auf Grundlage regelhaft auftretender Nachbarschaften zu größeren Raumeinheiten zusammengefasst und interpretiert.

Methodisch wurden die Prozessgefüge-Grundtypen GIS-gestützt durch die Verschneidung von drei Karten gebildet, die jeweils bereits landschaftsökologisch interpretierte Typen darstellen: Reliefabhängige Hydromorphieflächentypen, Kopplungstypen und Typen der Stoffhaushaltsbeeinflussung. Diese Typen entsprechen inhaltlich den im Modell der landschaftsökologischen Prozessgefüge genannten Typisierungsgrößen, die für eine Ausweisung von Prozessgefügen in chorischer Dimension angepasst wurden. Die Areale der Prozessgefüge-Grundtypen differenzieren Deutschland räumlich stark und lassen visuell in nur wenigen Regionen Mosaike erkennen. Auf Grundlage dieser Karte wurden Mosaike mit Hilfe des im Rahmen dieser Arbeit entwickelten Programms MOSAIK (Böcker 2003) identifiziert und typisiert. Die Identifikation der Mosaike baut dabei auf einer rasterzellenbasierten Analyse von Kontakten auf. Die Kontakte zwischen Prozessgefüge-Grundtypen wurden anschließend über ein den Contagion-Maßen zuordbares Maß (Konfinität) bewertet und bedeutende Kontakte definiert. Bedeutend benachbarte Raumtypen wurden sukzessiv über einen in MOSAIK umgesetzten Algorithmus von Garten (1976) zu Mosaiktypen zusammengefasst. Die Mosaiktypen setzen sich aus Grundtypen zusammen, die sich durch unterschiedliche Ausprägungen der Typisierungsgrößen unterscheiden.

Die Festlegung der bedeutenden Kontakte erfolgt über unterschiedliche Schwellenwerte. Im Rahmen einer Sensitivitätsanalyse wurden die bei unterschiedlichen Schwellenwerten gebildeten Mosaiktypen in ihrer inhaltlichen wie raumstrukturellen Ausprägung untersucht und miteinander verglichen. Dabei hat sich gezeigt, dass mit kleiner werdendem Schwellenwert die Anzahl der Mosaiktypen mit mehr als einem Grundtyp zunimmt, die Mosaiktypen bei unterschiedlichen Schwellenwerten jedoch nicht zwangsläufig eine größere Heterogenität aufweisen. Die raumstrukturellen Vergleiche zeigen, dass mit kleiner werdendem Schwellenwert die Areale der Mosaiktypen zusammenhängender und weniger über innen liegende Areale fragmentiert werden.

Für die Schaffung einer landschaftsökologischen Karte für Deutschland im Maßstab 1 : 1 Mio. wurden die Mosaiktypen eines Schwellenwertes ausgewählt, die sich aus inhaltlichen wie raumstrukturellen Gründen als dafür geeignet erwiesen haben. Um die Anzahl der unterschiedlichen Mosaiktypen auf die in dem Maßstab darstellbaren zu reduzieren, wurden die Areale gefiltert, die eine Fläche kleiner als 400 ha aufwiesen. Zuletzt wurden 89 Mosaiktypen als Prozessgefüge-Haupttypen definiert, die inhaltlich und raumstrukturell beschrieben und gekennzeichnet wurden. Die inhaltliche Kennzeichnung erfolgt auf Grundlage der Eigenschaften der Prozessgefüge-Grundtypen, die jeweils einen Prozessgefüge-Haupttyp bilden. Die prozessorientierte Kennzeichnung der Haupttypen erfolgt durch Angabe der vorherrschenden Richtung der Bodenwasserflüsse, der vorherrschenden Prägung der Bodenfeuchte- und Stoffdynamik sowie der Stärke der Beeinflussung des natürlichen Stoffhaushalts. Die digitale Karte der Prozessgefüge-Haupttypen hält zusätzlich für jedes Areal weitere individuelle Kennzeichnungen bereit (z. B. durchschnittliche Reliefenergie und Geländeneigung, dominierender Grundtyp, dominierende Bodenbedeckungsart).

Dem hierarchischen Modell der Prozessgefüge folgend wurde neben der Karte der Prozessgefüge-Haupttypen eine Karte der Prozessgefüge-Typen erstellt: In dieser werden die Areale der Prozessgefüge-Haupttypen nach klimatischen Aspekten differenziert. Ziel war es, das klimaabhängige Wasserangebot und die Intensität der Bodenwasserflüsse über klassifizierte Jahresmittelwerte der Klimatischen Wasserbilanz (1961-1990) innerhalb der Areale der Prozessgefüge-Haupttypen darzustellen. Durch Kombination der Karte der Prozessgefüge-Haupttypen und der Karte der Typen des klimaabhängigen Wasserangebots wurden die 89 Prozessgefüge-Haupttypen in 274 Prozessgefüge-Typen differenziert. Über diese 274 Prozessgefüge-Typen mit 16718 Arealen wird Deutschland gegliedert. Wegen der Vielzahl an Typen ist die Karte mit ihren allgemeinen wie detaillierten, arealbezogenen Kennzeichnungen nur in digitaler Form sinnvoll nutzbar.

Neben den Karten der Prozessgefüge-Haupttypen und -Typen ermöglichen 21 weitere im Rahmen dieser Arbeit erzeugten Karten das schrittweise Nachvollziehen der Typisierung und des Raumgliederungsverfahrens. Alle Karten liegen der Arbeit analog bei (Kartenanhang sowie Kartenbeilage). Die Karten, die Prozessgefüge-Grundtypen, -Haupttypen oder -Typen darstellen, sind zusätzlich in digitaler Form der Arbeit beigefügt.

In der Diskussion werden die Raumgliederungsergebnisse mit im weiteren Sinn als landschaftsökologisch aufzufassenden Raumgliederungen und deren Konzepten verglichen, die Deutschland vollständig oder in Teilbereichen in kleinem oder mittlerem Maßstab gliedern. Die Vergleiche zeigen, dass die Areale der Prozessgefüge-Haupttypen und -Typen den Arealen anderer Raumtypen zum Teil ähnlich sind, was den naturräumlichen und landschaftsökologischen Gegebenheiten Deutschlands entspricht. Der große Unterschied liegt zum Einen in der prozessorientierten Arealkennzeichnung, über die das landschaftsökologische Prozessgefüge integrativ beschrieben wird, und zum Anderen in der objektivierten induktiven Raumbildung und der nachvollziehbaren Typisierung.

Die Arbeit endet mit einer Kurzdarstellung möglicher Anwendungsaspekte der erstellten Karten, des Konzepts und der entwickelten Methodik. Dabei wird der Zweck der Karten für Planungen (z. B. als Bezugsräume zur Entwicklung landschaftsökologischer Leitbilder) ebenso herausgestellt wie für wissenschaftliche Vorhaben (z. B. Regionalisierung von komplexen Merkmalen). Das Konzept und die GIS-gestützte Methodik bietet in konzeptioneller wie methodischer Hinsicht vielfältige Möglichkeiten: Dies betrifft die modifizierte Übertragung auf ähnlich große Gliederungsräume ebenso wie eine Anwendung der Methodik auf anderen Maßstabsebenen.

LITERATURVERZEICHNIS

AG Boden (1994): Bodenkundliche Kartieranleitung. 4. Auflage. Hannover.

Amt für Militärisches Geowesen (Hrsg.) (1996): Digital Landmass System. Digital Terrain Elevation Data (DLMS-DTED). Level 1 Coverage. Gebietsabdeckung: Bundesrepublik Deutschland. Ausgabe 1-DMG. Februar 1996. Euskirchen.

Antrop, M. (2000): Changing patterns in the urbanized countryside of Western Europe. Landscape Ecology 15, pp. 257-270.

ATV-DVWK (Hrsg.) (2002): Verdunstung in Bezug zu Landnutzung, Bewuchs und Boden. Hennef (= Merkblatt ATV-DVWK, M 504).

Aurada, K. (1982): Die Berücksichtigung des historischen Aspektes bei der Analyse von Geosystemen. Hallenser Jahrbuch für Geowissenschaften 7, S. 35-50.

Bailey, R.G. & B. Wiken (1985): Ecological regionalization in Canada and the United States. Geoforum 16/3, pp. 265-275.

Barsch, D. & H. Karrasch (Hrsg.) (1993): Geographie und Umwelt: Erfassen – Nutzen – Wandeln – Schonen. Tagungsbericht und wissenschaftliche Abhandlungen zum 48. Deutschen Geographentag in Basel, 23. - 28. September 1991. Stuttgart (= Verhandlungen des Deutschen Geographentages, Bd. 48).

Barsch, H. & H. Richter (1981): Naturraumtypen. 1 : 750 000. In: Akademie der Wissenschaft der Deutschen Demokratischen Republik (Hrsg.): Atlas Deutsche Demokratische Republik. Loseblattausgabe, Blatt 17. Gotha, Leipzig.

Bartelme, N. (1995): Geoinformatik. Modelle, Strukturen, Funktionen. Berlin, Heidelberg.

Barthel, H. (Hrsg.) (1968): Landschaftsforschung: Beiträge zur Theorie und Anwendung. Ernst Neef zu seinem 60. Geburtstag. Gotha u.a. (= Petermanns Geographische Mitteilungen, Ergänzungsheft 271).

Bastian, O. & K.-F. Schreiber (Hrsg.) (1994): Analyse und ökologische Bewertung der Landschaft. Jena, Stuttgart.

Bastian, O. & K.-F. Schreiber (Hrsg.) (1999): Analyse und ökologische Bewertung der Landschaft. 2. Auflage. Heidelberg, Berlin.

Bastian, O. & U. Steinhardt (Eds.) (2002): Development and perspectives of landscape ecology. Dordrecht.

Bastian, O. (2002): Entwicklung von landschaftsökologischen Leitbildern. In: Haase, G. & K. Mannsfeld (Hrsg.): Naturraumeinheiten, Landschaftsfunktionen und Leitbilder am Beispiel von Sachsen. Flensburg, S. 152-179 (= Forschungen zur deutschen Landeskunde, Bd. 250).

Baumgartner, A. & H.-J. Liebscher (1996): Allgemeine Hydrologie - quantitative Hydrologie. 2. Auflage. Berlin, Stuttgart (= Lehrbuch der Hydrologie, Bd. 1).

Becker, H. & G. Heinrich (1997): Eignung der Landschaftskomponenten Relief und Flächennutzung als signifikante komplexe Kriterien für die Landschaftsanalyse und -bewertung. Dresden.

Beierkuhnlein, C. (2002): Landscape elements. In: Bastian, O. & U. Steinhardt (Eds.): Development and perspectives of landscape ecology. Dordrecht, pp. 69-77.

BfLR (Bundesforschungsanstalt für Landeskunde und Raumordnung) (Hrsg.) (1960): Verwaltungsgrenzenkarte von Deutschland mit naturräumlicher Gliederung (1 : 1 Mio.). Stand der Naturräumlichen Gliederung vom 01.10.1959. Bonn-Bad Godesberg.

BfLR (Bundesforschungsanstalt für Landeskunde und Raumordnung) (Hrsg.) (1948/49-1994): Geographische Landesaufnahme 1 : 200 000. Naturräumliche Gliederung Deutschlands. 65 Kartenblätter mit Erläuterungsheften. Bonn-Bad Godesberg.

Bill, R. & M.L. Zehner (2001): Lexikon der Geoinformatik. Heidelberg.

Billwitz, K. (1977): Theoretische und methodische Probleme der Erfassung des landeskulturellen Zustandes des Territoriums - unter besonderer Berücksichtigung der Stadtrandzonen von Halle und Leipzig. Halle.

Billwitz, K. (1997): Allgemeine Geoökologie. In: Hendl, M. & H. Liedtke (Hrsg.): Lehrbuch der Allgemeinen Physischen Geographie. 3. Auflage. Gotha, S. 635-720.

Blaschke, T. (1997): Landschaftsanalyse und -bewertung mit GIS: Methodische Untersuchungen zu Ökosystemforschung und Naturschutz am Beispiel der bayerischen Salzachauen. Trier (= Forschungen zur deutschen Landeskunde, Bd. 243).

Blaschke, T. (2001): Multiskalare Bildanalyse zur Umsetzung des patch-matrix Konzeptes in der Landschaftsplanung. „Realistische" Landschaftsobjekte aus Fernerkundungsdaten. Naturschutz und Landschaftsplanung 33, S. 84-89.

Blume, H.-P. & H. Sukopp (1976): Ökologische Bedeutung anthropogener Bodenveränderungen. In: Sukopp, H. (Hrsg.): Veränderungen der Flora und Fauna in der Bundesrepublik Deutschland. Bonn-Bad Godesberg, S. 75-89 (= Schriftenreihe für Vegetationskunde, H. 10).

Böcker, S. (2003): MOSAIK. Java-Programm zur Auszählung von Grenzkontakten benachbarter Rasterzellen und der Berechnung der beiderseitigen Konfinität zwischen zwei Kategorien. Bochum, unveröffentlicht.

Bollmann, J. (Hrsg.) (2002): Lexikon der Kartographie und Geomatik. Band 1. Heidelberg u.a.

Brabyn, L.K. (1996): Landscape classification using GIS and national digital databases. Landscape Research 21, pp. 277-300.

Bräker, S. (2000): Hierarchisierung und Typisierung von Funktionsmechanismen des Landschaftshaushaltes und von Ökosystemen in einem kalkalpinen Karstgebiet. Tübingen (= Tübinger Geographische Studien, Bd. 131).

Braukämper, K. (1990): Zur Verbreitung periglazialer Deckschichten in Deutschland. Bochum.

Brunotte, E., Gebhardt, H., Meurer, M., Meusburger, P. & J. Nipper. (2002): Lexikon der Geographie. Band 3. Heidelberg u.a.

Bundesamt für Naturschutz (BfN) (Hrsg.) (1999): Daten zur Natur 1999. Bonn.

Bundesanstalt für Geowissenschaften und Rohstoffe (BGR) (1999): Bodenübersichtskarte der Bundesrepublik Deutschland 1 : 1 000 000 (BÜK 1000). Hannover.

Bundesministerium für Umwelt, Naturschutz und Reaktorsicherheit (BMU) (Hrsg.) (2000/2001/2003): Hydrologischer Atlas von Deutschland (Loseblatt-Ausgabe). 1.-3. Lieferung. Berlin u.a.

Burak, A. (1998): Landschaftsökologische Kartierung und Bewertung des biotischen Ertragspotentials auf dem Gutshof „Hungerburg", Bitburg. Bochum, unveröffentlichte Diplomarbeit.

Burak, A. & H. Zepp (2000): Transparentfolie 1.0 C „Naturräume" 1 : 2 000 000. In: Bundesministerium für Umwelt, Naturschutz und Reaktorsicherheit (BMU) (Hrsg.): Hydrologischer Atlas von Deutschland (Loseblatt-Ausgabe). 1. Lieferung. Berlin u.a.

Burak, A. & H. Zepp (2003): Geoökologische Landschaftstypen. In: Institut für Länderkunde (Hrsg.): Nationalatlas Bundesrepublik Deutschland. Band 2: Relief, Boden, Wasser. Heidelberg, Berlin, S. 28-29.

Bürger, M. (2002): Windrelevante Reliefklassifizierung. Bochum (= Bochumer Geographische Arbeiten, H. 68).

Burrough, P.A. (1986): Principles of geographical information systems for land resources assessment. New York.

Burrough, P.A. & McDonnel, R.A. (1998): Principles of geographical information systems. Oxford.

Cliff, A.D. & J.K. Ord (1981): Spatial processes. Models & applications. London.

Dahm, K. (1957): Landschaftsgliederung des Innerste-Berglandes: zugleich ein Beitrag zur Methodik der geographischen Raumgliederung. Göttingen.

Davidson, D.A. (1992): The evaluation of land resources. Harlow.

Deutscher Wetterdienst (o.J.): Daten zur Klimatischen Wasserbilanz (1961-1990).

Deutsches Institut für Normung e.V. (DIN) (Hrsg.) (1994): DIN 4049-3. Hydrologie. Teil 3: Begriffe zur quantitativen Hydrologie. Berlin u.a.

Deutsches Institut für Normung e.V. (DIN) (Hrsg.) (1996): DIN 19 685. Klimatologische Standortuntersuchung im landwirtschaftlichen Wasserbau. Ermittlung der meteorologischen Größen. Berlin u.a.

Dikau, R. & J. Schmidt (1999): Georeliefklassifikation. In: Schneider-Sliwa, R., Schaub, D. & G. Gerold (Hrsg.): Angewandte Landschaftsökologie. Grundlagen und Methoden. Berlin, Heidelberg, S. 217-244.

Dikau, R., Brabb, E.E., Mark, R.K. & R.J. Pike (1995): Morphometric landform analysis of New Mexico. Zeitschrift für Geomorphologie, N.F., Suppl. Bd. 101, pp. 109-126.

Dollinger, F. & J. Strobl (Hrsg.) (1997): Angewandte Geographische Informationsverarbeitung IX. Salzburg (= Salzburger Geographische Materialien, H. 26).

Dollinger, F. (1997): Zur Anwendung der Theorie der Geographischen Dimensionen in der Raumplanung mittels Geographischer Informationstechnologie. In: Dollinger, F. & J. Strobl (Hrsg.): Angewandte Geographische Informationsverarbeitung IX. Salzburg, S. 35-46 (= Salzburger Geographische Materialien, H. 26).

Dollinger, F. (1998): Die Naturräume im Bundesland Salzburg. Erfassung chorischer Naturraumeinheiten nach morphodynamischen und morphogenetischen Kriterien zur Anwendung als Bezugsbasis in der Salzburger Raumplanung. Flensburg (= Forschungen zur deutschen Landeskunde, Bd. 245).

Dollinger, F. (2002): Das Homogenitätsprinzip der Raumplanung und die heterogene Struktur des Landschaftsökosystems - Eine Chance für das holistische Paradigma? Mitteilungen der Österreichischen Geographischen Gesellschaft 144, S. 159-176.

Domon, G., Gariépy, M. & A. Bouchard (1989): Ecological cartography and land-use planning: Trend and perspectives. Geoforum 20/1, pp. 69-82.

Dunn, M. & R. Hickey (1998): The effect of slope algorithms on slope estimates within a GIS. Cartography 27, pp. 9-15.

Durwen, K.-J. (1996): Digitaler landschaftsökologischer Atlas Baden-Württemberg 1 : 200 000. 37 landesweite Karten für Planung, Wissenschaft und Landeskunde. Nürtingen.

Duttmann, R. (1993): Prozessorientierte Landschaftsanalyse mit dem geoökologischen Informationssystem GOEKIS. Hannover (= Geosynthesis 4).

Eid, S. (1988): Beiträge zur themakartographischen Modellierung der Landschaft. Halle-Wittenberg.

Elhaus, D., Rosenbaum, T, Schrey, H.-P. & M. Warstat (1989): Die Bodenkarte Münster im Maßstab 1 : 50 000 als Beispiel für die landesweite Übersicht über die Nitrataustragsgefahr aus Böden in Nordrhein-Westfalen. Mitteilungen der Deutschen Bodenkundlichen Gesellschaft 59, S. 879-882.

Ellenberg, H. (1973a): Die Ökosysteme der Erde. Versuch einer Klassifikation der Ökosysteme nach funktionalen Gesichtspunkten. In: Ellenberg, H. (Hrsg.): Ökosystemforschung. Berlin u.a., S. 235-265.

Ellenberg, H. (Hrsg.) (1973b): Ökosystemforschung. Berlin u.a.

Endlicher, W. (1991): Klima, Wasserhaushalt, Vegetation. Darmstadt (= Grundlagen der physischen Geographie 2).

Ernst, H. (1991): Einführung in die digitale Bildverarbeitung. München.

Feldmann, R. (Hrsg.) (1997): Regeneration und nachhaltige Landnutzung: Konzepte für belastete Regionen. Berlin u.a.

Finck, P., Hauke, U., Schröder, E., Forst, R. & G. Woithe (1997): Naturschutzfachliche Landschafts-Leitbilder. Rahmenvorstellungen für das Nordwestdeutsche Tiefland aus bundesweiter Sicht. Bonn-Bad Godesberg (= Schriftenreihe für Landschaftspflege und Naturschutz, H. 50/1).

Finke, L. (1996): Landschaftsökologie. 3. Auflage. Braunschweig (= Das geographische Seminar).

Forman, R.T.T. & M. Godron (1986): Landscape Ecology. New York a.o.

Forman, R.T.T. (1995): Land mosaics. The ecology of landscapes and regions. Cambridge.

Fortin, M.-J. (1999): Spatial statistics in landscape ecology. In: Klopatek, J.H. & R.H. Gardner (Eds.): Landscape ecological analysis. Issues and applications. New York a.o., pp. 253-279.

Frohn, R.C. (1998): Remote sensing for landscape ecology. New metric indicators for monitoring, modelling, and assessment of ecosystems. Boca Raton a.o.

Garten, G. (1976): Die Anwendung quantitativer Untersuchungsmethoden zur Abbildung und Kennzeichnung von Gefügestrukturen – dargestellt am Beispiel einer landschaftsanalytischen Untersuchung im Südteil der Lausitzer Platte. Dresden.

Glatthaar, D. & J. Herget (Hrsg.) (1998): Physische Geographie und Landeskunde - Festschrift für Herbert Liedtke. Bochum (= Bochumer Geographische Arbeiten, Sonderreihe, Bd. 13).

Glawion, R. (2002): Ökosysteme und Landnutzung. In: Liedtke, H. & J. Marcinek (Hrsg.): Physische Geographie Deutschlands. 3. Auflage. Gotha, Stuttgart, S. 289-319.

Haase, G. (1979): Entwicklungstendenzen in der geotopologischen und geochorologischen Naturraumerkundung. Petermanns Geographische Mitteilungen 123, S. 7-18.

Haase, G. (1991a): Horizontale Strukturierung und Gliederung des Naturraums. In: Haase, G. (Hrsg.): Naturraumerkundung und Landnutzung. Geochorologische Verfahren zur Analyse, Kartierung und Bewertung von Naturräumen. Berlin, S. 37-44 (= Beiträge zur Geographie, Bd. 34/1).

Haase, G. (1991b): Vorwort. In: Haase, G. (Hrsg.): Naturraumerkundung und Landnutzung. Geochorologische Verfahren zur Analyse, Kartierung und Bewertung von Naturräumen. Berlin, S. 5-7 (= Beiträge zur Geographie, Bd. 34/1).

Haase, G. (1991c): Leitlinien für die Kennzeichnung chorischer Naturraumeinheiten. In: Haase, G. (Hrsg.): Naturraumerkundung und Landnutzung. Geochorologische Verfahren zur Analyse, Kartierung und Bewertung von Naturräumen. Berlin, S. 62-78 (= Beiträge zur Geographie, Bd. 34/1).

Haase, G. & H. Richter (1991): Struktur und Funktionsweisen des Naturraums. In: Haase, G. (Hrsg.): Naturraumerkundung und Landnutzung. Geochorologische Verfahren zur Analyse, Kartierung und Bewertung von Naturräumen. Berlin, S. 31-37 (= Beiträge zur Geographie, Bd. 34/1).

Haase, G., Barsch, H. & R. Schmidt (1991a): Zur Einleitung: Landschaft, Naturraum und Landnutzung. In: Haase, G. (Hrsg.): Naturraumerkundung und Landnutzung. Geochorologische Verfahren zur Analyse, Kartierung und Bewertung von Naturräumen. Berlin, S. 19-25 (= Beiträge zur Geographie, Bd. 34/1).

Haase, G., Mannsfeld, K. & M. Succow (1991b): Erfassung und Kennzeichnung von chorischen Naturraumeinheiten. In: Haase, G. (Hrsg.): Naturraumerkundung und Landnutzung. Geochorologische Verfahren zur Analyse, Kartierung und Bewertung von Naturräumen. Berlin, S. 61-114 (= Beiträge zur Geographie, Bd. 34/1).

Haase, G. & Hubrich, H. (1991c): Interpretation und Auswertung von chorischen Naturraum- und Landschaftserkundungen. In: Haase, G. (Hrsg.): Naturraumerkundung und Landnutzung. Geochorologische Verfahren zur Analyse, Kartierung und Bewertung von Naturräumen. Berlin, S. 194 – 331.(= Beiträge zur Geographie, Bd. 34/1).

Haase, G. (Hrsg.) (1991d): Naturraumerkundung und Landnutzung. Geochorologische Verfahren zur Analyse, Kartierung und Bewertung von Naturräumen. Berlin (= Beiträge zur Geographie, Bd. 34/1).

Haase, G. & K. Mannsfeld (Hrsg.) (2002): Naturraumeinheiten, Landschaftsfunktionen und Leitbilder am Beispiel von Sachsen. Flensburg (= Forschungen zur deutschen Landeskunde, Bd. 250).

Hammond, E. H. (1964): Classes of land surface from in the forty-eight states, USA. Annals of the Association of American Geographers 54, Map supplement No. 4, 1 : 5 000 000.

Haralick, R. M., Shanmugam, K. & Dinstein, I. h. (1973): Textural features for image classification. - IEEE Transactions on Systems, Man and Cybernetics SMC-3. pp. 610-621.

Hard, G. (1970): Die „Landschaft" der Sprache und die „Landschaft" der Geographen: semantische und forschungslogische Studien zu einigen zentralen Denkfiguren in der deutschen geographischen Literatur. Bonn (= Colloquium geographicum 11).

Hargrove, W.W. & R. J. Luxmoore (1998): A new high-resolution national map of vegetation ecoregions produced empirically using multivariate spatial clustering. Oak Ridge (ohne Seitenangabe) [http://research.esd.ornl.gov/~hnw/esri98/, Stand: 25.04.2004].

Härtling, J. & P. Lehnes (2000): Perspektiven eines logisch konsistenten Zielsystems für die Bewertung und Leitbildentwicklung am Beispiel des Landschaftsplans von St. Georgen i. Schw. In: Zepp, H. & R. Glawion (Hrsg.): Probleme und Strategien ökologischer Landschaftsanalyse und -bewertung. Flensburg, S. 107-138 (= Forschungen zur deutschen Landeskunde, Bd. 246).

Hartwich, R., Behrens, J., Eckelmann, W., Haase, G., Richter, A., Roeschmann, G. & R. Schmidt (1995): Bodenübersichtskarte der Bundesrepublik Deutschland 1 : 1 000 000. Erläuterungen, Textlegende und Leitprofile. Hannover.

Hendl, M. & H. Liedtke (Hrsg.) (1997): Lehrbuch der Allgemeinen Physischen Geographie. 3. Auflage. Gotha.

Hennings, V. (1994): Methodendokumentation Bodenkunde. Auswertungsmethoden zur Beurteilung der Empfindlichkeit und Belastbarkeit von Böden. Hannover.

Herz, K. (1968): Großmaßstäbliche und kleinmaßstäbliche Landschaftsanalyse im Spiegel eines Modells. In: Barthel, H. (Hrsg.): Landschaftsforschung: Beiträge zur Theorie und Anwendung. Ernst Neef zu seinem 60. Geburtstag. Gotha u.a., S. 49-56 (= Petermanns Geographische Mitteilungen, Ergänzungsheft 271).

Herz, K. (1973): Beitrag zur Theorie der landschaftsanalytischen Maßstabsbereiche. Petermanns Geographische Mitteilungen 117, S. 91-96.

Herz, K. (1984): Arealstrukturprinzipe. In: Herz, K., Mohs, G. & D. Scholz (Hrsg.): Analyse der Landschaft. Analyse und Typologie des Wirtschaftsraumes. Gotha u.a., S. 20-48 (= Studienbücherei Geographie für Lehrer, Bd. 6).

Herz, K., Mohs, G. & D. Scholz (Hrsg.) (1984): Analyse der Landschaft. Analyse und Typologie des Wirtschaftsraumes. Gotha u.a. (= Studienbücherei Geographie für Lehrer, Bd. 6).

Hochstädter, D. (1989): Einführung in die statistische Methodenlehre. Frankfurt.

Hollstein, W. (1963): Bodenkarte der Bundesrepublik Deutschland 1 : 1 000 000, hrsg. von der Bundesanstalt für Bodenforschung. Hannover.

Horn, B.K.P. (1981): Hill shading and the reflectance map. Proceedings of the Institute of Electrical and Electronics Engineers 69, pp. 14-47 [originally released 1979, in Proceedings of the Workshop on Image Understanding, Palo Alto, pp. 79-120; reprinted 1982, in Geo-processing 2, pp. 65-146].

Huber, M. (1994): The digital geo-ecological map. Concepts, GIS-methods and case studies. Basel (= Physiogeographica, Basler Beiträge zur Physiogeographie, Bd. 20).

Hubrich, H. & M. Thomas (1978): Die Pedohydrotope der Einzugsgebiete von Düllnitz und Parthe. In: Lüdemann, H. (Hrsg.): Arbeiten zur Bodengeographie. Berlin, S. 285-322 (= Beiträge zur Geographie, Bd. 29/1).

Hubrich, H. & R. Schmidt (1968): Der Vergleich landschaftsökologischer Typen des nordsächsischen Flachlandes und ein Vorschlag zu ihrer Klassifikation. In: Barthel, H. (Hrsg.): Landschaftsforschung: Beiträge zur Theorie und Anwendung. Ernst Neef zu seinem 60. Geburtstag. Gotha u.a., S. 77-116 (= Petermanns Geographische Mitteilungen, Ergänzungsheft 271).

Hude, N. von der (1991): Kapillarsperren zum Abschirmen von Deponien gegen Sickerwasser. Wasser und Boden 12, S. 754-757.

Hütter, M. (1999): Boden. In: Zepp, H. & M. J. Müller (Hrsg.): Landschaftsökologische Erfassungsstandards. Ein Methodenbuch. Flensburg, S. 89-127 (= Forschungen zur deutschen Landeskunde, Bd. 244).

Institut für Länderkunde (Hrsg.) (1997): Atlas Bundesrepublik Deutschland - Pilotband. Leipzig.

Institut für Länderkunde (Hrsg.) (2003a): Nationalatlas Bundesrepublik Deutschland. Band 2: Relief, Boden, Wasser. Heidelberg, Berlin.

Institut für Länderkunde (Hrsg.) (2003b): Nationalatlas Bundesrepublik Deutschland. Band 3: Klima, Pflanzen- und Tierwelt. Heidelberg, Berlin.

Ischowy, G. (Hrsg.) (1978): Natur- und Umweltschutz in der Bundesrepublik Deutschland. Hamburg u.a.

Jahn, R., Schmidt, R., Wittmann, O. & H. Sponagel (2002): An approach for a hierarchical system to classify and to describe soil associations. Transactions of 17th World Congress of Soil Science, Bangkok 14-21 Aug. 2002. Full paper (11 pp.). CD-ROM papers no. 1322.

Jedicke, E. (2003): Natur oder Kunstnatur? – Naturnähe und Hemerobie. In: Institut für Länderkunde (Hrsg.): Nationalatlas Bundesrepublik Deutschland. Band 3: Klima, Pflanzen- und Tierwelt. Heidelberg, Berlin, S. 28-29.

Kämpf, M., Holfelder, T. & H. Montenegro (1998): Bemessungskonzept für Oberflächenabdichtungen mit Kapillarsperrren. Darmstadt (ohne Seitenangabe) [http://wabau.kww.bauing.tu-darmstadt.de/forschu/projekte/fg_gw/kapillar/karlsruhe98.html, Stand: 30.03.2004].

Kiefl, R., Keil, M., Strunz, G., Mehl, H. & B. Mohaupt-Jahr (2003): Corine Land Cover 2000 – Stand des Teilprojektes in Deutschland. In: Strobl, J , Blaschke, T. & G. Griesebner (Hrsg.): Beiträge zum AGIT-Symposium Salzburg 2003. Heidelberg, S. 202-207 (= Angewandte geographische Informationsverarbeitung XV).

Kleeberg, H.-B., Mauser, W., Peschke, G. & U. Streit (Hrsg.) (1999): Hydrologie und Regionalisierung. Ergebnisse eines Schwerpunktprogramms (1992-1998). Forschungsbericht/Deutsche Forschungsgemeinschaft. Weinheim u.a.

Klein, D. & G. Menz (2003): Der Niederschlag im Jahresverlauf. In: Institut für Länderkunde (Hrsg.): Nationalatlas Bundesrepublik Deutschland. Band 3: Klima, Pflanzen- und Tierwelt. Heidelberg, Berlin, S. 44-47.

Klijn, F. & H.A.U. de Haes (1994): A hierarchical approach to ecosystems and ist implications for ecological land classification. Landscape Ecology 9, pp. 89-104.

Klijn, F. (1994a): Spatially nested ecosystems: Guidelines for classification from a hierarchical perspective. In: Klijn, F. (Ed.): Ecosystem classification for environmental management. Dordrecht, pp. 85-116.

Klijn, F. (Ed.) (1994b): Ecosystem classification for environmental management. Dordrecht.

Klink, H.-J. (1966): Naturräumliche Gliederung des Ith-Hils-Berglandes. Art und Anordnung der Physiotope und Ökotope. Bonn-Bad Godesberg (= Forschungen zur deutschen Landeskunde, Bd. 59).

Klink, H.-J. (1972): Geoökologie und naturräumliche Gliederung - Grundlagen der Umweltforschung. Geographische Rundschau 24, S. 7-19.

Klink, H.-J. (1973): Die Naturräumliche Gliederung als ein Forschungsgegenstand der Landeskunde. In: Paffen, K. (Hrsg.): Das Wesen der Landschaft. Darmstadt, S. 466-493 (= Wege der Forschung, Bd. 39).

Klink, H.-J. (1978): Ökologische Raumgliederung aus geographischer Sicht. In: Ischowy, G. (Hrsg.): Natur- und Umweltschutz in der Bundesrepublik Deutschland. Hamburg u.a., S. 55-68.

Klink, H.-J. (1982): Physisch-geographische und geoökologische Landesforschung - Stand und Weiterentwicklung als Aufgabe der Landeskunde. Berichte zur deutschen Landeskunde 56, S. 87-112.

Klink, H.-J. (1991): Vorwort. In. Renners, M.: Geoökologische Raumgliederung der Bundesrepublik Deutschland. Trier, S. 5-7 (= Forschungen zur deutschen Landeskunde, Bd. 235).

Klink, H.-J., Potschin, M., Tress, B., Tress, G., Volk, M. & U. Steinhardt (2002): Landscape and landscape ecology. In: Bastian, O. & U. Steinhardt (Eds.): Development and perspectives of landscape ecology. Dordrecht, pp. 1-47.

Klopatek, J.M. & R.H. Gardner (Eds.) (1999): Landscape ecological analysis. Issues and applications. New York a.o.

Klug, H. & R. Lang (1983): Einführung in die Geosystemlehre. Darmstadt (= Die Geographie).

Klug, H. (2000): Landschaftsökologisch begründetes Leitbild für eine funktional vielfältige Landschaft. Das Beispiel Pongau im Salzburger Land. Hannover, unveröffentlichte Diplomarbeit.

Knospe, F. (1998): Handbuch zur argumentativen Bewertung. Methodischer Leitfaden für Planungsbeiträge zum Naturschutz und zur Landschaftsplanung. Dortmund.

Knothe, D. (1987): Typisierung chorischer Naturräume und Kennzeichnung ihres landwirtschaftlichen Ertragspotentials im glazialbestimmten Tiefland der DDR. Potsdam.

Kratz, R. & F. Suhling (Hrsg.) (1997): Geographische Informationssysteme im Naturschutz. Forschung, Planung, Praxis. Magdeburg.

Krönert, R., Steinhardt, U. & M. Volk (Eds.) (2001): Landscape balance and landscape assessment. Berlin a.o.

Kugler, H. (1974): Georelief und seine kartographische Modellierung. Halle.

Lautensach, H. (1952): Der geographische Formenwandel. Colloquium Geographicum. Bd. 3. Bonn.

Laux, H. D. & H. Zepp (1997): Bonn und seine Region. Geoökologische Grundlagen, historische Entwicklung und Zukunftsperspektiven (mit Karte). In: Stiehl, E. (Hrsg.): Die Stadt Bonn und ihr Umland: ein geographischer Exkursionsführer. Bonn, S. 9-31 (= Arbeiten zur rheinischen Landeskunde, H. 66).

Lechtenbörger, C. (2001): Rechnergestützte Bilddatenanalyse: Zum Einsatz wissensbasierter Klassifikationen und Veränderungsanalysen mit handelsüblicher Fernerkundungssoftware. Bochum.

Leser, H. & H.-J. Klink (Hrsg.) (1988): Handbuch und Kartieranleitung Geoökologische Karte 1 : 25 000 (KA GÖK 25). Trier (= Forschungen zur deutschen Landeskunde, Bd. 228).

Leser, H. (1997): Landschaftsökologie. Ansatz, Modelle, Methodik, Anwendung. 4. Auflage. Stuttgart.

Leser, H. (1999): Georelief. In: Zepp, H. & M. J. Müller (Hrsg.): Landschaftsökologische Erfassungsstandards. Ein Methodenbuch. Flensburg, S. 29-49 (= Forschungen zur deutschen Landeskunde, Bd. 244).

Leser, H., Streit, B., Haas, H.-D., Huber-Fröhli, J., Mosimann, T. & R. Paesler (Hrsg.) (1993): Diercke-Wörterbuch Ökologie und Umwelt. Band 1. München, Braunschweig.

Lexikon der Geowissenschaften (2001) (Red.: Landscape GmbH): Band 3. Spektrum Akademischer Verlag. Heidelberg, Berlin.

Liedtke, H. & J. Marcinek (Hrsg.) (2002): Physische Geographie Deutschlands. 3. Auflage. Gotha, Stuttgart.

Liedtke, H. (1984): Naturraumpotential, Naturraumtypen und Naturregionen in der DDR. Geographische Rundschau 36, S. 606-612.

Liedtke, H. (2003): Deutschland zur letzten Eiszeit. In: Institut für Länderkunde (Hrsg.): Nationalatlas Bundesrepublik Deutschland. Band 2: Relief, Boden, Wasser. Heidelberg, Berlin, S. 66-67.

Löffler, J. (2002a): Landscape ecological mapping. In: Bastian, O. & U. Steinhardt (Eds.): Development and perspectives of landscape ecology. Dordrecht, pp. 257-271.

Löffler, J. (2002b): Vertical landscape structures and processes. In: Bastian, O. & U. Steinhardt (Eds.): Development and perspectives of landscape ecology. Dordrecht, pp. 49-68.

Lorup, E.J. (1999): Vorlesungsunterlagen „Geoinformationsanalyse – Rastermodelle". Salzburg (ohne Seitenangabe) http://www.geo.sbg.ac.at/staff/lorup/lv/ranalyse2000/Praesentation_OVERLAY.pdf, Stand: 6.4.2003].

Lüdemann, H. (Hrsg.) (1978): Arbeiten zur Bodengeographie. Berlin (= Beiträge zur Geographie, Bd. 29/1).

Mannsfeld, K. (1976): Naturhaushalt und Gebietscharakter. Jahrbuch der Sächsischen Akademie der Wissenschaften zu Leipzig 1973-1974, S. 72-89.

Mannsfeld, K. & G. Haase (1991): Verfahren der geochorologischen Naturraumerkundung und Naturraumkartierung. In: Haase, G. (Hrsg.): Naturraumerkundung und Landnutzung. Geochorologische Verfahren zur Analyse, Kartierung und Bewertung von Naturräumen. Berlin, S. 130-133 (= Beiträge zur Geographie, Bd. 34/1).

Mannsfeld, K., Kopp, D. & R. Diemann (1990): Hydromorphieflächentypen. Merkmalstabelle W2 zur Kennzeichnung von chorischen Naturraumeinheiten. In: Haase, G. (Hrsg.): Naturraumerkundung und Landnutzung. Geochorologische Verfahren zur Analyse, Kartierung und Bewertung von Naturräumen. Beilage 1. Berlin (= Beiträge zur Geographie, Bd. 34/1).

Marks, R. & W. Schulte (1988): Anthropogene Einflüsse. In: Leser, H. & H.-J. Klink (Hrsg.): Handbuch und Kartieranleitung Geoökologische Karte 1 : 25 000 (KA GÖK). Trier, S. 213-226 (= Forschungen zur deutschen Landeskunde, Bd. 228).

Marks, R. (1979): Ökologische Landschaftsanalyse und Landschaftsbewertung als Aufgaben der Angewandten Physischen Geographie. Dargestellt am Beispiel der Räume Zwiesel/Falkenstein (Bayerischer Wald) und Nettetal (Niederrhein). Bochum (= Materialien zur Raumordnung, Bd. 21).

McDonald, R.C., Isbell, R.F., Speight, J.G., Walker, J. & M.S. Hopkins (Eds.) (1999): Australian soil and land survey field handbook. 2nd edition. Melbourne.

McGarigal, K. & B. J. Marks (1994): Fragstats. Spatial pattern analysis programm for quantifying landscape structure. Version 2.0. Amherst [http://www.umass.edu/landeco/pubs/Fragstats.pdf, Stand: 23.07.2003].

Meinel, G. & U. Walz (1997): Flächennutzung - Auswertung von Fernerkundungsdaten. In: Institut für Länderkunde (Hrsg.): Atlas Bundesrepublik Deutschland - Pilotband. Leipzig, S. 32-33.

Menz, M. (2001): Die digitale Geoökologische Risikokarte. Prozessbasierte Raumgliederung am Blauen-Südhang im Nordwestschweizerischen Faltenjura. Basel (= Physiogeographica, Basler Beiträge zur Physiographie, Bd. 29).

Meynen, E. & J. Schmithüsen (Hrsg.) (1953-1962): Handbuch der Naturräumlichen Gliederung Deutschlands. Bad Godesberg.

Möller, R. (1982): Ergebnisse der mittelmaßstäbigen landwirtschaftlichen Standortkartierung im west-brandenburgischen Jungmoränengebiet und ihre Aussagen zum Arealmuster von Naturräumen im Landkreis Brandenburg. Potsdam.

Mosimann, T. (1990): Ökotope als elementare Prozeßeinheiten der Landschaft. Konzept zur prozeßorientierten Klassifikation von Geoökosystemen. Hannover (= Geosynthesis 1).

Mosimann, T. (1993): Von der Geoökologischen Kartierung zum geoökologischen Informationssystem – das geoökologische Informationssystem GOEKIS. In: Barsch, D. & H. Karrasch (Hrsg.): Geographie und Umwelt: Erfassen - Nutzen - Wandeln - Schonen. Tagungsbericht und wissenschaftliche Abhandlungen zum 48. Deutschen Geographentag in Basel, 23. - 28. September 1991. Stuttgart, S. 356-363 (= Verhandlungen des Deutschen Geographentages, Bd. 48).

Mosimann, T. & R. Duttmann (1992): Die digitale Geoökologische Karte als Ergebnis einer prozeßorientierten Landschaftsanalyse am Beispiel der Nienburger Geest. Berichte zur deutschen Landeskunde 66, S. 335-361.

Mosimann, T., Köhler, I. & I. Poppe (2001): Entwicklung prozessual begründeter landschaftsökologischer Leitbilder für funktional vielfältige Landschaften. Berichte zur deutschen Landeskunde 75, S. 33-66.

Müller, F. (1992): Hierarchical approaches to ecosystem theory. Ecological Modelling 63, pp. 215-242.

Müller, B. & F. Schrader (1989): Beiträge zur Kennzeichnung und Bewertung der Arealstruktur von Naturraum und Flächennutzung. In: Geographie - Ökonomie - Ökologie. Wechselbeziehungen von Gesellschaft und Natur. Gotha, S. 151-159 (= Wissenschaftliche Anhandlungen der Geographischen Gesellschaft der DDR, Bd. 20).

Naveh, Z. & A. Lieberman (1994): Landscape ecology. Theory and application. New York a.o.

Neef, E. (1963a): Dimensionen geographischer Betrachtung. Forschungen und Fortschritte 37, S. 361-363.

Neef, E. (1963b): Topologische und chorologische Arbeitsweisen in der Landschaftsforschung. Petermanns Geographische Mitteilungen 107, S. 249-259.

Neef, E. (1967): Die theoretischen Grundlagen der Landschaftslehre. Gotha, Leipzig.

Neef, E., Schmidt, G. & M. Lauckner (1961): Landschaftsökologische Untersuchungen an verschiedenen Physiotopen in Nordwestsachsen. Berlin (= Abhandlungen der Sächsischen Akademie der Wissenschaften zu Leipzig, Mathematisch-Naturwissenschaftliche Klasse, Bd. 47, 1).

Neumeister, H. (1979): Das „Schichtkonzept" und einfache Algorithmen zur Vertikalverknüpfung von „Schichten" in der Physischen Geographie. Petermanns Geographische Mitteilungen 123, S. 19-23.

Paffen, K.H. (1953): Die natürliche Landschaft und ihre räumliche Gliederung. Eine methodische Untersuchung am Beispiel der Mittel- und Niederrheinlande. Remagen (= Forschungen zur deutschen Landeskunde, Bd. 68).

Paffen, K.H. (Hrsg.) (1973): Das Wesen der Landschaft. Darmstadt (= Wege der Forschung, Bd. 39).

Plachter, H., Bernotat, D., Müssner, R. & U. Riecken (2002): Entwicklung und Festlegung von Methodenstandards im Naturschutz: Ergebnisse einer Pilotstudie. Münster (= Schriftenreihe für Landschaftspflege und Naturschutz, H. 70).

Reents, H.-J. (1982): Die Abgrenzung von Bodengesellschaften aufgrund funktionaler Beziehungen zwischen Böden - dargestellt an zwei Beispielen aus der Nordwestdeutschen Geestlandschaft. Bonn.

Renger, M. & O. Strebel (1980): Jährliche Grundwasserneubildung in Abhängigkeit von Bodennutzung und Bodeneigenschaften. Wasser und Boden 32, S. 362-366.

Renners, M. (1991): Geoökologische Raumgliederung der Bundesrepublik Deutschland. Trier (= Forschungen zur deutschen Landeskunde, Bd. 235).

Richter, H. (1967): Naturräumliche Ordnung. Wissenschaftliche Abhandlungen der Geographischen Gesellschaft der DDR 5, S. 129-160.

Richter, H. (1968): Naturräumliche Strukturmodelle. Petermanns Geographische Mitteilungen 112, S. 9-14.

Richter, H. (1976): Beziehungen zwischen der Flächennutzung und der naturräumlichen Ausstattung der DDR. Mitteilungen der Geographischen Gesellschaft der DDR 21, S. 15-29.

Richter, H. (1978): Eine naturräumliche Gliederung der DDR auf der Grundlage von Naturraumtypen (mit einer Karte im Maßstab 1 : 500 000). In: Lüdemann, H. (Hrsg.): Arbeiten zur Bodengeographie. Berlin, S. 323-340 (= Beiträge zur Geographie, Bd. 29/1).

Rogerson, S. & P. Fotheringham (Eds.) (1994): Spatial analysis and GIS. Technical issues in geographic information systems. London.

Sandner, E. (1999): Böden. In: Bastian, O. & K.-F. Schreiber (Hrsg.): Analyse und ökologische Bewertung der Landschaft. 2. Auflage. Heidelberg, Berlin, S. 78-99.

Sandner, E. (2002): Hierarchie von Raumeinheiten und Merkmalen. In: Haase, G. & K. Mannsfeld (Hrsg.): Naturraumeinheiten, Landschaftsfunktionen und Leitbilder am Beispiel von Sachsen. Flensburg, S. 23-26 (= Forschungen zur deutschen Landeskunde, Bd. 250).

Schäfer, D., Seibl, S. & R. Hoffmann-Kroll (2000): Raumbezug und Repräsentativität in der Ökologischen Flächenstichprobe. Zeitschrift für Umweltchemie und Ökotoxokologie 12, S. 286-290.

Scheffer, F. & P. Schachtschabel (2002): Lehrbuch der Bodenkunde. 15. Auflage. Heidelberg.

Schenk, W. (2002): „Landschaft" und „Kulturlandschaft" – „getönte" Leitbegriffe für aktuelle Konzepte geographischer Forschung und räumlicher Planung. Petermanns Geographische Mitteilungen 146, S. 6-13.

Schmidt, G. (2002): Eine multivariat-statistisch abgeleitete Raumgliederung für Deutschland. dissertation.de – Verlag im Internet GmbH. [http://www.dissertation.de/index.php3?active_document=buch.php3&buch=1711, Stand: 06.11.2005]

Schmidt, R. (1965): Landschaftsökologisches Mosaik und naturräumliches Gefüge in der nördlichen Großenhainer Pflege. Dresden.

Schmidt, R. (1978): Geoökologische und bodengeographische Einheiten der chorischen Dimension und ihre Bedeutung für die Charakterisierung der Agrarstandorte der DDR. In: Lüdemann, H. (Hrsg.): Arbeiten zur Bodengeographie. Berlin, S. 81-156 (= Beiträge zur Geographie, Bd. 29/1).

Schmidt, R. (2002): Böden. In: Liedtke, H. & J. Marcinek (Hrsg.): Physische Geographie Deutschlands. 3. Auflage. Gotha, Stuttgart, S. 255-288.

Schmithüsen, J. (1953): Einleitung. Grundsätzliches und Methodisches. Handbuch der naturräumlichen Gliederung Deutschlands. Bd. I, S. 1 – 44.

Schmithüsen, J. (1967): Naturräumliche Gliederung und landschaftsräumliche Gliederung. Berichte zur deutschen Landeskunde 39, S. 125-131.

Schneider-Sliwa, R., Schaub, D. & G. Gerold (Hrsg.) (1999): Angewandte Landschaftsökologie. Grundlagen und Methoden. Berlin, Heidelberg.

Schrader, F. (1989): Analyse, Kennzeichnung und Bewertung von Flächennutzungsstrukturen für geoökologische Aussagen. Potsdamer Forschungen, PH „Karl-Liebknecht", Reihe B, Heft 63, S. 39-52.

Schreiber, K.-F. (1994): Ökosystem, Naturraum, Landschaft, Landschaftsökologie - eine Begriffsbestimmung. In: Bastian, O. & K.-F. Schreiber (Hrsg.): Analyse und ökologische Bewertung der Landschaft. Jena, Stuttgart, S. 29-31.

Schröder, W., Schmidt, G., Pesch, R., Matejka, H. & T. Eckstein (2001): Umweltforschungsplan des Bundesministers für Umwelt, Naturschutz und Reaktorsicherheit. Umweltprobendatenbank einschließlich Human- und Biomonitoring. Konkretisierung des Umweltbeobachtungsprogrammes im Rahmen eines Stufenkonzeptes der Umweltbeobachtung des Bundes und der Länder. Teilvorhaben 3. Anhangsteil [http://www.umweltdaten.de/daten/umweltbeobachtung/anhang-b.pdf, Stand: 27.04.2004].

Speight, J.G. (1990): Landform. In: McDonald, R.C., Isbell, R.F., Speight, J.G., Walker, J. & M.S. Hopkins (Eds.): Australian soil and land survey field handbook. 2nd edition. Melbourne, pp. 9-57.

Sporbeck, O., Balla, S., Borkenhagen, J. & K. Müller-Pfannenstiel (1997): Die Berücksichtigung von Wechselwirkungen in Umweltverträglichkeitsstudien zu Bundesfernstraßen. Bonn (= Forschungsarbeiten aus dem Straßen- und Verkehrswesen, H. 106).

Statistisches Bundesamt (1997): Daten zur Bodenbedeckung für die Bundesrepublik Deutschland. Wiesbaden.

Steinhardt, U. (1999): Die Theorie der geographischen Dimensionen in der Angewandten Landschaftsökologie. In: Schneider-Sliwa, R., Schaub, D. & G. Gerold (Hrsg.): Angewandte Landschaftsökologie. Grundlagen und Methoden. Berlin, Heidelberg, S. 47-64.

Steinhardt, U. & M. Volk (2000): Von der Makropore zum Flußeinzugsgebiet – hierarchische Ansätze zum Verständnis des landschaftlichen Wasser- und Stoffhaushaltes. Petermanns Geographische Mitteilungen, 144, S. 80-91.

Steinhardt, U. & M. Volk (2001): Scales and spatio-temporal dimensions in landscape research. In: Krönert, R., Steinhardt, U. & M. Volk (Eds.): Landscape balance and landscape assessment. Berlin a.o., pp. 137-162.

Steinhardt, U. & M. Volk (Hrsg.) (1999): Regionalisierung in der Landschaftsökologie: Forschung - Planung - Praxis. Stuttgart, Leipzig.

Stiehl, E. (Hrsg.) (1997): Die Stadt Bonn und ihr Umland: ein geographischer Exkursionsführer. Bonn (= Arbeiten zur rheinischen Landeskunde, H. 66).

Strobl, J , Blaschke, T. & G. Griesebner (Hrsg.) (2003): Beiträge zum AGIT-Symposium Salzburg 2003. Heidelberg (= Angewandte geographische Informationsverarbeitung XV).

Sukopp, H. (1976a): Dynamik und Konstanz in der Flora in der Bundesrepublik Deutschland. In: Sukopp, H. (Hrsg.): Veränderungen der Flora und Fauna in der Bundesrepublik Deutschland. Bonn-Bad Godesberg, S. 9-26 (= Schriftenreihe für Vegetationskunde, H. 10).

Sukopp, H. (Hrsg.) (1976b): Veränderungen der Flora und Fauna in der Bundesrepublik Deutschland. Bonn-Bad Godesberg (= Schriftenreihe für Vegetationskunde, H. 10).

Syrbe, R.-U. (1993): Landschaftsbewertung im Oberspreewald auf geoökologischer Grundlage - Eine methodische Studie. Potsdam.

Syrbe, R.-U. (1999): Raumgliederungen im mittleren Maßstab. In: Zepp, H. & (Hrsg.): Landschaftsökologische Erfassungsstandards. Ein Methodenbuch. Flensburg, S. 463-489 (= Forschungen zur deutschen Landeskunde, Bd. 244).

Syrbe, R.-U. (2002): Ermittlung von Naturraumeinheiten chorischen Ranges. In: Haase, G. & K. Mannsfeld (Hrsg.): Naturraumeinheiten, Landschaftsfunktionen und Leitbilder am Beispiel von Sachsen. Flensburg, S. 27-30 (= Forschungen zur deutschen Landeskunde, Bd. 250).

Thomas-Lauckner, M. & G. Haase (1967): Versuch einer Klassifizierung von Bodenfeuchteregime-Typen. Albrecht-Thaer-Archiv 11, S. 1003-1020.

Troll, C. (1950): Die geographische Landschaft und ihre Erforschung. Studium generale 3, S. 163-181.

Turner, M.G. & R.H. Gardner (1991a): Quantitative methods in landscape ecology: An introduction. In: Turner, M.G. & R.H. Gardner (Eds.): Quantitative methods in landscape ecology. New York a.o., pp. 3-14 (= Ecological Studies 82).

Turner, M.G. & R.H. Gardner (Eds.) (1991b): Quantitative methods in landscape ecology. New York a.o. (= Ecological Studies 82).

Turner, M.G., Gardner, R.H. & R.V. O'Neill (2001): Landscape ecology in theory and practice. Pattern and process. New York a.o.

Turner, M.G., O'Neill, R.V., Conley, W., Conley, M.R. & H.C. Humphries (1991): Pattern and scale: Statistics for landscape ecology. In: Turner, M.G. & R.H. Gardner (Eds.): Quantitative methods in landscape ecology. New York a.o., pp. 17-50 (= Ecological Studies 82).

Urbanek, J. (1997): Geoecological landscape types (commentary to the map). Geografický Časopis 49, pp. 255-260.

Volk, M. & U. Steinhardt (1999): Regionalisierung in der Landschaftsökologie - Stand der Forschung: Offene Fragen, Trends und Lösungsansätze. In: Steinhardt, U. & M. Volk (Hrsg.): Regionalisierung in der Landschaftsökologie: Forschung - Planung - Praxis. Stuttgart, Leipzig, S. 11-16.

Volk, M. & U. Steinhardt (2002): The landscape concept (What is a landscape?). In: Bastian, O. & U. Steinhardt (Eds.): Development and perspectives of landscape ecology. Dordrecht, pp. 1-10.

Völkel, J., Zepp, H. & A. Kleber (2002): Periglaziale Deckschichten in Mittelgebirgen – ein offenes Forschungsfeld. Berichte zur deutschen Landeskunde 76, S. 101-114.

Waldbaur, H. (1958): Zur Karte: „Landformen im mittleren Europa 1 : 2 000 000". Wissenschaftliche Veröffentlichungen des Deutschen Instituts für Länderkunde, N.F. 15/16, S. 133-177.

Walz, U. (1999a): Erfassung und Bewertung der Landnutzungsstruktur. In: Walz, U. (Hrsg.): Erfassung und Bewertung der Landschaftsstruktur. Auswertung mit GIS und Fernerkundung. Dresden, S. 1-8 (= IÖR-Schriften, Bd. 29).

Walz, U. (Hrsg.) (1999b): Erfassung und Bewertung der Landschaftsstruktur. Auswertung mit GIS und Fernerkundung. Dresden (= IÖR-Schriften, Bd. 29).

Walz, U. (2002): Landscape information systems. In: Bastian, O. & U. Steinhardt (Eds.): Development and perspectives of landscape ecology. Dordrecht, pp. 272-294.

Walz, U., Syrbe, R.-U., Donner, R. & A. Lausch (2001): Erfassung und ökologische Bedeutung der Landschaftsstruktur. Naturschutz und Landschaftsplanung 2/3, S. 101-105.

Wendling, U. (1995): Berechnung der Gras-Referenzverdunstung mit der FAO Penman-Monteith-Beziehung. Wasserwirtschaft, 85, S. 602-604.

Whiters, M.A. & V. Meentemeyer (1999): Concepts of scale in landscape ecology. In: Klopatek, J. M. & R. H. Gardner (Eds.): Landscape ecological analysis. Issues and applications. New York a.o., pp. 205-252.

Wiegleb, G. (1997): Leitbildmethode und naturschutzfachliche Bewertung. Zeitschrift für Ökologie und Naturschutz 6, S. 43-62.

Wittmann, O. (1999): Aus dem Arbeitskreis für Bodensystematik. Zur Bodengesellschaftssystematik - Bericht zum Stand der Diskussion. Mitteilungen der Deutschen Bodenkundlichen Gesellschaft 91, S. 1152-1155.

Wohlrab, B., Meuser, A. & V. Sokollek (1999): Landschaftswasserhaushalt - ein zentrales Thema in der Landschaftsökologie. In: Schneider-Sliwa, R., Schaub, D. & G. Gerold (Hrsg.): Angewandte Landschaftsökologie. Grundlagen und Methoden. Berlin, Heidelberg, S. 277-302.

Wrbka, T., Peterseil, J., Kiss, A., Schmitzberger, I., Szerencsits, E., Thurner, B., Schneider, W., Suppan, F., Beissmann, H., Hengsberger, R. & G. Tutsch (2003): Landschaftsökologische Strukturmerkmale als Indikatoren der Nachhaltigkeit (Spatial Indicators for Land Use Sustainability). Endbericht zum Forschungsprojekt SINUS. Institut für Ökologie und Naturschutz der Universität Wien (IECB), beauftragt vom Bundesministerium für Bildung, Wissenschaft und Kultur. Wien [http://www.pph.univie.ac.at/intwo/htm/kap01.htm, Stand: 30.03.2003].

Zebisch, M. (2002): Vom Landschaftsmuster zur ökologischen Bewertung. Bericht von zwei Konferenzen der IALE in Amerika und Europa. Landschaftsplanung.net - Ausgabe 2002, S. 1-9.

Zepp, H. (1991a): Eine qualitative landschaftsökologisch begründete Klassifikation von Bodenfeuchteregime-Typen für Mitteleuropa. Erdkunde 45, S. 1-17.

Zepp, H. (1991b): Landschaftsökologische Prozessgefüge auf der TK 25 Rheinbach (Karte 1 : 25 000). Bonn, unveröffentlicht.

Zepp, H. (1991c): Zur Systematik landschaftsökologischer Prozeßgefüge-Typen und Ansätze ihrer Erfassung in der südlichen Niederrheinischen Bucht. Arbeiten zur rheinischen Landeskunde 60, S. 135-151.

Zepp, H. (1994): Geoökologische Ansätze zur Bewertung des Leistungsvermögens des Landschaftshaushaltes. Versuchungen, Grenzen und Möglichkeiten aus der Sicht der universitären Praxis. Norddeutsche Naturschutzakademie, Berichte 1/94, S. 105-114.

Zepp, H. (1995): Klassifikation und Regionalisierung von Bodenfeuchteregime-Typen. Berlin, Stuttgart (= Relief, Boden, Paläoklima 9).

Zepp, H. (1997): Landschaftsökologische Differenzierung des Bonner Raumes. Karte. In: Laux, H. D. & H. Zepp (1997): Bonn und seine Region. Geoökologische Grundlagen, historische Entwicklung und Zukunftsperspektiven (mit Karte). In: Stiehl, E. (Hrsg.): Die Stadt Bonn und ihr Umland: ein geographischer Exkursionsführer. Bonn, S. 9-31 (= Arbeiten zur rheinischen Landeskunde, H. 66).

Zepp, H. (1999): Die Systematisierung landschaftsökologischer Prozeßgefüge nach Zepp (1991, 1994). In: Zepp. H. & M. J. Müller (Hrsg.): Landschaftsökologische Erfassungsstandards. Ein Methodenbuch. Flensburg, S. 439-461 (= Forschungen zur deutschen Landeskunde, Bd. 244).

Zepp, H. (2002): Geomorphologie. Eine Einführung. Paderborn u.a. (= UTB für Wissenschaft, Bd. 2164).

Zepp, H. & C. Ehlich (1998): Die Geographische Landesaufnahme als Grundlage für eine Geomorphologische Übersichtskarte? - Eine methodische Skizze am Beispiel Westfalens. In: Glatthaar, D. & J. Herget (Hrsg.): Physische Geographie und Landeskunde - Festschrift für Herbert Liedtke. Bochum, S. 138-145 (= Bochumer Geographische Arbeiten, Sonderreihe, Bd. 13).

Zepp, H. & M. J. Müller (Hrsg.) (1999): Landschaftsökologische Erfassungsstandards. Ein Methodenbuch. Flensburg (= Forschungen zur deutschen Landeskunde, Bd. 244).

Zepp, H. & R. Glawion (Hrsg.) (2000): Probleme und Strategien ökologischer Landschaftsanalyse und -bewertung. Flensburg (= Forschungen zur deutschen Landeskunde, Bd. 246).

Zepp, H. & S. Stein (1991): Zur Problematik geoökologischer Kartierung in intensiv genutzten Agrarlandschaften. Geographische Zeitschrift 79, S. 94-112.

Zhang, X., Dick, N.A., Wainwright, J. & M. Mulligan (1999): Comparison of slope estimates from low resoultion DEMs: Scaling issues and a fractal method for their solution. Earth Surface Processes and Landforms 24, pp. 763-799.

ANHANG

Anhang 1 (CD-ROM)	Legende zur Bodenübersichtskarte 1 : 1 Mio. (Hartwich et al. 1995)
Anhang 2 (CD-ROM)	Erläuterungen der Bodenbedeckungen (Statistisches Bundesamt 1997)
Anhang 3	Ergebnis der Clusteranalyse (mit ArcInfo) auf Grundlage der Grids Geländeneigung und Reliefenergie (m/4,41 km²)
Anhang 4	Zuordnung der Reliefunabhängigen Hydromorphieflächentypen zu Bodengesellschaftseinheiten der BÜK1000 (BGR 1999)
Anhang 5	Darstellung kumulierter Häufigkeiten der Konfinitätswerte von Prozessgefüge-Grundttyppaaren
Anhang 6	Anzahl gebildeter Mosaiktypen, Mono- und Polytypen sowie Häufigkeiten der Anzahl an Prozessgefüge-Grundtypen pro Polytyp bei unterschiedlichen Schwellenwerten
Anhang 7 (CD-ROM)	Mosaiktypenzusammensetzung aus Prozessgefüge-Grundtypen bei unterschiedlichen Schwellenwerten
Anhang 8 (CD-ROM)	Dendrogramme zur Darstellung der Zusammenfassung von Prozessgefüge-Grundtypen zu Mosaiktypen
Anhang 9 (CD-ROM)	ArcView-Projekt „Anhang9.apr": Karten der bei unterschiedlichen Schwellenwerten gebildeten Mosaiktypen
Anhang 10 (CD-ROM)	Tabellen zur Kennzeichnung der Prozessgefüge-Haupttypen über Flächenanteile pro Komponentenausprägung (nach Gruppen getrennt, s. Text)
Anhang 11	Kennzeichnung der Prozessgefüge-Haupttypen über ausgewählte Rahmenmerkmale
Anhang 12	Legende zu den Karten der Prozessgefüge-Haupttypen (Karten 18 und 19)
Anhang 13	Differenzierung der Prozessgefüge-Haupttypen in Prozessgefüge-Typen über Typen des Klimaabhängigen Wasserangebots: Darstellung der Flächenanteile in % der Fläche Deutschlands, Hervorhebung des in einem Prozessgefüge-Haupttyp dominierenden Wasserangebottyps (a bis e)
Anhang 14 (CD-ROM)	Legende der Prozessgefüge-Typen
Anhang 15 (CD-ROM)	Karten 22 und 23 sowie Karte der Meso- und Mikrochoren in Sachsen (Haase & Mannsfeld 2002) im pdf-Format

Anhang 1 (CD-ROM)   Legende zur Bodenübersichtskarte 1 : 1 Mio.
(Hartwich et al. 1995)

Anhang 2 (CD-ROM)   Erläuterungen der Bodenbedeckungen
(Statistisches Bundesamt 1997)

Anhang 3   Ergebnis der Clusteranalyse (mit ArcInfo) auf Grundlage
der Grids Geländeneigung und Reliefenergie (m/4,41 km^2)

Cluster-Nr.	mittlere Geländeneigungen (in Grad)	Kovarianz der Geländeneigungen	mittlere Reliefenergie (in m/4,41 km^2)	Kovarianz der Reliefenergiewerte	Anzahl der Fälle
1	0,004	0,005	4,63	4,62	51907
2	0,10	0,11	13,16	8,12	46734
3	0,40	0,51	24,51	14,16	40805
4	0,92	1,27	38,69	18,61	32823
5	1,53	2,43	54,41	21,78	28970
6	2,27	4,02	71,94	29,64	27112
7	3,05	6,39	92,40	41,20	25931
8	4,21	10,41	117,74	69,45	29130
9	5,59	16,92	151,43	138,59	29623
10	7,67	27,05	202,35	362,42	25059
11	10,94	43,68	291,50	1459,04	12447
12	16,52	73,69	505,58	7175,67	3704
13	26,28	131,27	897,65	30559,25	1543

Vorgabe der Klassenanzahl: 14; Anzahl gebildeter Klassen: 13; Anzahl der Iterationen: 20;
Maximale Anzahl der Iterationen: 20; Minimale Klassengröße: 20; Sample Intervall: 10

Anhang 4 Zuordnung der Reliefunabhängigen Hydromorphieflächentypen zu Bodengesellschaftseinheiten (s. Anhang 1, CD-ROM) der BÜK1000 (BGR 1999)

Nummer der Bodengesellschaftseinheit	Nummer des Reliefunabhängigen Hydromorphieflächentyps	Nummer der Bodengesellschaftseinheit	Nummer des Reliefunabhängigen Hydromorphieflächentyps
1	4	38	9
2	17	39	3
3	2	40	3
4	7	41	3
5	2	42	10
6	2	43	6
7	6	44	10
8	2	45	3
9	2	46	3
10	2	47	10
11	2	48	6
12	2	49	3
13	3	50	3
14	3	51	10
15	9	52	10
16	3	53	3
17	8	54	3
18	12	55	3
19	9	56	9
20	3	57	3
21	12	58	3
22	6	59	3
23	13	60	3
24	6	61	3
25	5	62	3
26	3	63	10
27	11	64	6
28	6	65	3
29	6	66	14
30	9	67	3
31	3	68	3
32	3	69	18
33	3	70	1
34	3	71	16
35	3	72	15
36	3		
37	3		

Anhang 5 Darstellung kumulierter Häufigkeiten der Konfinitätswerte von Prozessgefüge-Grundtyppaaren

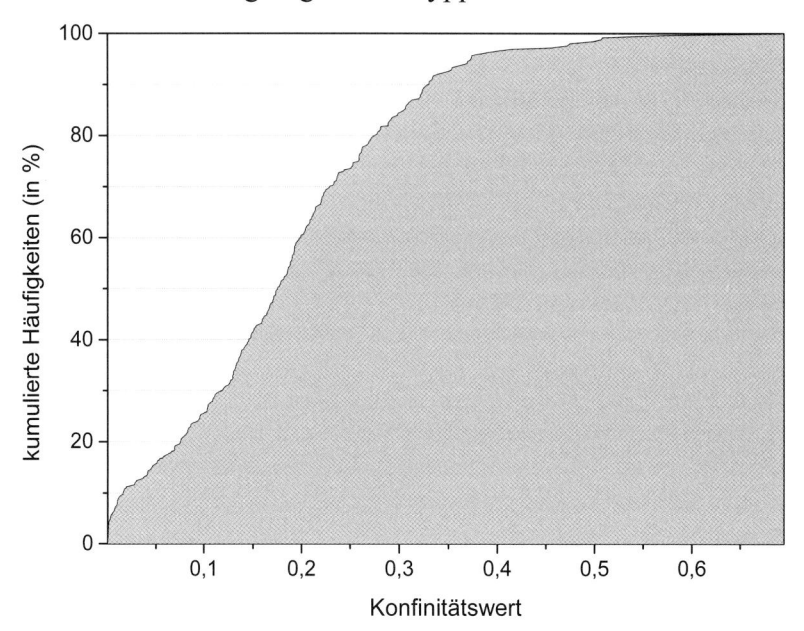

Anhang 6 Anzahl gebildeter Mosaiktypen, Mono- und Polytypen sowie Häufigkeiten der Anzahl an Prozessgefüge-Grundtypen pro Polytyp bei unterschiedlichen Schwellenwerten

Schwellenwert	0	0,05	0,1	0,15	0,2	0,3	0,4
Anzahl an Mosaiktypen	129	197	238	300	379	467	500
Anzahl Polytypen	129	118	108	90	72	39	10
Anzahl Monotypen	0	79	130	210	307	428	490
Anzahl an Prozessgefüge-Grundtypen pro Polytyp (Häufigkeit)	2 (42) 3 (26) 4 (27) 5 (14) 6 (5) 7 (5) 8 (3) 10 (2) 11 (1) 12 (1) 15 (1) 18 (1)	2 (42) 3 (26) 4 (25) 5 (10) 6 (4) 7 (3) 8 (1) 9 (1) 10 (1) 12 (2) 17 (1)	2 (45) 3 (21) 4 (27) 5 (6) 7 (4) 8 (1) 10 (1) 11 (1) 12 (1) 17 (1)	2 (34) 3 (24) 4 (20) 5 (2) 6 (2) 7 (2) 8 (1) 9 (1) 12 (1)	2 (32) 3 (25) 4 (7) 5 (2) 6 (2) 7 (1)	2 (34) 3 (4)	2 (9)

Anhang 7 (CD-ROM)   Mosaiktypzusammensetzung aus Prozess-
                    gefüge-Grundtypen bei unterschiedlichen
                    Schwellenwerten

Anhang 8 (CD-ROM)   Dendrogramme zur Darstellung der Zusam-
                    menfassung von Prozessgefüge-Grundtypen
                    zu Mosaiktypen

Anhang 9 (CD-ROM)   ArcView-Projekt „Anhang9.apr": Karten der
                    bei unterschiedlichen Schwellenwerten gebil-
                    deten Mosaiktypen

Anhang 10 (CD-ROM) Tabellen zur Kennzeichnung der Prozess-
                    gefüge-Haupttypen über Flächenanteile pro
                    Komponentenausprägung (nach Gruppen
                    getrennt, s. Text)

Anhang 11 Kennzeichnung der Prozessgefüge-Haupttypen über ausge-
          wählte Rahmenmerkmale

Haupttyp-Nr.	mittlere Höhe in m über NN (Median)	maximale Höhe in m über NN	mittlere Reliefenergie (in m/4,41 km²) (Median)	mittlere Geländeneigung in Grad (arithmetisches Mittel)	maximale Geländeneigung in Grad	minimale Arealgröße in ha	maximale Arealgröße in ha	mittlere Arealgröße in ha (arithmetisches Mittel)
1	51	577	6	0,0082	13	1	35308	1766
2	43	65	7	0,0090	1	518	1453	888
3	88	496	15	0,1557	21	1	10384	1351
4	61	627	18	0,2687	18	1	156623	2746

Fortsetzung Anhang 11:

Haupttyp-Nr.	mittlere Höhe in m über NN (Median)	maximale Höhe in m über NN	mittlere Reliefenergie (in m/4,41 km²) (Median)	mittlere Geländeneigung in Grad (arithmetisches Mittel)	maximale Geländeneigung in Grad	minimale Arealgröße in ha	maximale Arealgröße in ha	mittlere Arealgröße in ha (arithmetisches Mittel)
5	64	190	29	0,7161	12	1	40160	3877
6	94	224	42	0,9659	11	1	3121	813
7	103	599	45	1,2610	31	1	85191	2451
8	34	445	49	1,0911	12	1	1731	736
9	71	190	55	1,7259	15	1	16982	1250
10	168	660	96	3,2982	24	1	2550	911
11	68	173	92	2,8326	17	1	970	655
12	198	503	132	4,6328	32	1	5384	1784
13	268	587	157	5,7478	31	1	9352	1101
14	5	48	4	0,0059	2	1	33349	3042
15	10	15	5	0,0000	0	1	736	204
16	20	170	5	0,0058	4	1	48902	2307
17	29	440	15	0,1262	3	642	781	712
18	20	593	16	0,1877	6	1	3823	963
19	589	643	35	0,8513	7	630	1385	1009
20	595	789	55	1,3511	16	1	2954	881
21	790	1010	122	3,9884	34	805	1980	1422
22	596	1070	188	6,4665	35	499	1101	753
23	35	221	5	0,0066	2	1	19563	1863
24	12	32	4	0,0068	3	1	2377	651
25	4	44	12	0,2764	9	1	2991	813
26	21	39	14	0,1609	4	446	2919	1140
27	6	58	49	1,7623	11	1	1536	768
28	2	20	3	0,0033	7	1	58111	3557
29	1	4	2	0,0000	0	130	998	564
30	6	29	14	0,1167	4	451	2370	994
31	44	57	25	0,5837	3	1	438	219
32	66	124	24	0,4612	5	1	3646	1373

Fortsetzung Anhang 11:

Haupttyp-Nr.	mittlere Höhe in m über NN (Median)	maximale Höhe in m über NN	mittlere Reliefenergie (in m/4,41 km²) (Median)	mittlere Geländeneigung in Grad (arithmetisches Mittel)	maximale Geländeneigung in Grad	minimale Arealgröße in ha	maximale Arealgröße in ha	mittlere Arealgröße in ha (arithmetisches Mittel)
33	21	95	17	0,2198	5	1	17445	2590
34	507	788	28	0,5307	10	1	7808	920
35	465	522	40	1,1455	6	481	5402	1863
36	36	89	38	0,8545	7	1	5561	2013
37	318	990	53	1,4317	30	1	155248	2555
38	410	691	33	0,6109	10	1	5529	847
39	431	450	30	0,4614	5	527	939	733
40	454	743	27	0,3976	9	1	10458	863
41	494	950	56	1,9577	18	1	199113	5997
42	138	194	24	0,5634	5	1	2391	351
43	597	689	60	1,9890	13	1	1552	291
44	42	74	49	1,3230	5	1867	1867	1867
45	459	560	62	2,1877	14	1	20529	1955
46	318	963	69	2,1391	29	1	360351	4895
47	384	1100	107	3,9034	33	1	114723	2575
48	398	795	106	3,9718	24	1	22038	1641
49	588	978	99	3,3210	26	1	42428	2661
50	427	922	92	3,1946	27	1	4819	1172
51	260	969	123	4,8084	46	1	5171	707
52	420	1389	186	7,8121	50	1	626558	5104
53	800	1817	452	16,0080	57	1	56796	2104
54	355	1318	170	6,3821	42	1	32740	1811
55	550	856	165	5,6277	36	1	10781	1103
56	746	1107	173	5,6480	38	1	16110	1102
57	373	736	164	6,6323	28	1	28580	2337
58	1061	1799	486	15,8290	53	1	10818	2935
59	737	1316	465	12,8497	48	687	2925	1449
60	1195	2609	785	24,6800	71	1	21799	1400

Fortsetzung Anhang 11:

Haupttyp-Nr.	mittlere Höhe in m über NN (Median)	maximale Höhe in m über NN	mittlere Reliefenergie (in m/4,41 km²) (Median)	mittlere Geländeneigung in Grad (arithmetisches Mittel)	maximale Geländeneigung in Grad	minimale Arealgröße in ha	maximale Arealgröße in ha	mittlere Arealgröße in ha (arithmetisches Mittel)
61	1289	2008	754	22,8435	54	1	2442	943
62	56	690	17	0,2253	8	1	54549	2448
63	127	305	30	0,5583	9	1	1555	832
64	268	887	57	1,8516	24	1	88436	2960
65	431	712	170	6,0052	34	1	10095	1282
66	54	903	30	0,8166	22	1	274501	6148
67	114	245	59	1,5234	20	5	1601	869
68	457	900	101	3,3341	27	1	12888	1588
69	460	826	153	5,5697	37	1	10004	1264
70	30	128	5	0,0039	12	1	86433	3078
71	60	100	8	0,0886	5	685	2911	1570
72	43	350	15	0,1726	11	1	23474	1513
73	44	65	35	1,1296	5	568	568	568
74	51	405	43	0,9073	14	1	6020	1047
75	89	180	90	2,7099	18	1	2990	1091
76	50	1965	10	0,7165	63	1	319286	3944
77	88	1939	13	3,5672	62	1	3628	672
78	14	71	12	0,1833	10	1	90077	4254
79	28	120	40	1,0696	9	1	7200	2022
80	22	54	53	2,9623	11	1	477	124
81	1605	2907	891	26,7211	67	1	10573	1512
82	95	1091	24	1,0737	34	1	99019	598
83	1	20	1	0,0445	5	1	35751	2022
84	1	7	2	0,0012	1	1	1179	363
85	38	859	6	0,1293	26	1	4291	535
86	110	251	25	0,6876	33	1	10231	1497
87	109	393	29	1,0108	34	1	5134	1409
88	390	456	102	1,6349	18	80	957	548
89	68	1119	18	0,9657	59	1	46756	454

Anhang 12 Legende zu den Karten der Prozessgefüge-Haupttypen (Karte 18 und Kartenbeilage)

1 Vorwiegend vertikale Bodenwasser- und Stoffflüsse
1.1 Vorwiegend sickerwassergeprägte Bodenfeuchte- und Stoffdynamik

1	➢ sickerwassergeprägte Bodenfeuchte- und Stoffdynamik (100% SI) ➢ ebenes Relief: Kopplungstyp A (Inzidenzgefüge, keine horizontale Kopplung) ➢ Natürlicher Stoffhaushalt: 70% stark beeinflusst (landwirtschaftliche Flächen), 30% gering (hpts. Nadelwald)
2	➢ hpts. sickerwassergeprägte Bodenfeuchte- und Stoffdynamik, untergeordnet grundwasserbestimmt (83% SI, 17% GR) ➢ ebenes Relief: Kopplungstyp A (Inzidenzgefüge, keine horizontale Kopplung) ➢ Natürlicher Stoffhaushalt: 66% stark beeinflusst (landwirtschaftliche Flächen), 34% gering (hpts. Nadelwald)
3	➢ sickerwassergeprägte Bodenfeuchte- und Stoffdynamik (100% SI) ➢ hpts. welliges Relief: 75% Kopplungstyp C (Inzidenzgefüge, sehr geringe Intensität horizontaler Kopplung), 25% Kopplungstyp A (Inzidenzgefüge, keine horizontale Kopplung) ➢ Natürlicher Stoffhaushalt: kaum beeinflusst (hpts. Kraut- und Strauchvegetation)
4	➢ sickerwassergeprägte Bodenfeuchte- und Stoffdynamik (100% SI) ➢ welliges Relief: Kopplungstyp C (Inzidenzgefüge, sehr geringe Intensität horizontaler Kopplung) ➢ Natürlicher Stoffhaushalt: 63% stark beeinflusst, 37% gering (hpts. Nadelwald)
5	➢ hpts. sickerwassergeprägte Bodenfeuchte- und Stoffdynamik, untergeordnet grundwasserbestimmt (83% SI, 17% GR) ➢ Mosaik aus welligem und hügeligem Relief: 55% Kopplungstyp C (Inzidenzgefüge, sehr geringe Intensität horizontaler Kopplung), 45% Kopplungstyp D (Inzidenz-Hanggefüge, geringe bis mäßige Intensität horizontaler Kopplung) ➢ Natürlicher Stoffhaushalt: 62% stark beeinflusst (landwirtschaftliche Flächen), 38% gering (hpts. Nadelwald)
6	➢ sickerwassergeprägte Bodenfeuchte- und Stoffdynamik (100% SI) ➢ Mosaik aus hügeligem und welligem Relief: 56% Kopplungstyp D (Inzidenz-Hanggefüge, geringe bis mäßige Intensität horizontaler Kopplung), 44% Kopplungstyp C (Inzidenzgefüge, sehr geringe Intensität horizontaler Kopplung) ➢ Natürlicher Stoffhaushalt: kaum beeinflusst (hpts. Kraut- und Strauchvegetation)
7	➢ sickerwassergeprägte Bodenfeuchte- und Stoffdynamik (100% SI) ➢ Mosaik aus hügeligem und bergig-hügeligem Relief: 55% Kopplungstyp D (Inzidenz-Hanggefüge, geringe bis mäßige Intensität horizontaler Kopplung), 36% Kopplungstyp E (Hanggefüge, mäßige Intensität horizontaler Kopplung) ➢ Natürlicher Stoffhaushalt: 63% stark beeinflusst (Ackerflächen), 37% gering (hpts. Nadelwald)
8	➢ sickerwassergeprägte Bodenfeuchte- und Stoffdynamik (100% SI) ➢ vorherrschend hügeliges Relief mit hügelig-bergigen Flächen durchsetzt: 72% Kopplungstyp D (Inzidenz-Hanggefüge, geringe bis mäßige Intensität horizontaler Kopplung), 28% Kopplungstyp E (Hanggefüge, mäßige Intensität horizontaler Kopplung) ➢ Natürlicher Stoffhaushalt: stark beeinflusst (intensiv genutztes Grünland)

Fortsetzung Anhang 12:

9	➢ ➢ ➢	hpts. sickerwassergeprägte Bodenfeuchte- und Stoffdynamik, untergeordnet grundwasserbestimmt (83% SI/17% GR) hügelig-bergiges Relief: Kopplungstyp E (Hanggefüge, mäßige Intensität horizontaler Kopplung) Natürlicher Stoffhaushalt: 80% stark beeinflusst (hpts. Ackerflächen), 20% gering (Nadelwald)
10	➢ ➢ ➢	sickerwassergeprägte Bodenfeuchte- und Stoffdynamik (100% SI) bergiges Relief: Kopplungstyp F (Hanggefüge, mittlere Intensität horizontaler Kopplung) Natürlicher Stoffhaushalt: gering beeinflusst (Wald, davon 61% Laub-/Mischwald)
11	➢ ➢ ➢	hpts. sickerwassergeprägte Bodenfeuchte- und Stoffdynamik, untergeordnet grundwasserbestimmt (83% SI, 17% GR) bergiges Relief: Kopplungstyp F (Hanggefüge, mittlere Intensität horizontaler Kopplung) Natürlicher Stoffhaushalt: 65% gering beeinflusst (Wald), 35% stark beeinflusst (landwirtschaftliche Flächen)
12	➢ ➢ ➢	sickerwassergeprägte Bodenfeuchte- und Stoffdynamik (100% SI) bergiges Relief: 55% Kopplungstyp F (Hanggefüge, mittlere Intensität horizontaler Kopplung), 45% Kopplungstyp G (Hanggefüge, hohe Intensität horizontaler Kopplung) Natürlicher Stoffhaushalt: stark beeinflusst (landwirtschaftliche Nutzung)
13	➢ ➢ ➢	sickerwassergeprägte Bodenfeuchte- und Stoffdynamik (100% SI) bergiges Relief: Kopplungstyp G (Hanggefüge, hohe Intensität horizontaler Kopplung) Natürlicher Stoffhaushalt: 35% stark beeinflusst (landwirtschaftliche Flächen), 65% gering (Wald, hpts. Laub-/Mischwald)

1.2 Sickerwassergeprägte Bodenfeuchte- und Stoffdynamik im Oberboden, stauwassergeprägte im Unterboden (100% SIST)

14	➢ ➢	ebenes Relief: Kopplungstyp A (Inzidenzgefüge, keine horizontale Kopplung) Natürlicher Stoffhaushalt: stark beeinflusst (landwirtschaftliche Flächen, davon 62% intensiv genutztes Grünland)
15	➢ ➢	ebenes Relief: Kopplungstyp A (Inzidenzgefüge, keine horizontale Kopplung) Natürlicher Stoffhaushalt: gering beeinflusst (55% Nadelwald, 45% Laub-/Mischwald)

1.3 Stauwassergeprägte Bodenfeuchte- und Stoffdynamik (100% ST)

16	➢ ➢	ebenes Relief: Kopplungstyp A (Inzidenzgefüge, keine horizontale Kopplung) Natürlicher Stoffhaushalt: 91% stark beeinflusst (landwirtschaftliche Flächen), 9% gering (Wald)
17	➢ ➢	hpts. welliges Relief: 68% Kopplungstyp C (Inzidenzgefüge, sehr geringe Intensität horizontaler Kopplung), 32% Kopplungstyp A (Inzidenzgefüge, keine horizontale Kopplung) Natürlicher Stoffhaushalt: kaum beeinflusst (hpts. Kraut- und Strauchvegetation)

Fortsetzung Anhang 12:

18	➢	welliges Relief: Kopplungstyp C (Inzidenzgefüge, sehr geringe Intensität horizontaler Kopplung)
	➢	Natürlicher Stoffhaushalt: 87% stark beeinflusst (landwirtschaftliche Flächen), 13% gering (Nadelwald)
19	➢	hügeliges Relief: Kopplungstyp D (Inzidenz-Hanggefüge, geringe bis mäßige Intensität horizontaler Kopplung)
	➢	Natürlicher Stoffhaushalt: 59% stark beeinflusst (intensiv genutztes Grünland), 41% gering (Nadelwald)
20	➢	hpts. hügelig-bergiges Relief: 83% Kopplungstyp E (Hanggefüge, mäßige Intensität horizontaler Kopplung), 17% Kopplungstyp D (Inzidenz-Hanggefüge, geringe bis mäßige Intensität horizontaler Kopplung)
	➢	Natürlicher Stoffhaushalt: 66% stark beeinflusst (landwirtschaftliche Flächen), 34% gering (Nadelwald)
21	➢	bergiges Relief: 54% Kopplungstyp F (Hanggefüge, mittlere Intensität horizontaler Kopplung), 46% Kopplungstyp G (Hanggefüge, hohe Intensität horizontaler Kopplung)
	➢	Natürlicher Stoffhaushalt: 93% gering beeinflusst (Wald, hpts. Nadelwald), 7% kaum (Kraut- und Strauchvegetation)
22	➢	bergiges Relief: Kopplungstyp G (Hanggefüge, hohe Intensität horizontaler Kopplung)
	➢	Natürlicher Stoffhaushalt: 60% stark (34% intensiv genutztes Grünland, 26% Ackerflächen), 40% gering (Laub-/Mischwald)

1.4 Sicker- oder stauwassergeprägte Bodenfeuchte- und Stoffdynamik

23	➢	sicker- oder stauwassergeprägte Bodenfeuchte- und Stoffdynamik (50% SI, 50% ST)
	➢	ebenes Relief: Kopplungstyp A (Inzidenzgefüge, keine horizontale Kopplung)
	➢	Natürlicher Stoffhaushalt: 89% stark beeinflusst (landwirtschaftliche Flächen), 11% gering (Wald, hpts. Laub-/Mischwald)

2 Vorwiegend vertikale Bodenwasser- und Stoffflüsse im Oberboden, laterale, beidseitig gerichtete Bodenwasser- und Stoffflüsse im grundwassergesättigten Bodenbereich

2.1 Sickerwassergeprägte Bodenfeuchte- und Stoffdynamik im Oberboden, grundwasserbestimmte im Unterboden (100% SIGR)

24	➢	ebenes Relief: Kopplungstyp A (Inzidenzgefüge, keine horizontale Kopplung)
	➢	Natürlicher Stoffhaushalt: 53% stark beeinflusst (landwirtschaftliche Flächen), 47% gering (Wald, hpts. Nadelwald)
25	➢	Nebeneinander von welligem und ebenem Relief: 65% Kopplungstyp C (Inzidenzgefüge, sehr geringe Intensität horizontaler Kopplung), 35% Kopplungstyp A (Inzidenzgefüge, keine horizontale Kopplung)
	➢	Natürlicher Stoffhaushalt: 87% kaum beeinflusst (Sandflächen, Flächen mit geringer Vegetation), 13% stark (intensiv genutztes Grünland)
26	➢	welliges Relief: Kopplungstyp C (Inzidenzgefüge, sehr geringe Intensität horizontaler Kopplung)
	➢	Natürlicher Stoffhaushalt: 56% gering beeinflusst (hpts. Nadelwald), 44% stark (Ackerflächen)

Fortsetzung Anhang 12:

27	➢	Nebeneinander von hügeligem und hügelig-bergigem Relief: 57% Kopplungstyp D (Inzidenz-Hanggefüge, geringe bis mäßige Intensität horizontaler Kopplung), 43% Kopplungstyp E (Hanggefüge, mäßige Intensität horizontaler Kopplung)
	➢	Natürlicher Stoffhaushalt: 83% gering beeinflusst (Wald), 11% kaum beeinflusst, 6% stark beeinflusst

2.2 Stauwassergeprägte Bodenfeuchte- und Stoffdynamik im Oberboden, grundwassergeprägte im Unterboden (100% STGR)

28	➢	ebenes Relief: Kopplungstyp A (Inzidenzgefüge, keine horizontale Kopplung)
	➢	Natürlicher Stoffhaushalt: stark beeinflusst (landwirtschaftliche Flächen, 67% intensiv genutztes Grünland)
29	➢	ebenes Relief: Kopplungstyp A (Inzidenzgefüge, keine horizontale Kopplung)
	➢	Natürlicher Stoffhaushalt: kaum beeinflusst (ertragsarmes Grünland, Salzwiesen)
30	➢	welliges Relief: Kopplungstyp C (Inzidenzgefüge, sehr geringe Intensität horizontaler Kopplung)
	➢	Natürlicher Stoffhaushalt: stark beeinflusst (landwirtschaftliche Flächen, hpts. intensiv genutztes Grünland)

3 Vorwiegend laterale, einseitig gerichtete Bodenwasser- und Stoffflüsse
3.1 Vorwiegend hangwassergeprägte Bodenfeuchte- und Stoffdynamik

31	➢	hangwassergeprägte Bodenfeuchte- und Stoffdynamik im Oberboden, hangnässegeprägte im Unterboden (100% HWHN)
	➢	welliges Relief: Kopplungstyp C (Inzidenzgefüge, sehr geringe Intensität horizontaler Kopplung)
	➢	Natürlicher Stoffhaushalt: kaum beeinflusst (ertragsarmes Grünland)
32	➢	hpts. hangwassergeprägte Bodenfeuchte- und Stoffdynamik, untergeordnet hangnässegeprägt und grundwasserbestimmt (67% HW, 20% HN, 13% GR)
	➢	welliges Relief: Kopplungstyp C (Inzidenzgefüge, sehr geringe Intensität horizontaler Kopplung)
	➢	Natürlicher Stoffhaushalt: 85% stark beeinflusst (landwirtschaftliche Flächen, 15% gering (Wald, hpts. Nadelwald)
33	➢	hangwassergeprägte Bodenfeuchte- und Stoffdynamik im Oberboden, hangnässegeprägte im Unterboden (100% HWHN)
	➢	welliges Relief: Kopplungstyp C (Inzidenzgefüge, sehr geringe Intensität horizontaler Kopplung)
	➢	Natürlicher Stoffhaushalt: 86% stark beeinflusst (landwirtschaftliche Flächen), 14% gering (Wald)
34	➢	hpts. hangwassergeprägte Bodenfeuchte- und Stoffdynamik, untergeordnet hangnässegeprägt (75-83% HW, 17-25% HN)
	➢	Mosaik aus welligem und hügeligem Relief: 58% Kopplungstyp C (Inzidenzgefüge, sehr geringe Intensität horizontaler Kopplung), 42% Kopplungstyp D (Inzidenz-Hanggefüge, geringe bis mäßige Intensität horizontaler Kopplung)
	➢	Natürlicher Stoffhaushalt: 89% stark beeinflusst (landwirtschaftliche Flächen, hpts. intensiv genutztes Grünland), 11% gering (Nadelwald)

Fortsetzung Anhang 12:

35	➤ hpts. hangwassergeprägte Bodenfeuchte- und Stoffdynamik, untergeordnet hangnässegeprägt und grundwasserbestimmt (67% HW, 20% HN, 13% GR) ➤ hügeliges Relief: Kopplungstyp D (Inzidenz-Hanggefüge, geringe bis mäßige Intensität horizontaler Kopplung) ➤ Natürlicher Stoffhaushalt: 82% stark beeinflusst (landwirtschaftliche Flächen), 18% gering (Nadelwald)
36	➤ hangwassergeprägte Bodenfeuchte- und Stoffdynamik im Oberboden, hangnässegeprägte im Unterboden (100% HWHN) ➤ hügeliges Relief: Kopplungstyp D (Inzidenz-Hanggefüge, geringe bis mäßige Intensität horizontaler Kopplung) ➤ Natürlicher Stoffhaushalt: 78% stark beeinflusst (landwirtschaftliche Flächen), 22% gering (Wald, hpts. Laub-/Mischwald)
37	➤ hangwassergeprägte Bodenfeuchte- und Stoffdynamik (100% HW) ➤ Mosaik aus hügelig-bergigem, welligem und hügeligem Relief: 63% Kopplungstyp E (Hanggefüge, mäßige Intensität horizontaler Kopplung), 20% Kopplungstyp C (Inzidenzgefüge, sehr geringe Intensität horizontaler Kopplung), 17% Kopplungstyp D (Inzidenz-Hanggefüge, geringe bis mäßige Intensität horizontaler Kopplung) ➤ Natürlicher Stoffhaushalt: 80% stark beeinflusst (landwirtschaftliche Flächen, hpts. Ackerflächen), 10% gering (Wald)
38	➤ hpts. hangwassergeprägte Bodenfeuchte- und Stoffdynamik, untergeordnet hangnässegeprägt (66% HW, 34% HN) ➤ hpts. hügeliges, z.T. welliges Relief: 69% Kopplungstyp D (Inzidenz-Hanggefüge, geringe bis mäßige Intensität horizontaler Kopplung), 31% Kopplungstyp C (Inzidenzgefüge, sehr geringe Intensität horizontaler Kopplung) ➤ Natürlicher Stoffhaushalt: gering beeinflusst (Nadelwald)
39	➤ hpts. hangwassergeprägte Bodenfeuchte- und Stoffdynamik, untergeordnet hangnässegeprägt (66% HW, 34% HN) ➤ hpts. hügeliges Relief, z.T. wellig: 64% Kopplungstyp D (Inzidenz-Hanggefüge, geringe bis mäßige Intensität horizontaler Kopplung), 36% Kopplungstyp C (Inzidenzgefüge, sehr geringe Intensität horizontaler Kopplung) ➤ Natürlicher Stoffhaushalt: kaum beeinflusst (hpts. Kraut- und Strauchvegetation)
40	➤ hangwassergeprägte Bodenfeuchte- und Stoffdynamik (100% HW) ➤ Nebeneinander von welligem und hügelig-bergigem Relief: 49% Kopplungstyp E (Hanggefüge, mäßige Intensität horizontaler Kopplung), 51% Kopplungstyp C (Inzidenzgefüge, sehr geringe Intensität horizontaler Kopplung) ➤ Natürlicher Stoffhaushalt: gering beeinflusst (Nadelwald)
41	➤ hpts. hangwassergeprägte Bodenfeuchte- und Stoffdynamik, untergeordnet hangnässegeprägt (75-83% HW, 17-25% HN) ➤ hpts. hügelig-bergiges Relief: 78% Kopplungstyp E (Hanggefüge, mäßige Intensität horizontaler Kopplung), 22% Kopplungstyp D (Inzidenz-Hanggefüge, geringe bis mäßige Intensität horizontaler Kopplung) ➤ Natürlicher Stoffhaushalt: 72% stark beeinflusst (landwirtschaftliche Flächen, hpts. Ackerflächen), 28% gering (Nadelwald)

Fortsetzung Anhang 12:

42	➢ ➢ ➢	hangwassergeprägte Bodenfeuchte- und Stoffdynamik (100% HW) Nebeneinander von hügelig-bergigem und hügeligem Relief: 58% Kopplungstyp E (Hanggefüge, mäßige Intensität horizontaler Kopplung), 42% Kopplungstyp D (Inzidenz-Hanggefüge, geringe bis mäßige Intensität horizontaler Kopplung) Natürlicher Stoffhaushalt: stark beeinflusst (landwirtschaftliche Nutzung)
43	➢ ➢ ➢	hpts. hangwassergeprägte Bodenfeuchte- und Stoffdynamik, untergeordnet hangnässegeprägt (75-83% HW, 17-25% HN) hpts. hügelig-bergiges Relief: 84% Kopplungstyp E (Hanggefüge, mäßige Intensität horizontaler Kopplung), 16% Kopplungstyp D (Inzidenz-Hanggefüge, geringe bis mäßige Intensität horizontaler Kopplung) Natürlicher Stoffhaushalt: gering beeinflusst (Laub-/Mischwald)
44	➢ ➢ ➢	hangwassergeprägte Bodenfeuchte- und Stoffdynamik im Oberboden, hangnässegeprägte im Unterboden (100% HWHN) hügelig-bergiges Relief: Kopplungstyp E (Hanggefüge, mäßige Intensität horizontaler Kopplung) Natürlicher Stoffhaushalt: stark beeinflusst (landwirtschaftliche Flächen, 60% Ackerfläche, 40% intensiv genutztes Grünland)
45	➢ ➢ ➢	hpts. hangwassergeprägte Bodenfeuchte- und Stoffdynamik, untergeordnet hangnässegeprägt und grundwasserbestimmt (67% HW, 20% HN, 13% GR) hügelig-bergiges Relief: Kopplungstyp E (Hanggefüge, mäßige Intensität horizontaler Kopplung) Natürlicher Stoffhaushalt: 62% stark beeinflusst (hpts. Ackerflächen), 38% gering (Wald)
46	➢ ➢ ➢	hpts. hangwassergeprägte Bodenfeuchte- und Stoffdynamik, untergeordnet hangnässegeprägt (66% HW, 34% HN) hpts. Mosaik aus bergigem und hügel-bergigem Relief: 37% Kopplungstyp F (Hanggefüge, mittlere Intensität horizontaler Kopplung), 37% Kopplunsgtyp E (Hanggefüge, mäßige Intensität horizontaler Kopplung), 12% Kopplungstyp D (Inzidenz-Hanggefüge, geringe bis mäßige Intensität horizontaler Kopplung), 14% Kopplungstyp C (Inzidenzgefüge, sehr geringe Intensität horizontaler Kopplung), 2% Kopplungstyp A (Inzidenzgefüge, keine horizontale Kopplung) Natürlicher Stoffhaushalt: 80% stark beeinflusst (hpts. Ackerflächen), 20% gering (Wald)
47	➢ ➢ ➢	hangwassergeprägte Bodenfeuchte- und Stoffdynamik (100% HW) bergiges Relief: Kopplungstyp F (Hanggefüge, mittlere Intensität horizontaler Kopplung) Natürlicher Stoffhaushalt: 62% stark beeinflusst (hpts. Ackerflächen), 38% gering (Wald)
48	➢ ➢ ➢	hpts. hangwassergeprägte Bodenfeuchte- und Stoffdynamik, untergeordnet hangnässegeprägt und grundwasserbestimmt (67% HW, 20% HN, 13% GR) bergiges Relief: Kopplungstyp F (Hanggefüge, mittlere Intensität horizontaler Kopplung) Natürlicher Stoffhaushalt: 53% stark beeinflusst (hpts. Ackerflächen), 47% gering (Wald)

Fortsetzung Anhang 12:

49	➤ ➤ ➤	hpts. hangwassergeprägte Bodenfeuchte- und Stoffdynamik, untergeordnet hangnässegeprägt (75-83% HW, 17-25% HN) bergiges Relief: Kopplungstyp F (Hanggefüge, mittlere Intensität horizontaler Kopplung) Natürlicher Stoffhaushalt: 68% stark beeinflusst (landwirtschaftliche Flächen), 32% gering (Wald, hpts. Nadelwald)
50	➤ ➤ ➤	hpts. hangwassergeprägte Bodenfeuchte- und Stoffdynamik, untergeordnet hangnässegeprägt (66% HW, 34% HN) hpts. bergiges Relief: 39% Kopplungstyp G (Hanggefüge, hohe Intensität horizontaler Kopplung), 36% Kopplungstyp F (Hanggefüge, mittlere Intensität horizontaler Kopplung), 25% Kopplungstyp E (Hanggefüge, mäßige Intensität horizontaler Kopplung) Natürlicher Stoffhaushalt: kaum beeinflusst (Strauch- und Krautvegetation)
51	➤ ➤ ➤	hangwassergeprägte Bodenfeuchte- und Stoffdynamik (100% HW) hpts. bergiges Relief: 53% Kopplungstyp G (Hanggefüge, hohe Intensität horizontaler Kopplung), 32% Kopplungstyp F (Hanggefüge, mittlere Intensität horizontaler Kopplung), 15% Kopplungstyp E (Hanggefüge, mäßige Intensität horizontaler Kopplung) Natürlicher Stoffhaushalt: stark beeinflusst (Dauerkulturen, Ackerflächen)
52	➤ ➤ ➤	hangwassergeprägte Bodenfeuchte- und Stoffdynamik (100% HW) bergiges Relief: Kopplungstyp G (Hanggefüge, hohe Intensität horizontaler Kopplung) Natürlicher Stoffhaushalt: 64% gering beeinflusst (37% Laub-/ Mischwald, 27% Nadelwald), 36% stark (landwirtschaftliche Nutzung)
53	➤ ➤ ➤	hangwassergeprägte Bodenfeuchte- und Stoffdynamik (100% HW) bergiges Relief: Kopplungstyp G (Hanggefüge, hohe Intensität horizontaler Kopplung) Natürlicher Stoffhaushalt: 86% gering beeinflusst (Wald), 14% stark (hpts. intensiv genutztes Grünland)
54	➤ ➤ ➤	hpts. hangwassergeprägte Bodenfeuchte- und Stoffdynamik, untergeordnet hangnässegeprägt (66% HW, 34% HN) bergiges Relief: Kopplungstyp G (Hanggefüge, hohe Intensität horizontaler Kopplung) Natürlicher Stoffhaushalt: 51% gering beeinflusst (47% Laub-/Mischwald, 18% Nadelwald), 49% stark (37% Ackerflächen, 12% intensiv genutztes Grünland)
55	➤ ➤ ➤	hpts. hangwassergeprägte Bodenfeuchte- und Stoffdynamik, untergeordnet hangnässegeprägt (75-83% HW, 17-25% HN) bergiges Relief: Kopplungstyp G (Hanggefüge, hohe Intensität horizontaler Kopplung) Natürlicher Stoffhaushalt: 59% stark beeinflusst (Ackerflächen), 41% gering (Laub-/Mischwald)

Fortsetzung Anhang 12:

56	➢ hpts. hangwassergeprägte Bodenfeuchte- und Stoffdynamik, untergeordnet hangnässegeprägt (75-83% HW, 17-25% HN) ➢ bergiges Relief: Kopplungstyp G (Hanggefüge, hohe Intensität horizontaler Kopplung) ➢ Natürlicher Stoffhaushalt: 68% stark beeinflusst (intensiv genutztes Grünland), 32% gering (Nadelwald)
57	➢ hpts. hangwassergeprägte Bodenfeuchte- und Stoffdynamik, untergeordnet hangnässegeprägt und grundwasserbestimmt (67% HW, 20% HN, 13% GR) ➢ bergiges Relief: Kopplungstyp G (Hanggefüge, hohe Intensität horizontaler Kopplung) ➢ Natürlicher Stoffhaushalt: 65% gering beeinflusst (47% Laub-/Mischwald, 18% Nadelwald), 35% stark (30% Ackerflächen, 5% intensiv genutztes Grünland)
58	➢ hpts. hangwassergeprägte Bodenfeuchte- und Stoffdynamik, untergeordnet hangnässegeprägt (66% HW, 34% HN) ➢ hochgelegenes ebenes Relief: Kopplungstyp I (Inzidenzgefüge, keine horizontale Kopplung) ➢ Natürlicher Stoffhaushalt: 79% gering beeinflusst (Wald, hpts. Nadelwald), 11% kaum, 10% stark beeinflusst (intensiv genutztes Grünland)
59	➢ hpts. hangwassergeprägte Bodenfeuchte- und Stoffdynamik, untergeordnet hangnässegeprägt (75-83% HW, 17-25% HN) ➢ hpts. hochgelegenes ebenes Relief: 95% Kopplungstyp I (Inzidenzgefüge, keine horizontale Kopplung), 5% Kopplungstyp J (Hanggefüge, sehr intensive horizontale Kopplungen) ➢ Natürlicher Stoffhaushalt: 67% gering beeinflusst (hpts. Nadelwald), 30% stark (intensiv genutztes Grünland), 3% kaum beeinflusst
60	➢ hangwassergeprägte Bodenfeuchte- und Stoffdynamik (100% HW) ➢ hpts. steiles Hochgebirgsrelief: 88% Kopplungstyp J (Hanggefüge, sehr intensive horizontale Kopplung), 8% Kopplungstyp H (Hanggefüge, sehr hohe Intensität horizontaler Kopplung), 4% Kopplungstyp I (Inzidenzgefüge, keine horizontale Kopplung) ➢ Natürlicher Stoffhaushalt: 68% gering beeinflusst (hpts. Nadelwald), 32% kaum beeinflusst (Strauch- und Krautvegetation, z. T. Felsflächen)
61	➢ hpts. hangwassergeprägte Bodenfeuchte- und Stoffdynamik, untergeordnet hangnässegeprägt (66% HW, 34% HN) ➢ hpts. steiles Hochgebirgsrelief: 97% Kopplungstyp J (Hanggefüge, sehr intensive horizontale Kopplung), 3% Kopplungstyp I (Inzidenzgefüge, keine horizontale Kopplung) ➢ Natürlicher Stoffhaushalt: 50% stark beeinflusst (intensiv genutztes Grünland), 18% gering (Laub-/Mischwald), 32% kaum beeinflusst (Strauch- und Krautvegetation)

Fortsetzung Anhang 12:
3.2 Hangnässegeprägte Bodenfeuchte- und Stoffdynamik (100% HN)

62	➤	welliges Relief: Kopplungstyp C (Inzidenzgefüge, sehr geringe Intensität horizontaler Kopplung)
	➤	Natürlicher Stoffhaushalt: 78% stark beeinflusst (landwirtschaftliche Flächen), 22% gering (Wald, hpts. Nadelwald)
63	➤	Mosaik aus welligem und hügeligem Relief: 55% Kopplungstyp C (Inzidenzgefüge, sehr geringe Intensität horizontaler Kopplung), 26% Kopplungstyp D (Inzidenz-Hanggefüge, geringe bis mäßige Intensität horizontaler Kopplung), 19% Kopplungstyp E (Hanggefüge, mäßige Intensität horizontaler Kopplung)
	➤	Natürlicher Stoffhaushalt: kaum beeinflusst (Strauch- und Krautvegetation)
64	➤	Mosaik aus hügelig und hügelig-bergigem Relief: 44% Kopplungstyp E (Hanggefüge, mäßige Intensität horizontaler Kopplung), 34% Kopplungstyp D (Inzidenz-Hanggefüge, geringe bis mäßige Intensität horizontaler Kopplung), 22% Kopplungstyp F (Hanggefüge, mittlere Intensität horizontaler Kopplung)
	➤	Natürlicher Stoffhaushalt: 72% stark beeinflusst (landwirtschaftliche Flächen, hpts. Ackerflächen), 28% gering (Wald)
65	➤	bergiges Relief: Kopplungstyp G (Hanggefüge, hohe Intensität horizontaler Kopplung)
	➤	Natürlicher Stoffhaushalt: 52% stark beeinflusst (42% Ackerflächen, 10% intensiv genutztes Grünland), 48% gering (Wald)

3.3 Hangwasser- oder hangnässegeprägte Bodenfeuchte- und Stoffdynamik (50%HW/50% HN)

66	➤	hpts. Mosaik aus welligem und hügelig-bergigem Relief: 51% Kopplungstyp C (Inzidenzgefüge, sehr geringe Intensität horizontaler Kopplung), 22% Kopplungstyp E (Hanggefüge, mäßige Intensität horizontaler Kopplung), 27% Kopplungstyp D (Inzidenz-Hanggefüge, geringe bis mäßige Intensität horizontaler Kopplung)
	➤	Natürlicher Stoffhaushalt: 86% stark beeinflusst (landwirtschaftliche Flächen, hpts. Ackerflächen), 14% gering (Nadelwald)
67	➤	Mosaik aus hügelig-bergigem, welligem und bergigem Relief: 27% Kopplungstyp E (Hanggefüge, mäßige Intensität horizontaler Kopplung), 21% Kopplungstyp C (Inzidenzgefüge, sehr geringe Intensität horizontaler Kopplung), 20% Kopplungstyp F (Hanggefüge, mittlere Intensität horizontaler Kopplung), 17% Kopplungstyp D (Inzidenz-Hanggefüge, geringe bis mäßige Intensität horizontaler Kopplung), 15% Kopplungstyp G (Hanggefüge, hohe Intensität horizontaler Kopplung)
	➤	Natürlicher Stoffhaushalt: kaum beeinflusst (ertragsarmes Grünland)
68	➤	bergiges Relief: Kopplungstyp F (Hanggefüge, mittlere Intensität horizontaler Kopplung)
	➤	Natürlicher Stoffhaushalt: 76% stark beeinflusst (landwirtschaftliche Flächen), 24% gering (Nadelwald)
69	➤	bergiges Relief: 79% Kopplungstyp G (Hanggefüge, hohe Intensität horizontaler Kopplung), 21% Kopplungstyp F (Hanggefüge, mittlere Intensität horizontaler Kopplung)
	➤	Natürlicher Stoffhaushalt: 63% gering beeinflusst (Wald), 37% stark (landwirtschaftliche Flächen)

Fortsetzung Anhang 12:

4 Vorwiegend vertikale Bodenwasser- und Stoffflüsse oder laterale, beidseitig gerichtete Bodenwasser- und Stoffflüsse im grundwassergesättigten Bodenbereich
4.1 sickerwassergeprägte oder grundwasserbestimmte Bodenfeuchte- und Stoffdynamik (50% SI/50% GR)

70	➢ ebenes Relief: Kopplungstyp A (Inzidenzgefüge, keine horizontale Kopplung) ➢ Natürlicher Stoffhaushalt: 80% stark beeinflusst (landwirtschaftliche Flächen), 20% gering (Wald, hpts. Nadelwald)
71	➢ ebenes und welliges Relief: 55% Kopplungstyp A (Inzidenzgefüge, keine horizontale Kopplung), 45% Kopplungstyp C (Inzidenzgefüge, sehr geringe Intensität horizontaler Kopplung) ➢ Natürlicher Stoffhaushalt: kaum beeinflusst (hpts. Kraut- und Strauchvegetation)
72	➢ welliges Relief: Kopplungstyp C (Inzidenzgefüge, sehr geringe Intensität horizontaler Kopplung) ➢ Natürlicher Stoffhaushalt: 73% stark beeinflusst, 27% gering (Wald, hpts. Nadelwald)
73	➢ hügeliges Relief: Kopplungstyp D (Inzidenz-Hanggefüge, geringe bis mäßige Intensität horizontaler Kopplung) ➢ Natürlicher Stoffhaushalt: 51% stark beeinflusst (intensiv genutztes Grünland), 49% gering (Laub-/Mischwald)
74	➢ hpts. hügeliges Relief: 64% Kopplungstyp D (Inzidenz-Hanggefüge, geringe bis mäßige Intensität horizontaler Kopplung), 36% Kopplungstyp E (Hanggefüge, mäßige Intensität horizontaler Kopplung) ➢ Natürlicher Stoffhaushalt: 71% stark beeinflusst (landwirtschaftliche Flächen), 29% gering (Wald)
75	➢ bergiges Relief: Kopplungstyp F (Hanggefüge, mittlere Intensität horizontaler Kopplung) ➢ Natürlicher Stoffhaushalt: 71% stark beeinflusst (landwirtschaftliche Flächen), 29% gering (Wald)

5 Laterale, beidseitig gerichtete Bodenwasser- und Stoffflüsse im grundwassergesättigten Bodenbereich
5.1 grundwasserbestimmte Bodenfeuchte- und Stoffdynamik (100% GR)

76	➢ Auen und Niederungen: Kopplungstyp B (Infusions- und Intrakommunikationsgefüge, hohe Intensität horizontaler Kopplung über Grundwasserströme) ➢ Natürlicher Stoffhaushalt: 84% stark beeinflusst (landwirtschaftliche Flächen, 58% Ackerflächen, 30% intensiv genutztes Grünland), 16% gering beeinflusst (Wald)
77	➢ Auen und Niederungen: Kopplungstyp B (Infusions- und Intrakommunikationsgefüge, hohe Intensität horizontaler Kopplung über Grundwasserströme) ➢ Natürlicher Stoffhaushalt: kaum beeinflusst (hpts. Kraut- und Strauchvegetation)

Fortsetzung Anhang 12:

6 Vorwiegend lateral einseitig gerichtete Bodenwasserflüsse oder lateral beidseitig gerichtete Bodenwasser- und Stoffflüsse im Unterboden bei gleichzeitig vertikalen im Oberboden

6.1 Vorwiegend hangwassergeprägte Bodenfeuchte- und Stoffdynamik oder stauwassergeprägte Bodenfeuchte- und Stoffdynamik im Oberboden und grundwassergeprägte im Unterboden

78	➢ 65% hangwassergeprägte Bodenfeuchte- und Stoffdynamik oder stauwassergeprägte Bodenfeuchte- und Stoffdynamik im Oberboden und grundwassergeprägte im Unterboden (50% STGR, 50% HW), 35% stauwassergeprägte Bodenfeuchte- und Stoffdynamik bei z.T. grundwasserbestimmter im Unterboden (50% STGR, 50% ST) ➢ Mosaik aus welligem und ebenem Relief: 65% Kopplungstyp C (Inzidenzgefüge, sehr geringe Intensität horizontaler Kopplung), 35% Kopplungstyp A (Inzidenzgefüge, keine horizontale Kopplung) ➢ Natürlicher Stoffhaushalt: 88% stark beeinflusst (hpts. Ackerflächen), 12% gering (Wald)
79	➢ hangwassergeprägte Bodenfeuchte- und Stoffdynamik oder stauwassergeprägte Bodenfeuchte- und Stoffdynamik im Oberboden und grundwassergeprägte im Unterboden (50% STGR, 50% HW) ➢ hpts. hügeliges Relief: 73% Kopplungstyp D (Inzidenz-Hanggefüge, geringe bis mäßige Intensität horizontaler Kopplung), 27% Kopplungstyp E (Hanggefüge, mäßige Intensität horizontaler Kopplung) ➢ Natürlicher Stoffhaushalt: stark beeinflusst (91% Ackerflächen, 9% intensiv genutztes Grünland)
80	➢ hangwassergeprägte Bodenfeuchte- und Stoffdynamik oder stauwassergeprägte Bodenfeuchte- und Stoffdynamik im Oberboden und grundwassergeprägte im Unterboden (50% STGR, 50% HW) ➢ Nebeneinander von hügelig-bergigem und hügeligem Relief: 58% Kopplungstyp D (Inzidenz-Hanggefüge, geringe bis mäßige Intensität horizontaler Kopplung), 42% Kopplungstyp E (Hanggefüge, mäßige Intensität horizontaler Kopplung) ➢ Natürlicher Stoffhaushalt: gering beeinflusst (hpts. Laub-/Mischwald)

7 Vorwiegend lateral und oberflächlich abfließende Bodenwasser- und Stoffflüsse

81	Felsflächen
82	versiegelte Flächen im Bereich von Siedlungen

8 Gezeitengeprägte Bodenwasser- und Stoffflüsse sowie Bodenfeuchte- und Stoffdynamik

83	Wattflächen
84	Salzwiesen

Fortsetzung Anhang 12:

9 Moorspezifische Bodenwasser- und Stoffflüsse sowie Bodenfeuchte- und Stoffdynamik

85	Moor

10 Technogen geprägte Flächen mit jeweils individuell unterschiedlichen Bodenwasser- und Stoffflüssen und unterschiedlicher Bodenfeuchte- und Stoffdynamik

86	Halden
87	Abbauflächen
88	Baustellen

11 Wasserflächen

89	Wasserflächen (ohne Meer)

Anhang 13 Differenzierung der Prozessgefüge-Haupttypen in Prozessgefüge-Typen über Typen des klimaabhängigen Wasserangebots: Darstellung der Flächenanteile in % der Fläche Deutschlands, Hervorhebung der in einem Prozessgefüge-Haupttyp dominierenden Wasserangebotstyps (a bis e)

Haupttyp-Nr.	Flächenanteil (in %)	a	b	c	d	e	f
1	2,39	0,42	1,08	0,81	0,08	0	0
2	0,01	< 0,01	0,01	0	0	0	0
3	0,22	0,02	0,15	0,04	0,01	0	0
4	6,28	0,99	3,44	1,63	0,22	< 0,01	0
5	1	0,15	0,85	0	0	0	0
6	0,06	0,01	0,03	0,02	< 0,01	0	0
7	3,51	0,65	2,09	0,72	0,05	0	0
8	0,02	0	< 0,01	0,01	0,01	0	0
9	0,27	0,02	0,25	0	0	0	0
10	0,04	< 0,01	0,04	< 0,01	< 0,01	0	0

Fortsetzung Anhang 13:

Haupttyp-Nr.	Flächen-anteil (in %)	a	b	c	d	e	f
11	0,01	< 0,01	0,01	0	0	0	0
12	0,05	0,02	0,02	0,01	< 0,01	0	0
13	0,12	0,01	0,04	0,06	0,01	< 0,01	0
14	0,28	0	< 0,01	0,27	0,01	0	0
15	< 0,01	0	0	< 0,01	0	0	0
16	1,51	0,04	0,25	1,22	< 0,01	0	0
17	< 0,01	0	0	< 0,01	0	0	0
18	0,15	0	0,02	0,12	0,01	< 0,01	0
19	0,01	0	0	0	0,01	< 0,01	0
20	0,02	0	< 0,01	< 0,01	0,01	0,01	< 0,01
21	0,02	0	0	0	0,01	< 0,01	0,01
22	0,01	0	0	0	0,01	< 0,01	< 0,01
23	0,49	0,03	0,19	0,27	< 0,01	0	0
24	0,05	0	0,02	0,03	0	0	0
25	0,05	0	0	0,05	0	0	0
26	0,03	0	0,01	0,02	0	0	0
27	< 0,01	0	< 0,01	0	0	0	0
28	0,78	0	0	0,78	< 0,01	0	0
29	< 0,01	0	0	< 0,01	0	0	0
30	0,02	0	0	0,02	0	0	0
31	< 0,01	0	0	< 0,01	0	0	0
32	0,02	0	< 0,01	0,02	0	0	0
33	0,32	0	< 0,01	0,27	0,05	0	0
34	0,28	0	0,02	0,07	0,16	0,03	< 0,01
35	0,02	0	< 0,01	0,02	< 0,01	0	0
36	0,09	0	< 0,01	0,04	0,05	0	0
37	5,97	0,32	2,12	2,28	1,13	0,12	< 0,01
38	0,12	0	0,03	0,08	0,01	< 0,01	0
39	< 0,01	0	0	< 0,01	0	0	0
40	0,23	< 0,01	0,07	0,06	0,08	0,02	0
41	2,5	0	0,08	1,08	1,06	0,27	0,01
42	0,01	< 0,01	0,01	0	0	0	0
43	0,03	0	0	< 0,01	0,03	< 0,01	0
44	< 0,01	0	0	< 0,01	< 0,01	0	0

Fortsetzung Anhang 13:

Haupttyp-Nr.	Flächen-anteil (in %)	a	b	c	d	e	f
45	0,12	0	< 0,01	0,07	0,05	0	0
46	11,46	0,05	3,54	6,15	1,6	0,11	0,01
47	7,81	0,04	1,13	3,59	2,73	0,31	0,01
48	0,33	0	0,01	0,19	0,13	0	0
49	0,81	0	0,01	0,17	0,33	0,27	0,03
50	0,07	0	0,01	0,04	0,01	0,01	< 0,01
51	0,19	0,02	0,05	0,05	0,07	< 0,01	0
52	13,44	0,01	0,97	4,42	6,38	1,38	0,28
53	0,8	0	< 0,01	0,01	0,08	0,29	0,42
54	2,72	< 0,01	0,3	1,28	0,91	0,1	0,13
55	0,14	0	0	0,06	0,07	0,01	< 0,01
56	0,15	0	< 0,01	< 0,01	0,03	0,06	0,06
57	0,39	0	0,01	0,19	0,19	0	0
58	0,17	0	< 0,01	< 0,01	< 0,01	0,01	0,16
59	0,01	0	0	0	0	< 0,01	0,01
60	0,33	0	0	0	< 0,01	0,02	0,31
61	0,02	0	0	0	0	0	0,02
62	2,01	0,13	0,91	0,96	0,01	< 0,01	0
63	0,01	0	0,01	< 0,01	0	0	0
64	2,17	0,01	1,2	0,7	0,25	0,01	0
65	0,15	< 0,01	0,02	0,06	0,07	< 0,01	0
66	4,76	0,25	2,53	1,51	0,45	0,02	0
67	< 0,01	< 0,01	< 0,01	0	0	0	0
68	0,46	< 0,01	0,11	0,18	0,14	0,03	0
69	0,23	< 0,01	0,05	0,08	0,1	< 0,01	0
70	2,31	0,19	0,72	1,32	0,08	0	0
71	0,03	0,02	0,01	0	0	0	0
72	1,39	0,17	0,49	0,7	0,03	0	0
73	< 0,01	0	0	< 0,01	0	0	0
74	0,14	0,02	0,05	0,07	< 0,01	0	0
75	0,02	0	< 0,01	0,02	< 0,01	0	0
76	13,06	2,57	5,5	4,1	0,55	0,2	0,14
77	0,04	0,02	0,01	0,01	0	< 0,01	< 0,01
78	0,73	0	0,73	0	0	0	0

Fortsetzung Anhang 13:

Haupttyp-Nr.	Flächen-anteil (in %)	a	b	c	d	e	f
79	0,11	0	0,11	< 0,01	0	0	0
80	< 0,01	0	< 0,01	0	0	0	0
81	0,13	0	0	0	0	0	0,13
82	3,77	0,24	1,4	1,65	0,43	0,05	< 0,01
83	0,78	0	0	0,78	0	0	0
84	0,01	0	0	0,01	< 0,01	0	0
85	0,18	< 0,01	0,05	0,09	0,01	0,03	< 0,01
86	0,27	0,07	0,19	0,01	0	0	0
87	0,23	0,05	0,16	0,02	0	0	0
88	< 0,01	0	< 0,01	< 0,01	0	0	0
89	0,88	0,1	0,38	0,2	0,15	0,04	0,01

Anhang 14 (CD-ROM)   Legende der Prozessgefüge-Typen

Anhang 15 (CD-ROM)   Karten 22 und 23 sowie Karte der Meso- und Mikrochoren in Sachsen (Haase & Mannsfeld 2002) im pdf-Format

KARTENANHANG

Karte 1   Geländeneigungen (Grad)
Karte 2   Reliefenergie (m/0,81 km^2)
Karte 3   Reliefenergie (m/2,89 km^2)
Karte 4   Reliefenergie (m/4,41 km^2)
Karte 5   Reliefenergie (m/9,61 km^2)
Karte 6   Reliefenergie (m/26,01 km^2)
Karte 7   Kombinationen aus Reliefenergieklassen (m/4,41 km^2, Karte 3) und Geländeneigungsklassen (Karte 1)
Karte 8   Cluster auf Grundlage von Reliefenergie (m/4,41 km^2) und Geländeneigung (Grad)
Karte 9   Relieftypen nach manueller Zusammenfassung von Clustern
Karte 10 Kopplungstypen
Karte 11 Reliefunabhängige Hydromorphieflächentypen (nach Ableitung Hydrodynamischer Grundtypen aus BÜK1000)
Karte 12 Flächen mit und ohne Bodenartenschichtung (abgeleitet aus BÜK1000)
Karte 13 Flächen mit und ohne Bedingungen zur Interflowbildung (abgeleitet unter Berücksichtigung der Bodenartenschichtung und der Kopplungstypen, Karten 12 und 10)
Karte 14 Reliefabhängige Hydromorphieflächentypen
Karte 15 Typen der Stoffhaushaltsbeeinflussung
Karte 16 Prozessgefüge-Grundtypen
Karte 17 Analyse-Grundtypen (nach Ausschluss landschaftsökologisch bedeutsamer und ubiquitärer Grundtypen)
Karte 18 Prozessgefüge-Haupttypen (nach Filterung von Arealen < 400 ha)
Karte 19 Gruppen von Prozessgefüge-Haupttypen
Karte 20 Typen des klimaabhängigen Wasserangebots und der Intensität der Bodenwasserflüsse (Grundlage: Klimatische Wasserbilanz 1961-1990)
Karte 21 Prozessgefüge-Typen
Karte 22 Gruppen der Naturräumlichen Haupteinheiten und Naturräumliche Haupteinheiten
Karte 23 Ergebnis der Mosaiktypenbildung bei Schwellenwert 0 auf Grundlage der Kombination der Analyse-Grundtypen (Karte 17) und der Typen des klimaabhängigen Wasserangebots (Karte 20)

Geländeneigungen (Grad)

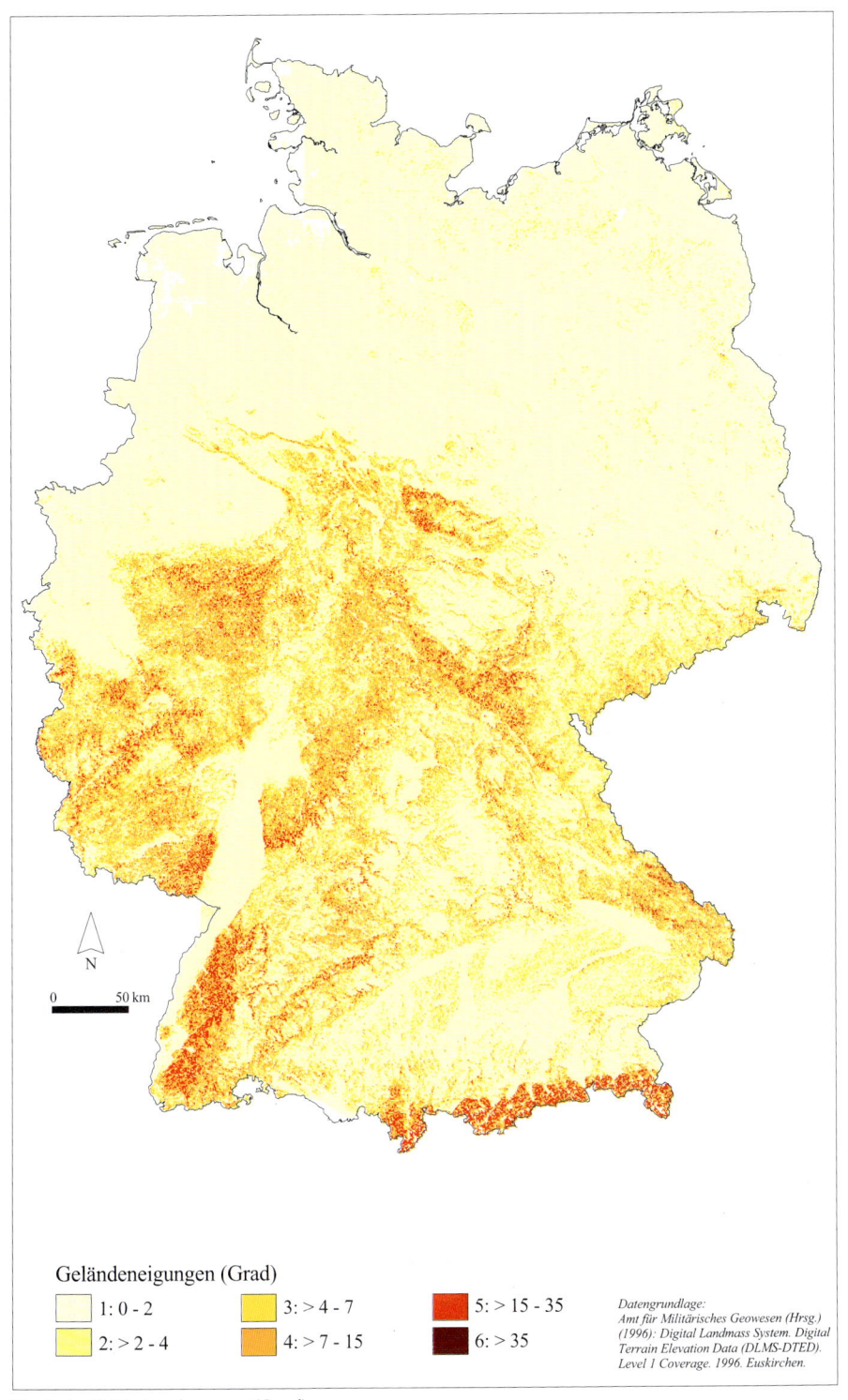

- 1: 0 - 2
- 2: > 2 - 4
- 3: > 4 - 7
- 4: > 7 - 15
- 5: > 15 - 35
- 6: > 35

Datengrundlage:
Amt für Militärisches Geowesen (Hrsg.)
(1996): Digital Landmass System. Digital
Terrain Elevation Data (DLMS-DTED).
Level 1 Coverage. 1996. Euskirchen.

Karte 1: Geländeneigungen (Grad)

Reliefenergie (m/0,81 km²)

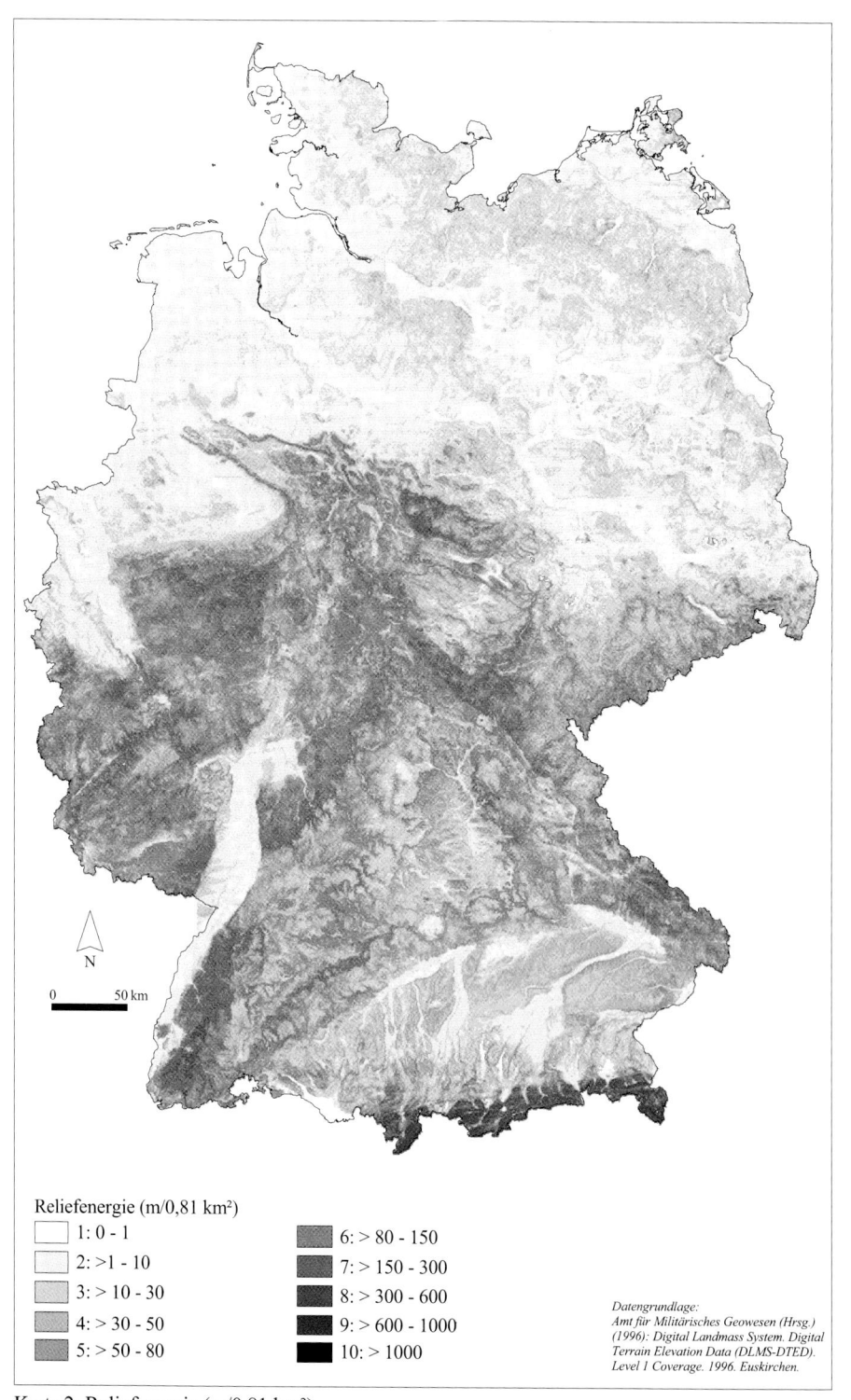

- 1: 0 - 1
- 2: >1 - 10
- 3: > 10 - 30
- 4: > 30 - 50
- 5: > 50 - 80
- 6: > 80 - 150
- 7: > 150 - 300
- 8: > 300 - 600
- 9: > 600 - 1000
- 10: > 1000

Datengrundlage:
Amt für Militärisches Geowesen (Hrsg.)
(1996): Digital Landmass System. Digital
Terrain Elevation Data (DLMS-DTED).
Level 1 Coverage. 1996. Euskirchen.

Karte 2: Reliefenergie (m/0,81 km²)

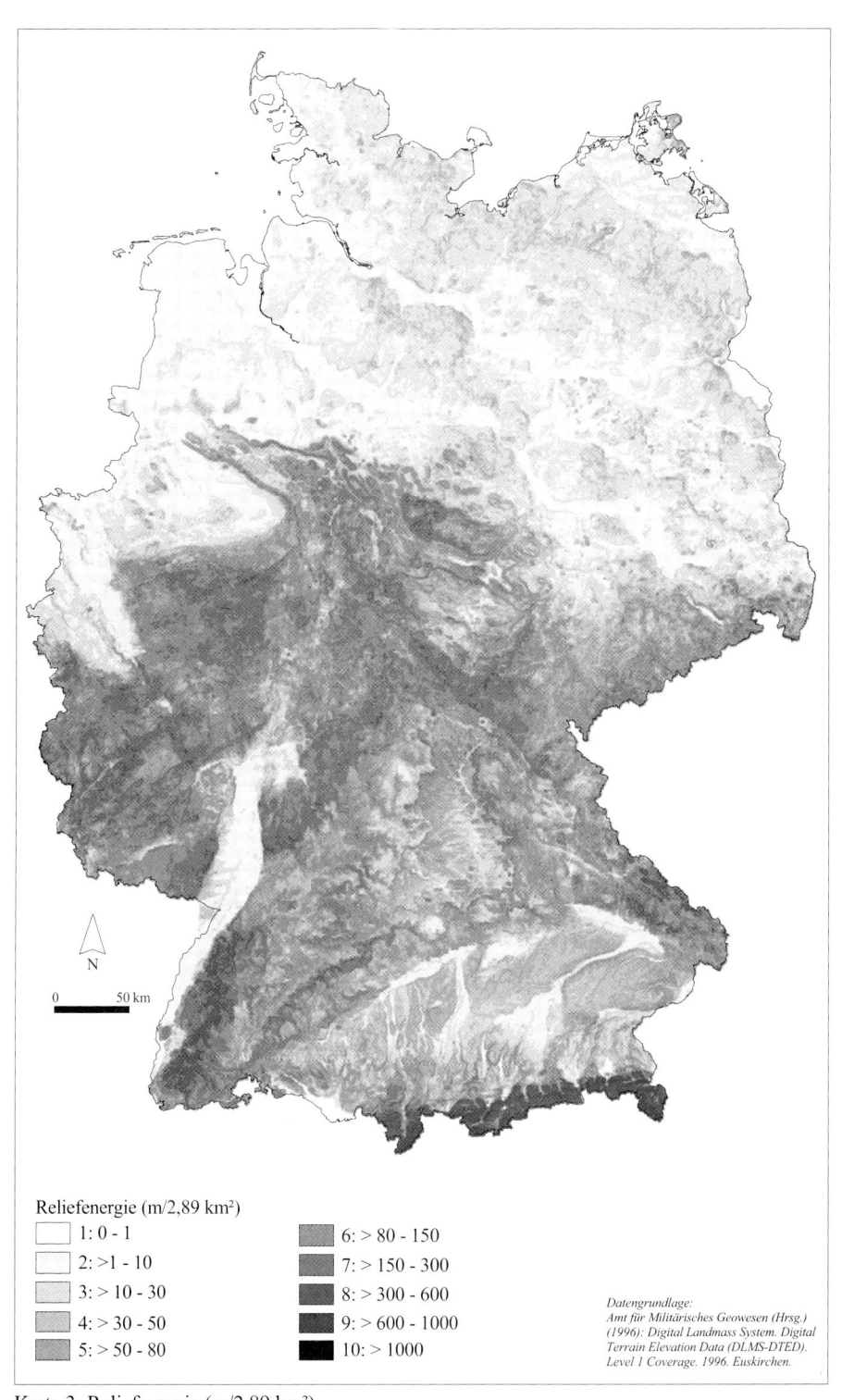

Reliefenergie (m/2,89 km²)
- 1: 0 - 1
- 2: >1 - 10
- 3: > 10 - 30
- 4: > 30 - 50
- 5: > 50 - 80
- 6: > 80 - 150
- 7: > 150 - 300
- 8: > 300 - 600
- 9: > 600 - 1000
- 10: > 1000

Datengrundlage:
Amt für Militärisches Geowesen (Hrsg.)
(1996): Digital Landmass System. Digital
Terrain Elevation Data (DLMS-DTED).
Level 1 Coverage. 1996. Euskirchen.

Karte 3: Reliefenergie (m/2,89 km²)

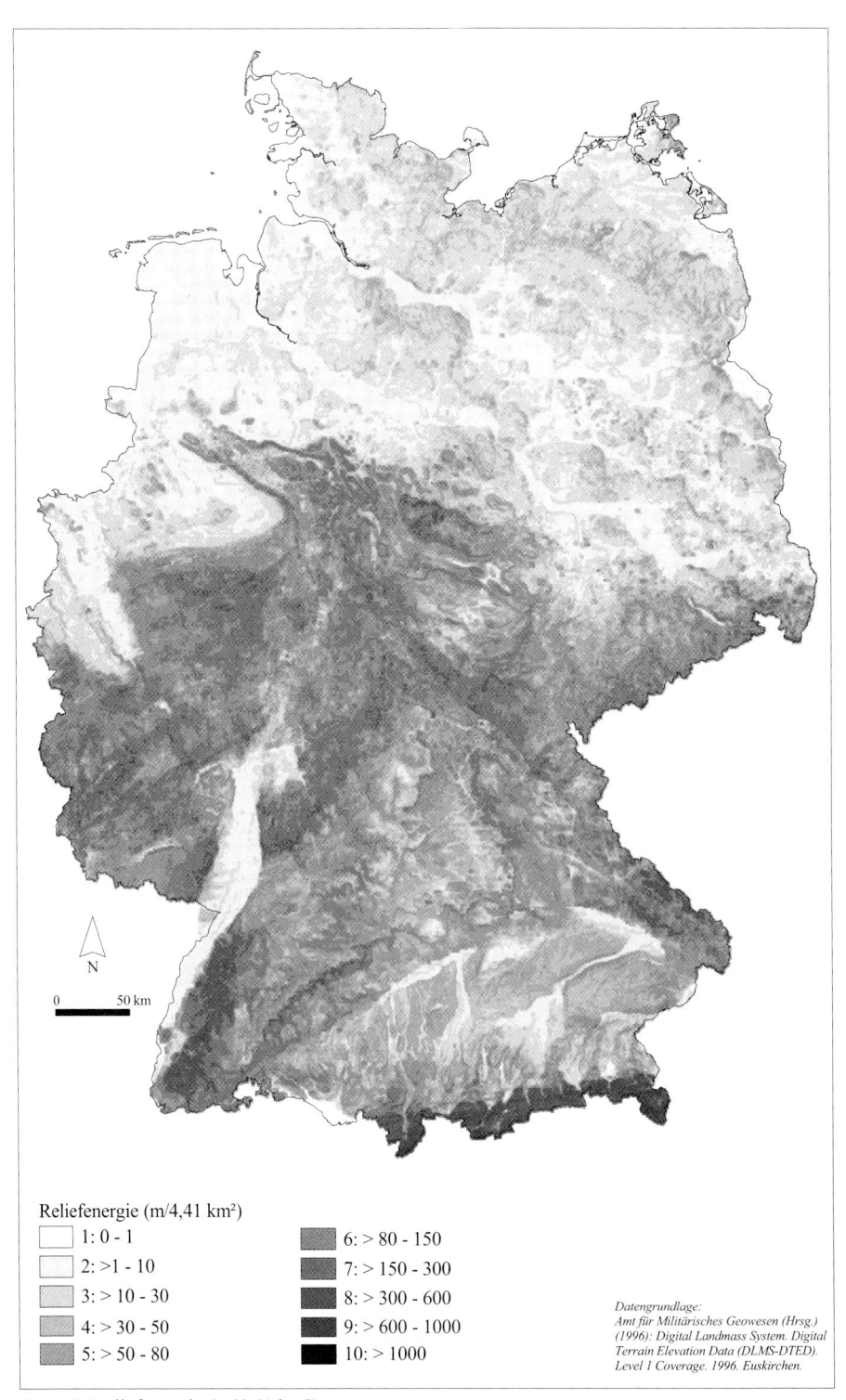

Reliefenergie (m/4,41 km²)
- 1: 0 - 1
- 2: >1 - 10
- 3: > 10 - 30
- 4: > 30 - 50
- 5: > 50 - 80
- 6: > 80 - 150
- 7: > 150 - 300
- 8: > 300 - 600
- 9: > 600 - 1000
- 10: > 1000

Datengrundlage:
Amt für Militärisches Geowesen (Hrsg.)
(1996): Digital Landmass System. Digital
Terrain Elevation Data (DLMS-DTED).
Level 1 Coverage. 1996. Euskirchen.

Karte 4: Reliefenergie (m/4,41 km²)

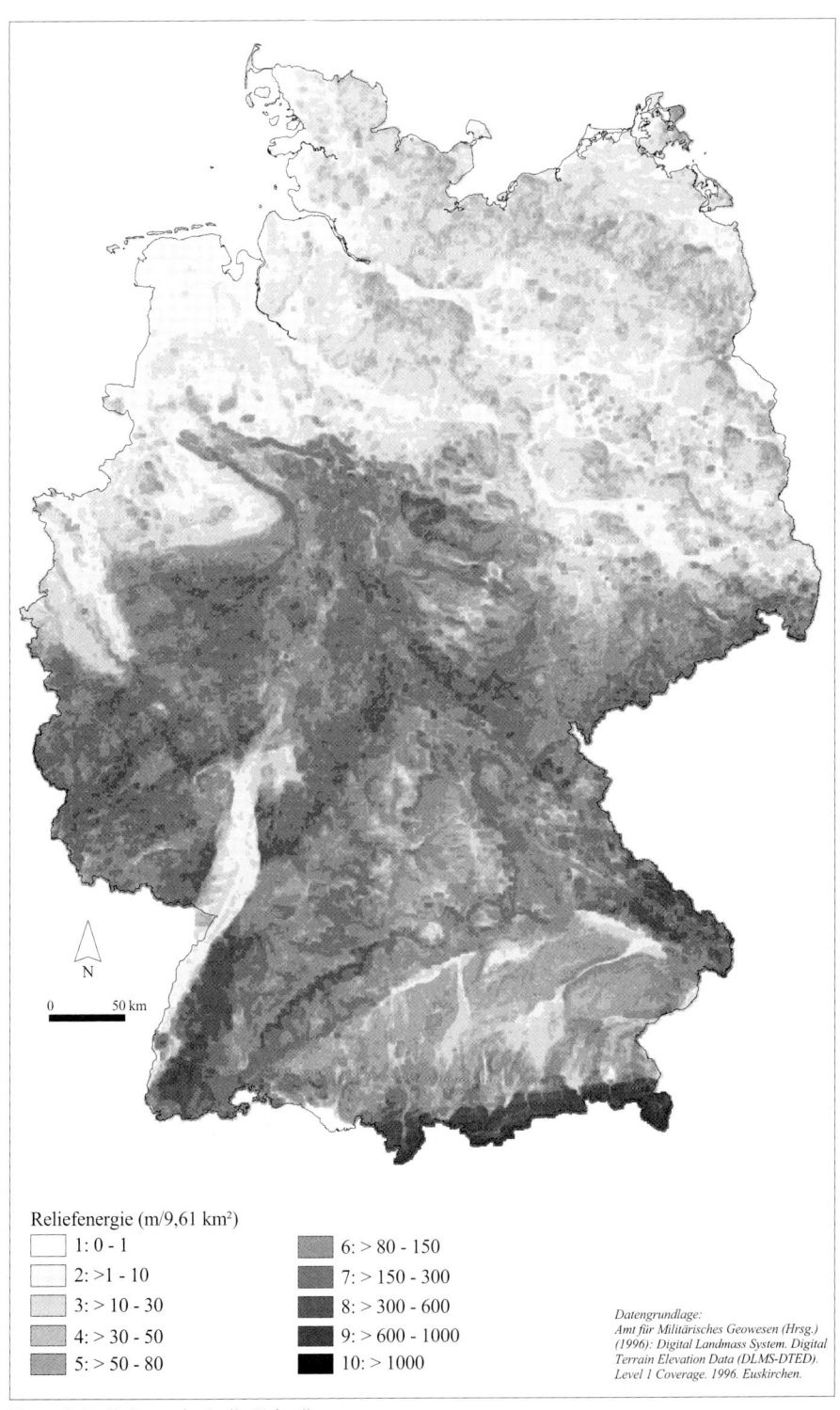

Reliefenergie (m/9,61 km²)
- 1: 0 - 1
- 2: >1 - 10
- 3: > 10 - 30
- 4: > 30 - 50
- 5: > 50 - 80
- 6: > 80 - 150
- 7: > 150 - 300
- 8: > 300 - 600
- 9: > 600 - 1000
- 10: > 1000

*Datengrundlage:
Amt für Militärisches Geowesen (Hrsg.)
(1996): Digital Landmass System. Digital
Terrain Elevation Data (DLMS-DTED).
Level 1 Coverage. 1996. Euskirchen.*

Karte 5: Reliefenergie (m/9,61 km²)

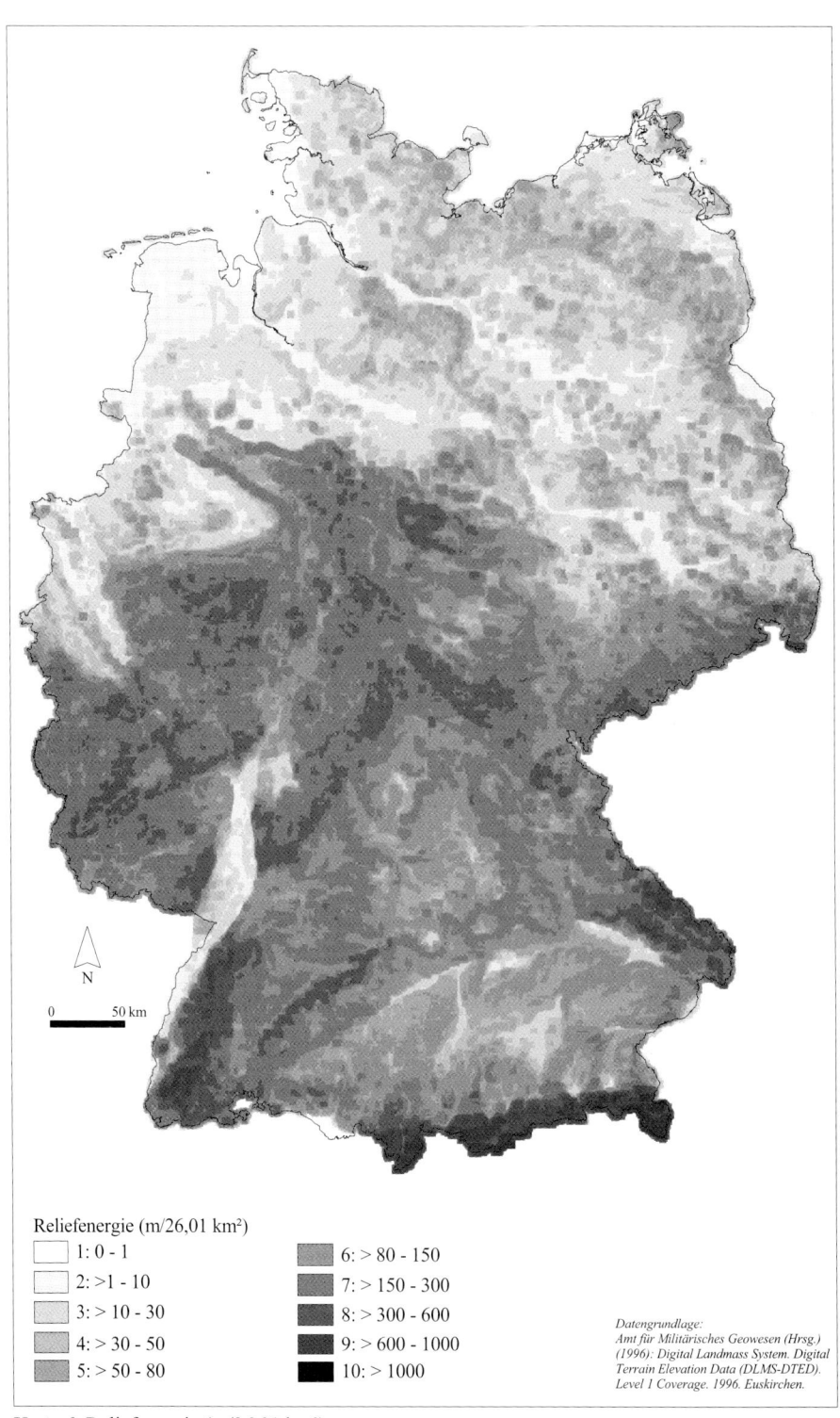

Karte 6: Reliefenergie (m/26,01 km²)

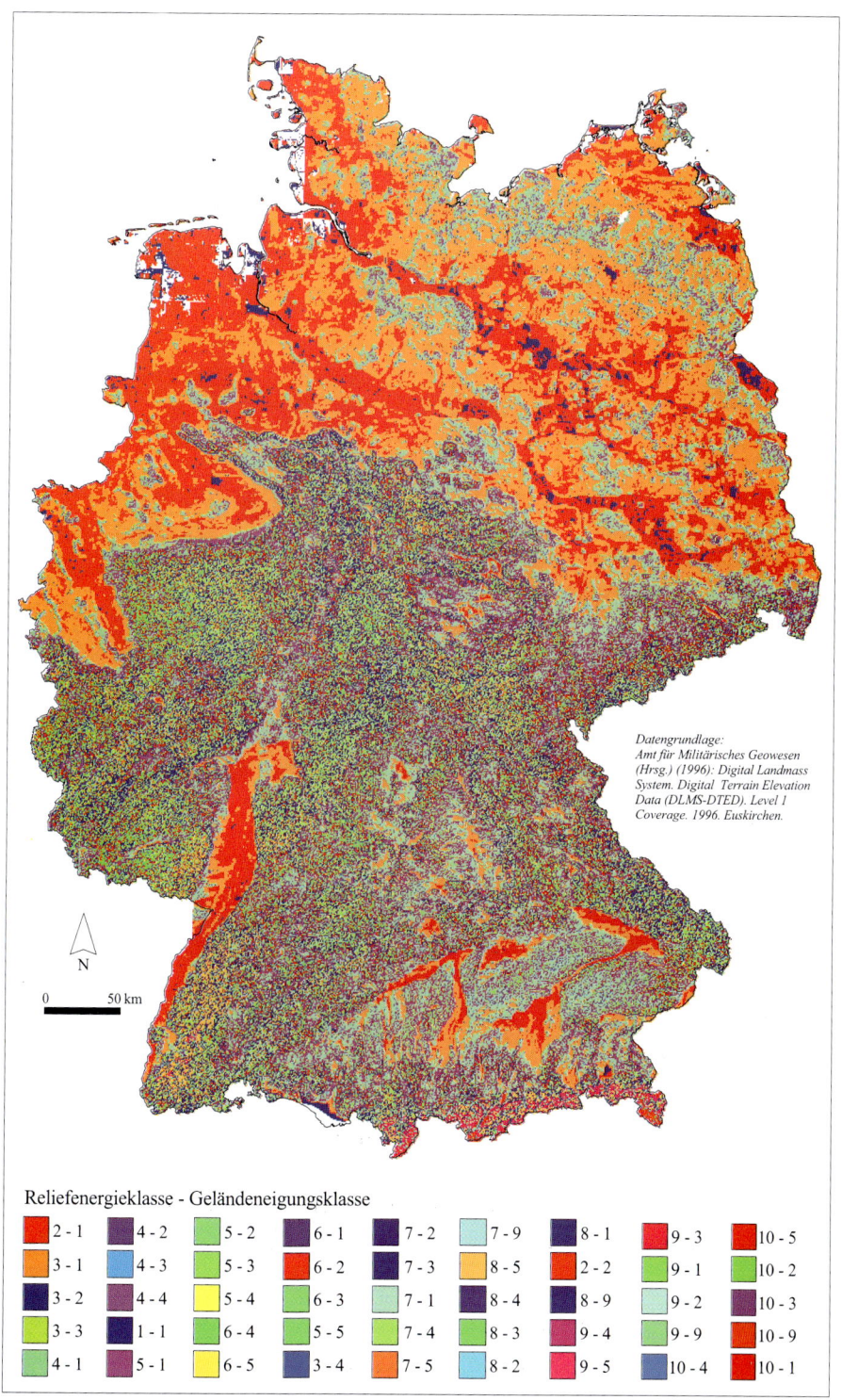

Karte 7: Kombinationen aus Reliefenergieklassen (m/4,41 km², s. Karte 3) und Geländeneigungsklassen (s. Karte 1)

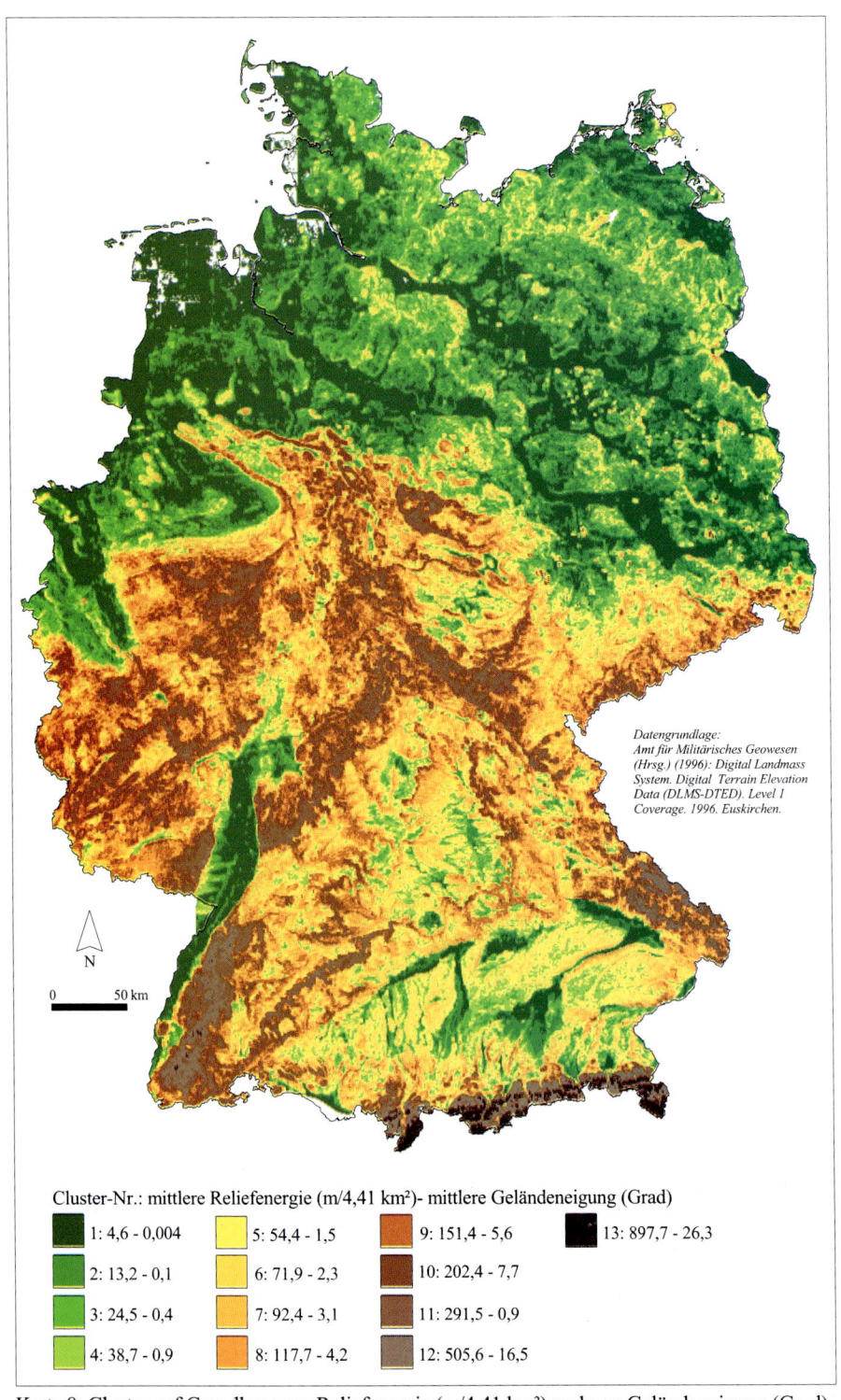

Cluster-Nr.: mittlere Reliefenergie (m/4,41 km²)- mittlere Geländeneigung (Grad)

1: 4,6 - 0,004	5: 54,4 - 1,5	9: 151,4 - 5,6	13: 897,7 - 26,3
2: 13,2 - 0,1	6: 71,9 - 2,3	10: 202,4 - 7,7	
3: 24,5 - 0,4	7: 92,4 - 3,1	11: 291,5 - 0,9	
4: 38,7 - 0,9	8: 117,7 - 4,2	12: 505,6 - 16,5	

Karte 8: Cluster auf Grundlage von Reliefenergie (m/4,41 km²) und von Geländeneigung (Grad)

mittlere Reliefenergie (m/4,41 km²) - mittlere Geländeneigung (Grad)

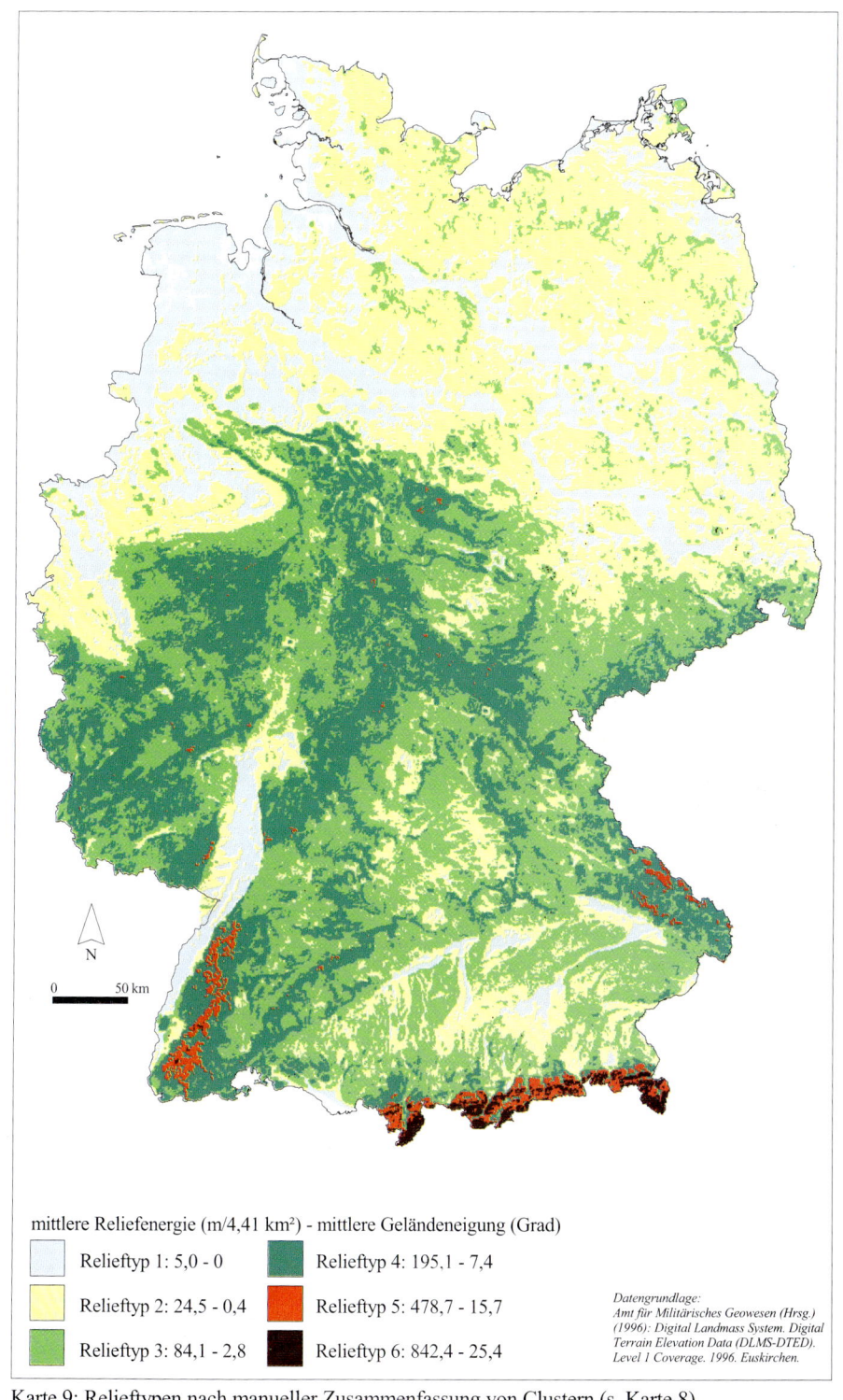

- Relieftyp 1: 5,0 - 0
- Relieftyp 2: 24,5 - 0,4
- Relieftyp 3: 84,1 - 2,8
- Relieftyp 4: 195,1 - 7,4
- Relieftyp 5: 478,7 - 15,7
- Relieftyp 6: 842,4 - 25,4

Datengrundlage:
Amt für Militärisches Geowesen (Hrsg.)
(1996): Digital Landmass System. Digital
Terrain Elevation Data (DLMS-DTED).
Level 1 Coverage. 1996. Euskirchen.

Karte 9: Relieftypen nach manueller Zusammenfassung von Clustern (s. Karte 8)

Kopplungstypen

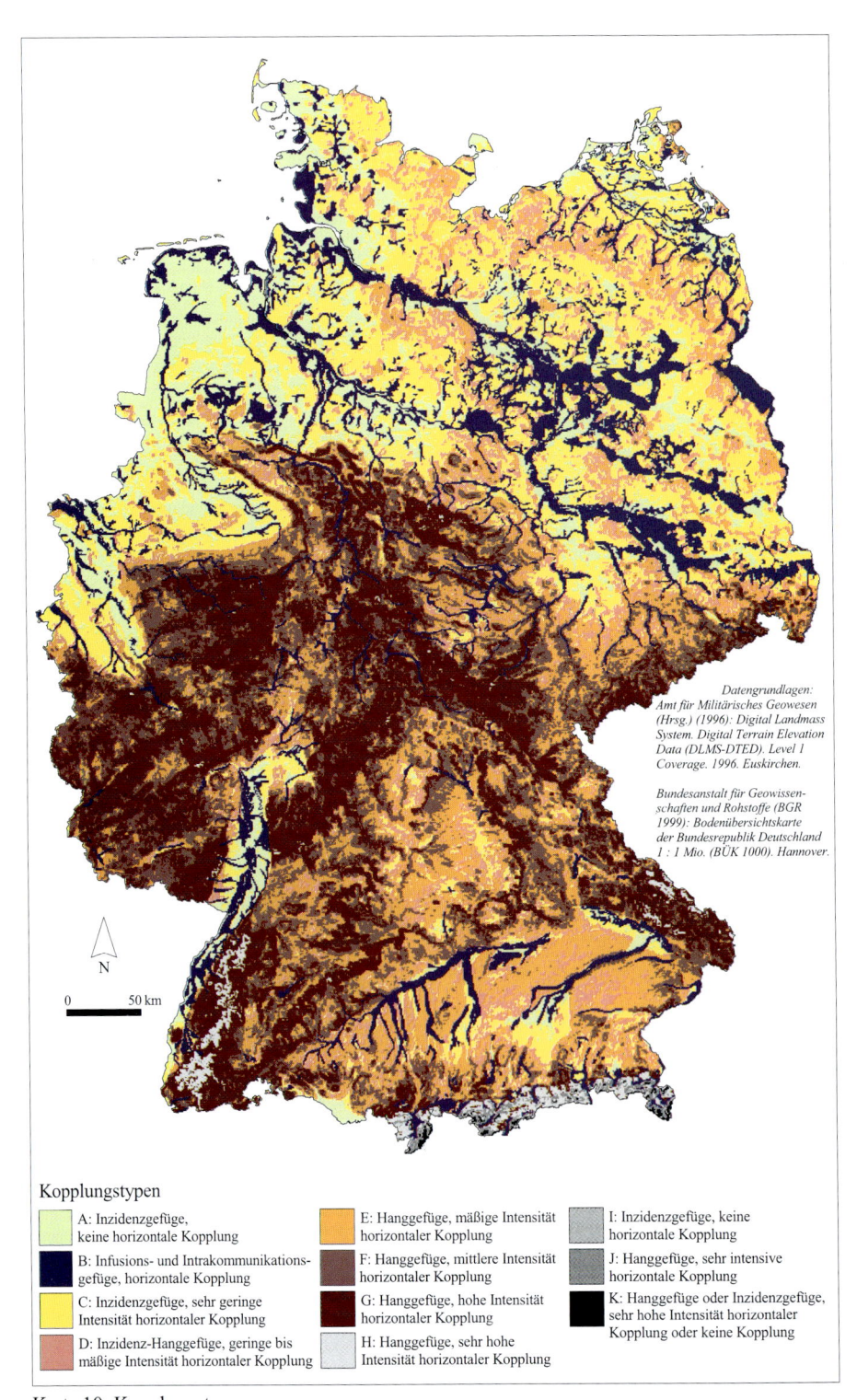

- A: Inzidenzgefüge, keine horizontale Kopplung
- B: Infusions- und Intrakommunikationsgefüge, horizontale Kopplung
- C: Inzidenzgefüge, sehr geringe Intensität horizontaler Kopplung
- D: Inzidenz-Hanggefüge, geringe bis mäßige Intensität horizontaler Kopplung
- E: Hanggefüge, mäßige Intensität horizontaler Kopplung
- F: Hanggefüge, mittlere Intensität horizontaler Kopplung
- G: Hanggefüge, hohe Intensität horizontaler Kopplung
- H: Hanggefüge, sehr hohe Intensität horizontaler Kopplung
- I: Inzidenzgefüge, keine horizontale Kopplung
- J: Hanggefüge, sehr intensive horizontale Kopplung
- K: Hanggefüge oder Inzidenzgefüge, sehr hohe Intensität horizontaler Kopplung oder keine Kopplung

Datengrundlagen:
Amt für Militärisches Geowesen (Hrsg.) (1996): Digital Landmass System. Digital Terrain Elevation Data (DLMS-DTED). Level 1 Coverage. 1996. Euskirchen.

Bundesanstalt für Geowissenschaften und Rohstoffe (BGR 1999): Bodenübersichtskarte der Bundesrepublik Deutschland 1 : 1 Mio. (BÜK 1000). Hannover.

Karte 10: Kopplungstypen

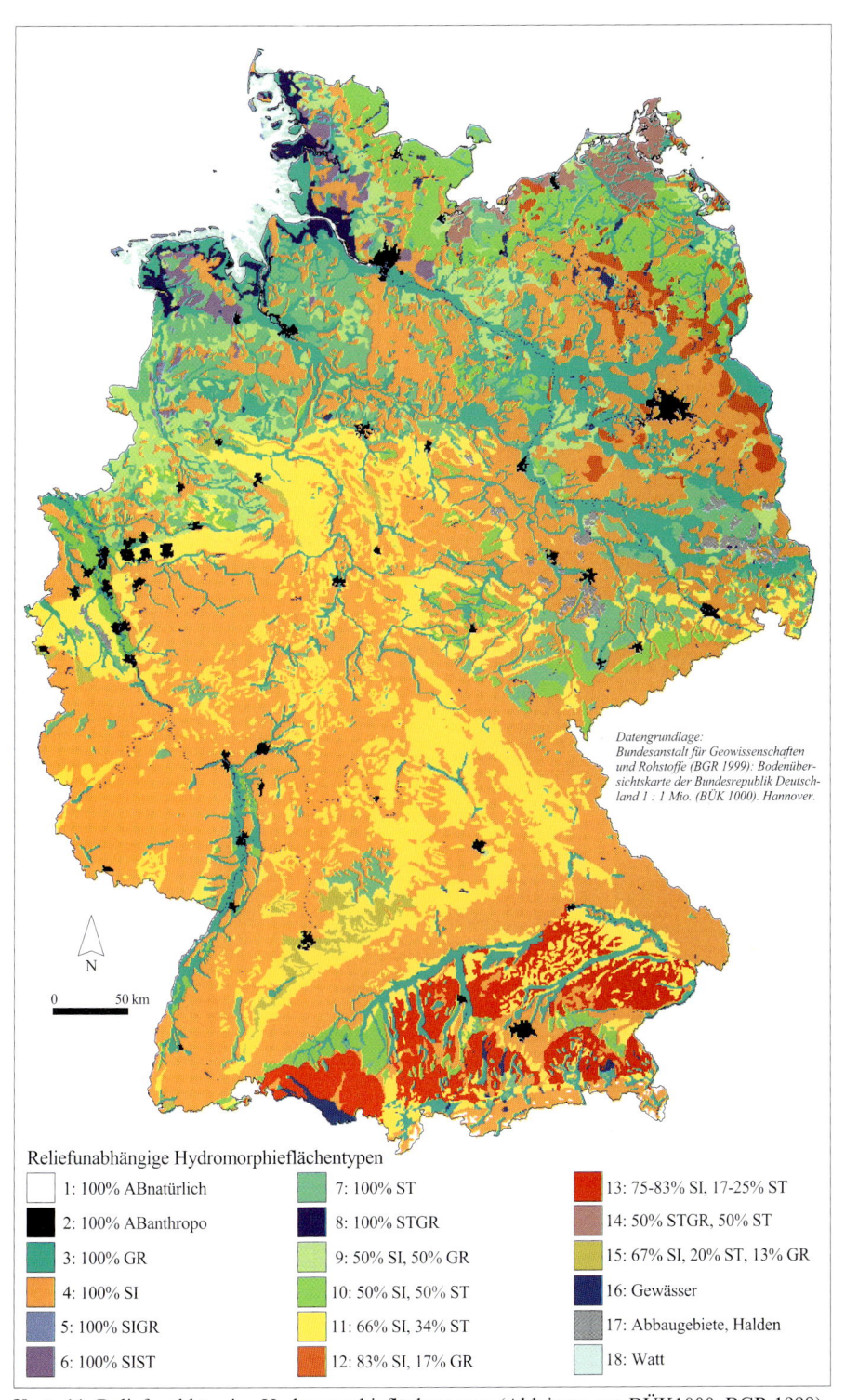

Reliefunabhängige Hydromorphieflächentypen

- 1: 100% ABnatürlich
- 2: 100% ABanthropo
- 3: 100% GR
- 4: 100% SI
- 5: 100% SIGR
- 6: 100% SIST
- 7: 100% ST
- 8: 100% STGR
- 9: 50% SI, 50% GR
- 10: 50% SI, 50% ST
- 11: 66% SI, 34% ST
- 12: 83% SI, 17% GR
- 13: 75-83% SI, 17-25% ST
- 14: 50% STGR, 50% ST
- 15: 67% SI, 20% ST, 13% GR
- 16: Gewässer
- 17: Abbaugebiete, Halden
- 18: Watt

Datengrundlage:
Bundesanstalt für Geowissenschaften und Rohstoffe (BGR 1999): Bodenübersichtskarte der Bundesrepublik Deutschland 1 : 1 Mio. (BÜK 1000). Hannover.

Karte 11: Reliefunabhängige Hydromorphieflächentypen (Ableitung aus BÜK1000, BGR 1999)

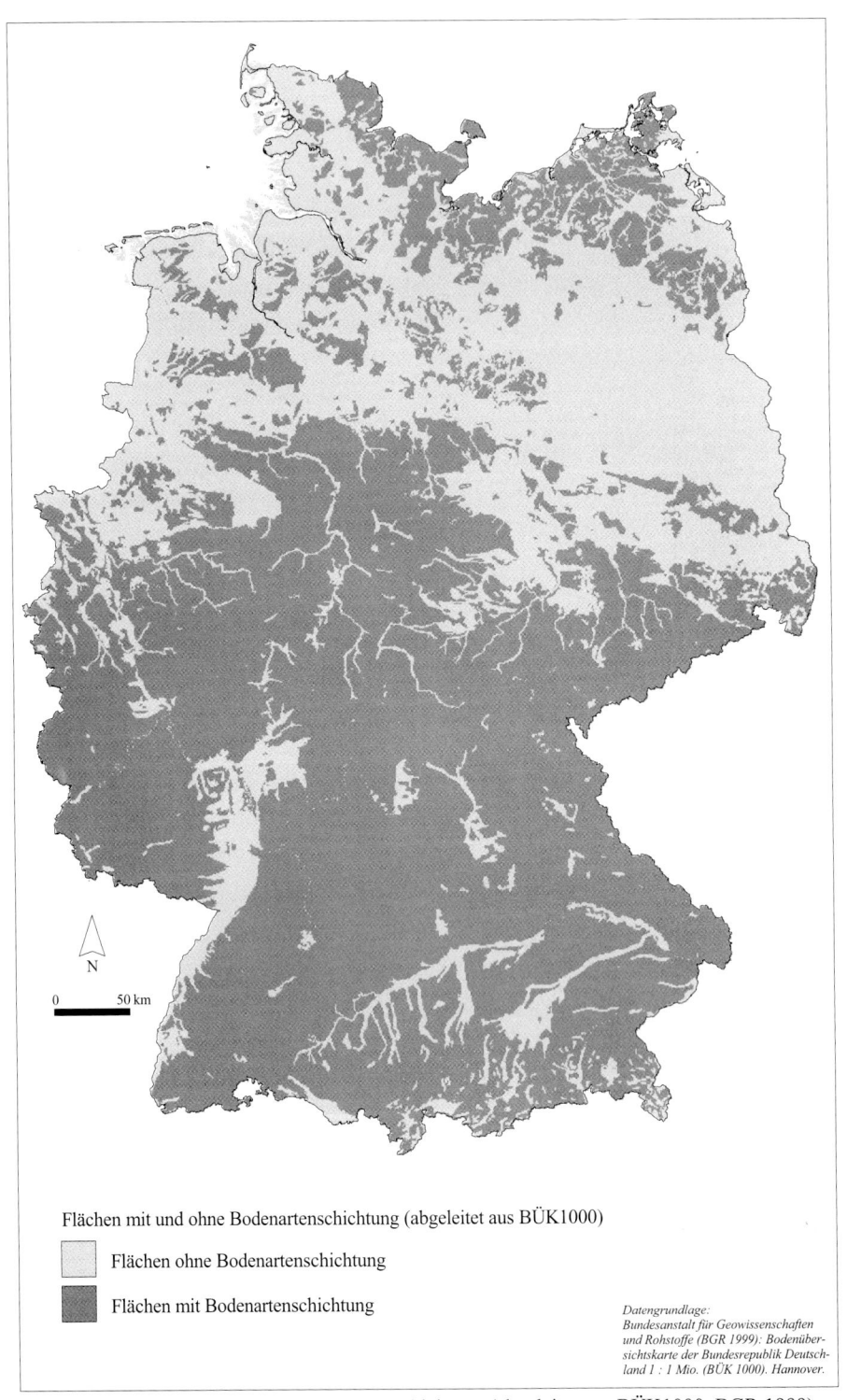

Flächen mit und ohne Bodenartenschichtung (abgeleitet aus BÜK1000)

- Flächen ohne Bodenartenschichtung
- Flächen mit Bodenartenschichtung

Datengrundlage:
Bundesanstalt für Geowissenschaften und Rohstoffe (BGR 1999): Bodenübersichtskarte der Bundesrepublik Deutschland 1 : 1 Mio. (BÜK 1000). Hannover.

Karte 12: Flächen mit oder ohne Bodenartenschichtung (abgeleitet aus BÜK1000, BGR 1999)

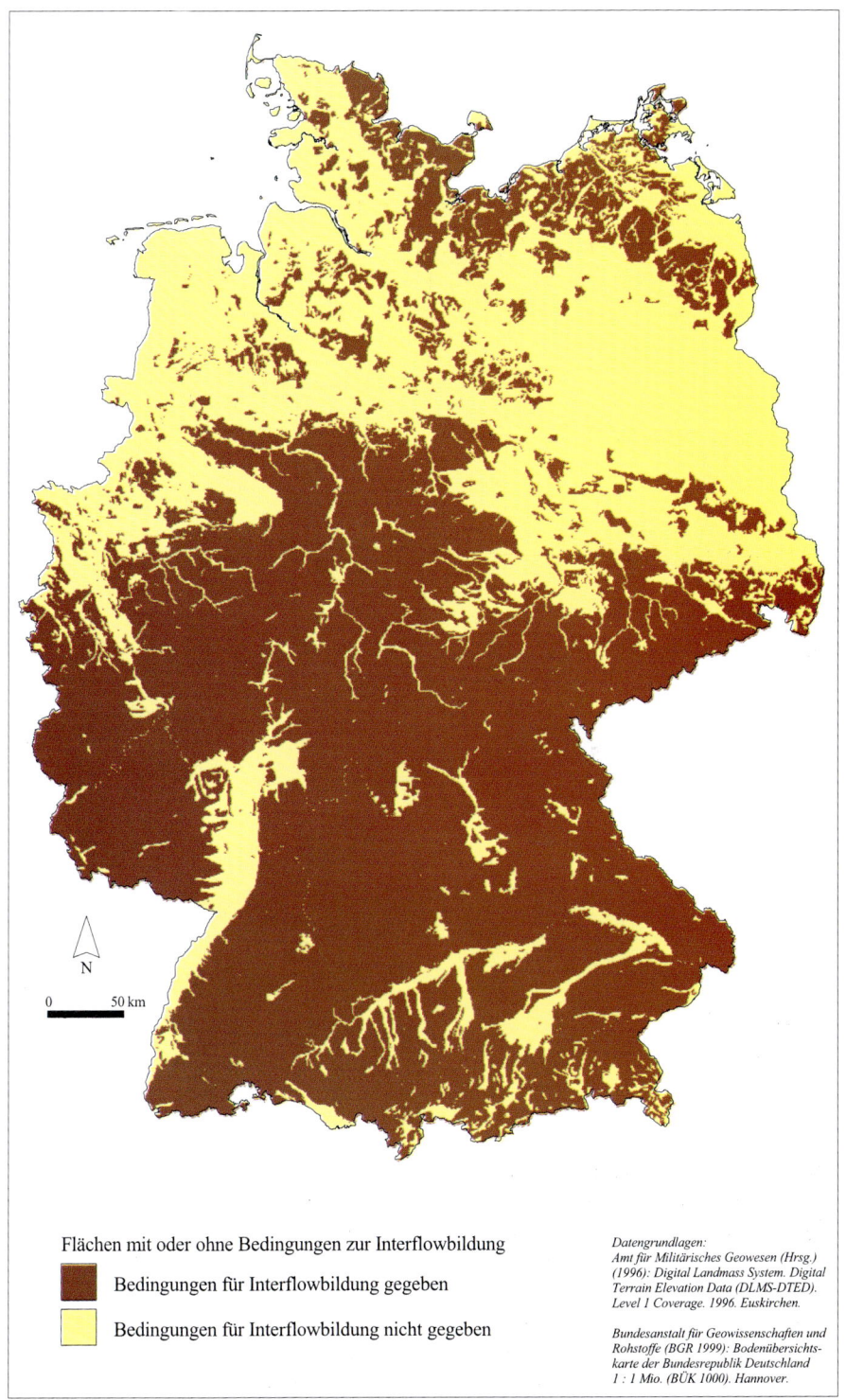

Karte 13: Flächen mit oder ohne Bedingungen zur Interflowbildung (abgeleitet unter Berücksichtigung der Bodenartenschichtung und der Kopplungstypen, s. Karten 12 und 10)

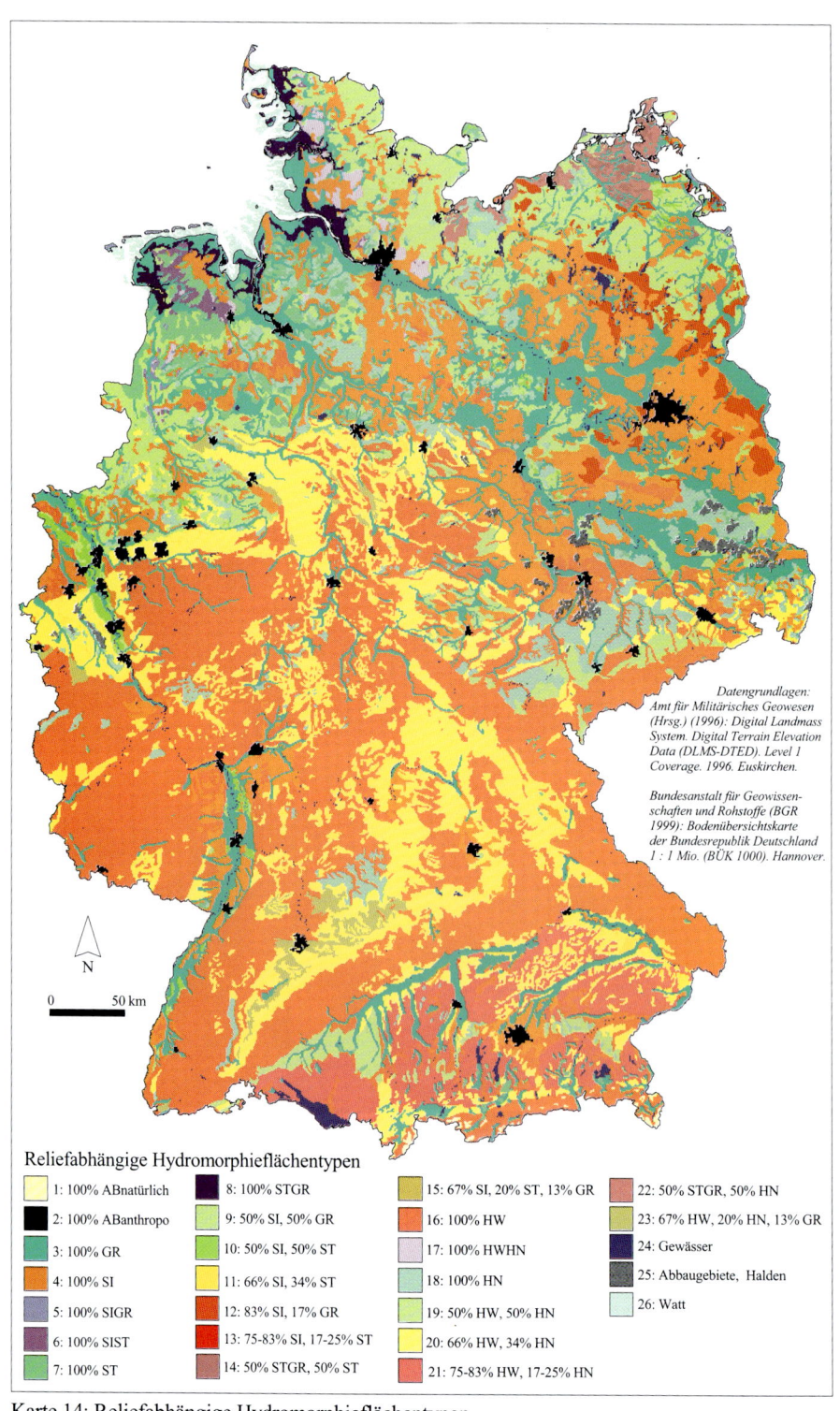

Karte 14: Reliefabhängige Hydromorphieflächentypen

240

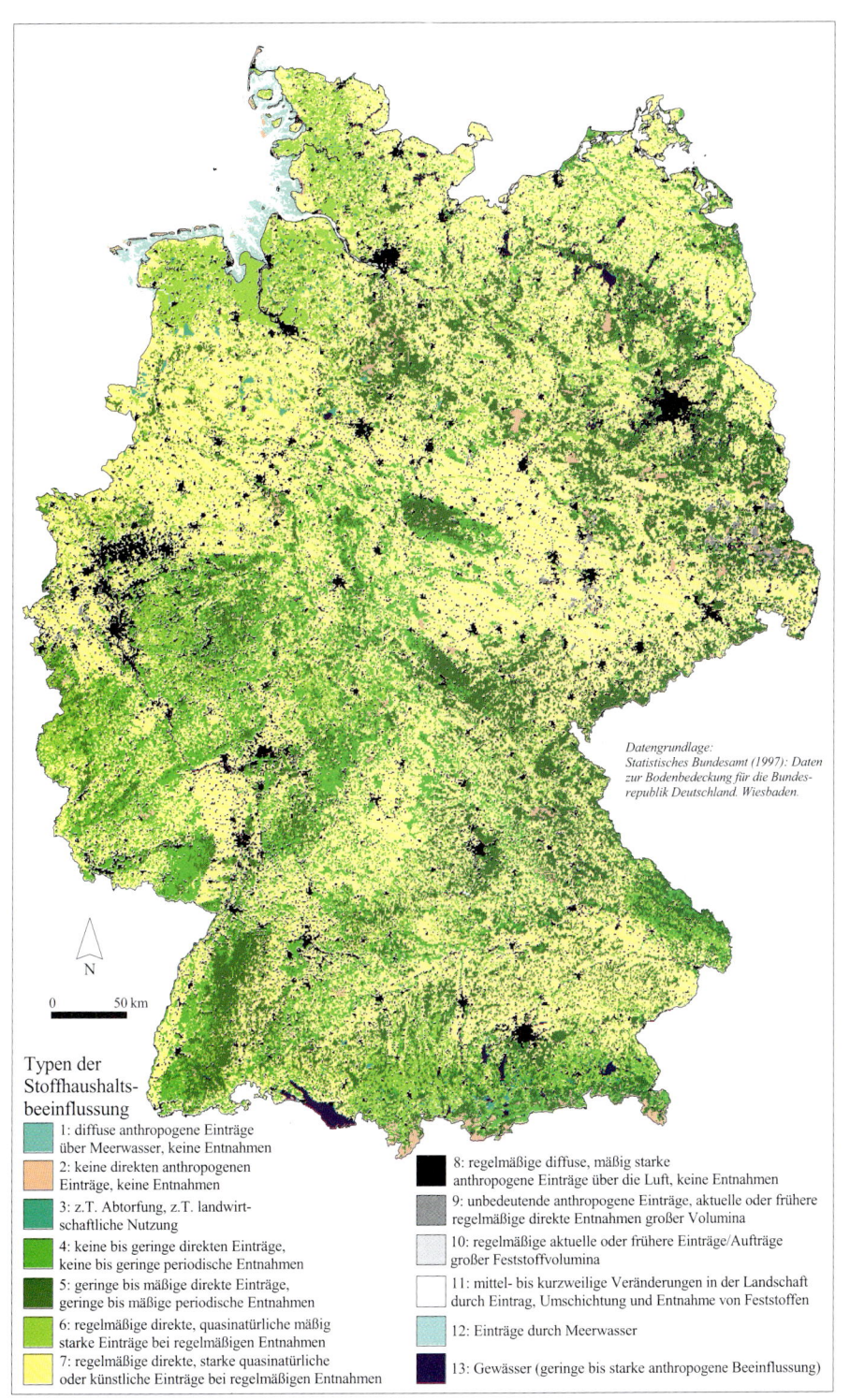

Karte 15: Typen der Stoffhaushaltsbeeinflussung

Prozessgefüge-Grundtypen

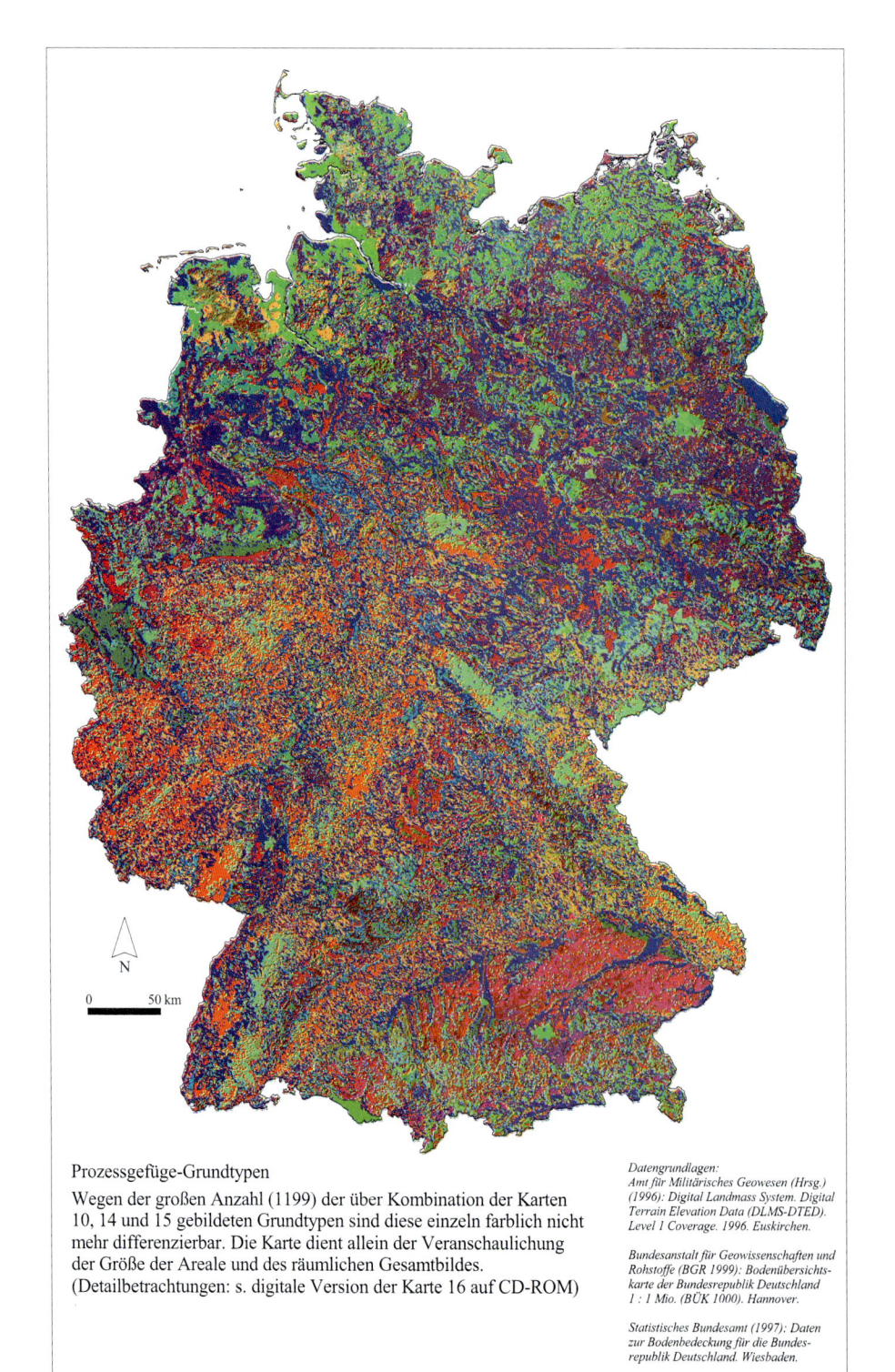

Wegen der großen Anzahl (1199) der über Kombination der Karten 10, 14 und 15 gebildeten Grundtypen sind diese einzeln farblich nicht mehr differenzierbar. Die Karte dient allein der Veranschaulichung der Größe der Areale und des räumlichen Gesamtbildes. (Detailbetrachtungen: s. digitale Version der Karte 16 auf CD-ROM)

Datengrundlagen:
Amt für Militärisches Geowesen (Hrsg.) (1996): Digital Landmass System. Digital Terrain Elevation Data (DLMS-DTED). Level 1 Coverage. 1996. Euskirchen.

Bundesanstalt für Geowissenschaften und Rohstoffe (BGR 1999): Bodenübersichtskarte der Bundesrepublik Deutschland 1 : 1 Mio. (BÜK 1000). Hannover.

Statistisches Bundesamt (1997): Daten zur Bodenbedeckung für die Bundesrepublik Deutschland. Wiesbaden.

Karte 16: Prozessgefüge-Grundtypen

Analyse-Grundtypen

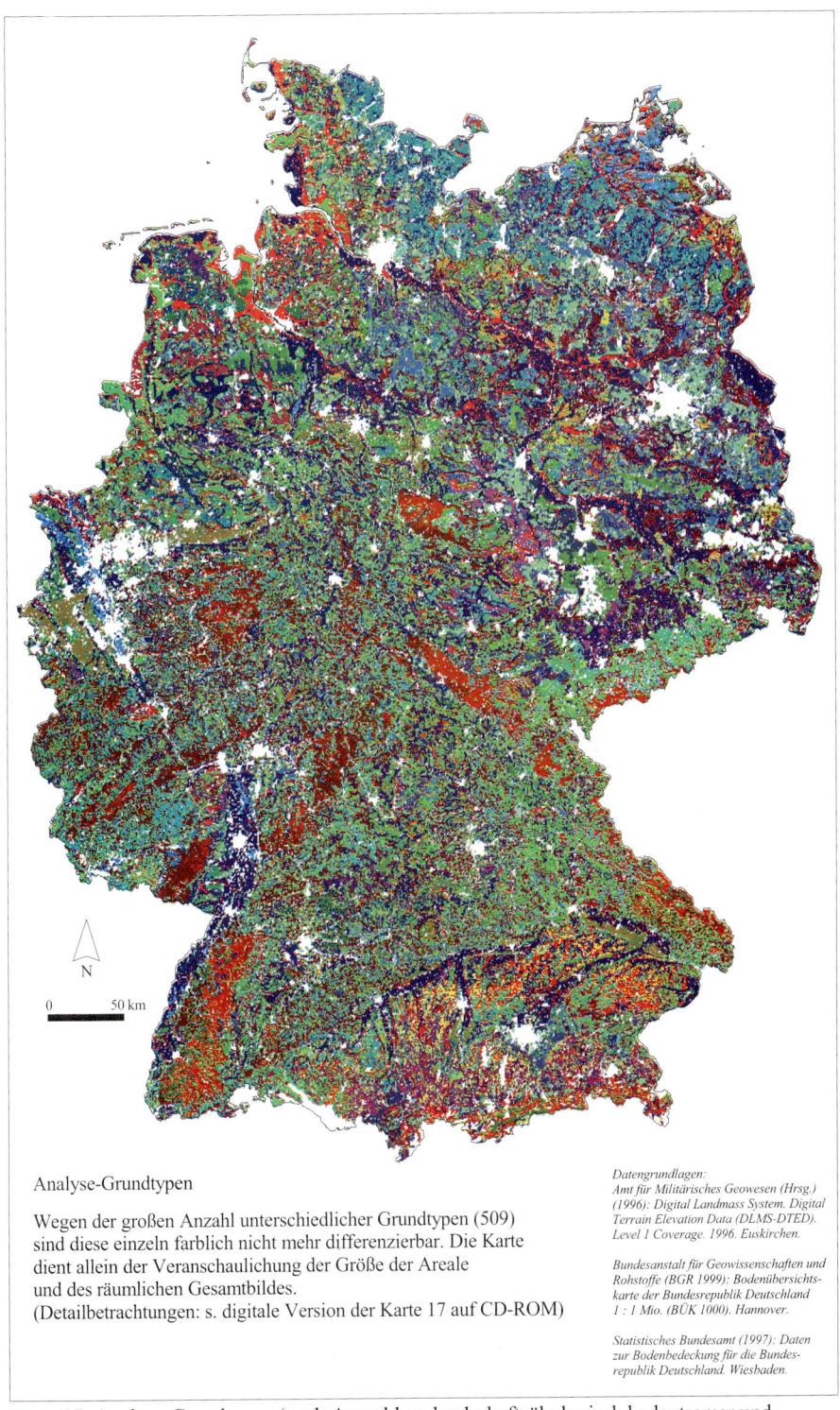

Wegen der großen Anzahl unterschiedlicher Grundtypen (509) sind diese einzeln farblich nicht mehr differenzierbar. Die Karte dient allein der Veranschaulichung der Größe der Areale und des räumlichen Gesamtbildes.
(Detailbetrachtungen: s. digitale Version der Karte 17 auf CD-ROM)

Datengrundlagen:
Amt für Militärisches Geowesen (Hrsg.) (1996): Digital Landmass System. Digital Terrain Elevation Data (DLMS-DTED). Level 1 Coverage. 1996. Euskirchen.

Bundesanstalt für Geowissenschaften und Rohstoffe (BGR 1999): Bodenübersichtskarte der Bundesrepublik Deutschland 1 : 1 Mio. (BÜK 1000). Hannover.

Statistisches Bundesamt (1997): Daten zur Bodenbedeckung für die Bundesrepublik Deutschland. Wiesbaden.

Karte 17: Analyse-Grundtypen (nach Ausschluss landschaftsökologisch bedeutsamer und ubiquitärer Grundtypen)

Prozessgefüge-Haupttypen

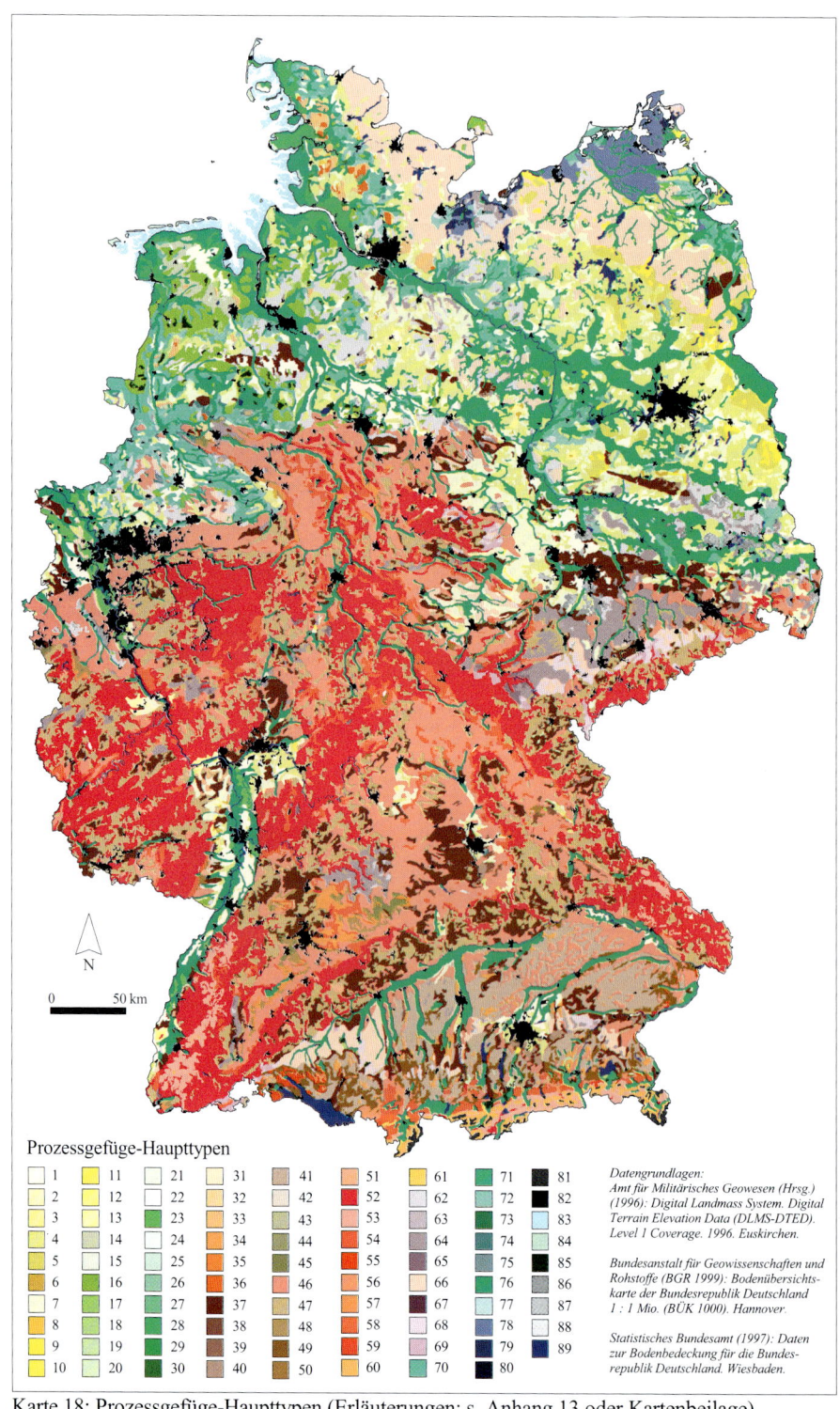

Karte 18: Prozessgefüge-Haupttypen (Erläuterungen: s. Anhang 13 oder Kartenbeilage)

Datengrundlagen:
Amt für Militärisches Geowesen (Hrsg.) (1996): Digital Landmass System. Digital Terrain Elevation Data (DLMS-DTED). Level 1 Coverage. 1996. Euskirchen.

Bundesanstalt für Geowissenschaften und Rohstoffe (BGR 1999): Bodenübersichtskarte der Bundesrepublik Deutschland 1 : 1 Mio. (BÜK 1000). Hannover.

Statistisches Bundesamt (1997): Daten zur Bodenbedeckung für die Bundesrepublik Deutschland. Wiesbaden.

Gruppen von Prozessgefüge-Haupttypen

- 1: pro Prozessgefüge-Haupttyp: 1 Ausprägung Kopplungstyp, 1 Ausprägung Reliefabhängiger Hydromorphieflächentyp, mehrere Ausprägungen Typen der Stoffhaushaltsbeeinflussung
- 2: pro Prozessgefüge-Haupttyp: 1 Ausprägung Reliefabhängiger Hydromorphieflächentyp, mehrere Ausprägungen Kopplungstypen, mehrere Ausprägungen Typen der Stoffhaushaltsbeeinflussung
- 3: pro Prozessgefüge-Haupttyp: 1 Ausprägung Reliefabhängiger Hydromorphieflächentyp, 1 Ausprägung Typ der Stoffhaushaltsbeeinflussung, mehrere Ausprägungen Kopplungstypen
- 4: pro Prozessgefüge-Haupttyp: mehrere Ausprägungen Kopplungstypen, mehrere Ausprägungen Reliefabhängige Hydromorphieflächentypen, mehrere Ausprägungen Typen der Stoffhaushaltsbeeinflussung
- 5: Prozessgefüge-Haupttyp-Singularitäten und -Ubiquitäten

Datengrundlagen:
Amt für Militärisches Geowesen (Hrsg.) (1996): Digital Landmass System. Digital Terrain Elevation Data (DLMS-DTED). Level 1 Coverage. 1996. Euskirchen.

Bundesanstalt für Geowissenschaften und Rohstoffe (BGR 1999): Bodenübersichtskarte der Bundesrepublik Deutschland 1 : 1 Mio. (BÜK 1000). Hannover.

Statistisches Bundesamt (1997): Daten zur Bodenbedeckung für die Bundesrepublik Deutschland. Wiesbaden.

Karte 19: Gruppen von Prozessgefüge-Haupttypen

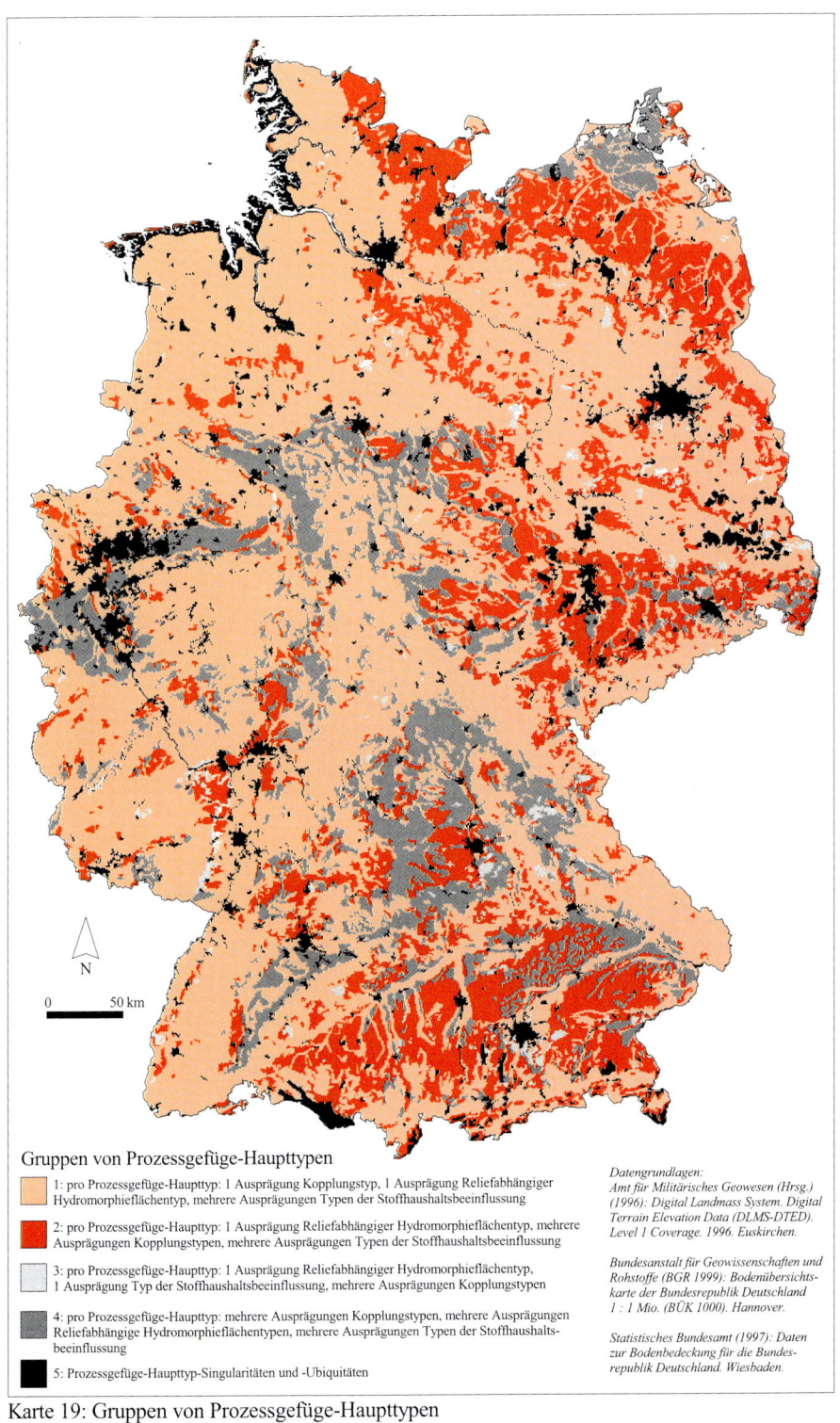

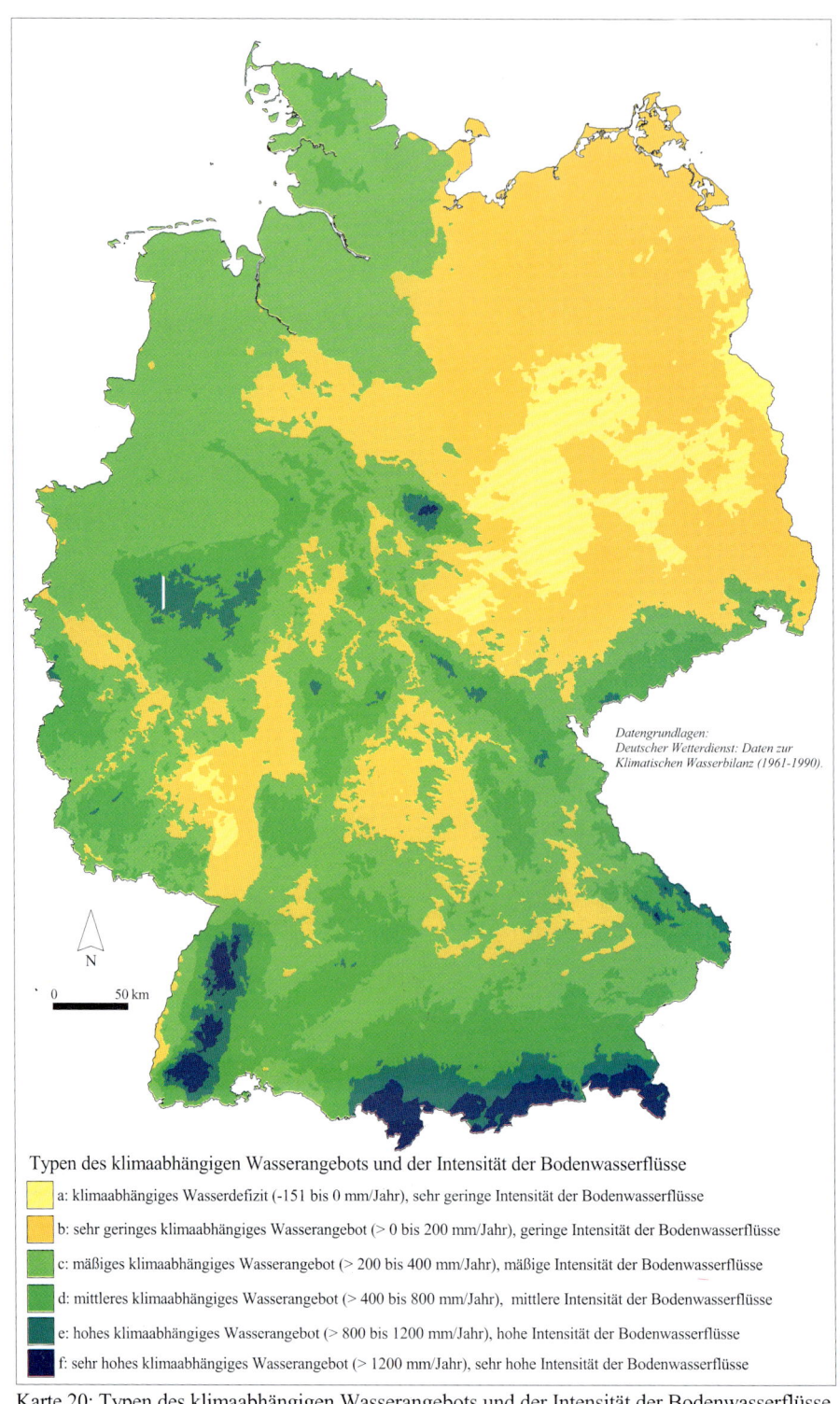

Typen des klimaabhängigen Wasserangebots und der Intensität der Bodenwasserflüsse

- a: klimaabhängiges Wasserdefizit (-151 bis 0 mm/Jahr), sehr geringe Intensität der Bodenwasserflüsse
- b: sehr geringes klimaabhängiges Wasserangebot (> 0 bis 200 mm/Jahr), geringe Intensität der Bodenwasserflüsse
- c: mäßiges klimaabhängiges Wasserangebot (> 200 bis 400 mm/Jahr), mäßige Intensität der Bodenwasserflüsse
- d: mittleres klimaabhängiges Wasserangebot (> 400 bis 800 mm/Jahr), mittlere Intensität der Bodenwasserflüsse
- e: hohes klimaabhängiges Wasserangebot (> 800 bis 1200 mm/Jahr), hohe Intensität der Bodenwasserflüsse
- f: sehr hohes klimaabhängiges Wasserangebot (> 1200 mm/Jahr), sehr hohe Intensität der Bodenwasserflüsse

Karte 20: Typen des klimaabhängigen Wasserangebots und der Intensität der Bodenwasserflüsse

Prozessgefüge-Typen

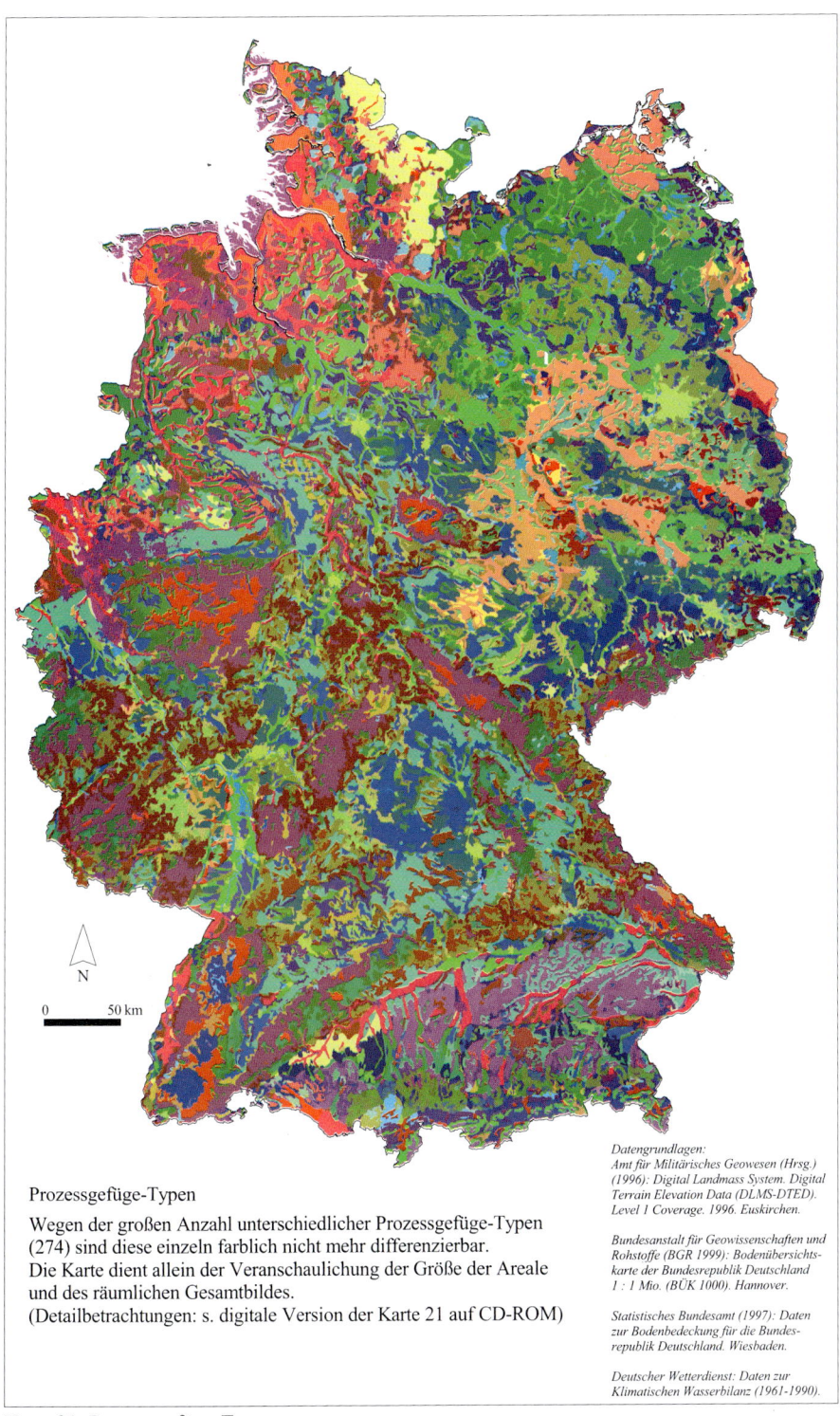

Wegen der großen Anzahl unterschiedlicher Prozessgefüge-Typen (274) sind diese einzeln farblich nicht mehr differenzierbar. Die Karte dient allein der Veranschaulichung der Größe der Areale und des räumlichen Gesamtbildes.
(Detailbetrachtungen: s. digitale Version der Karte 21 auf CD-ROM)

Datengrundlagen:
Amt für Militärisches Geowesen (Hrsg.) (1996): Digital Landmass System. Digital Terrain Elevation Data (DLMS-DTED). Level 1 Coverage. 1996. Euskirchen.

Bundesanstalt für Geowissenschaften und Rohstoffe (BGR 1999): Bodenübersichtskarte der Bundesrepublik Deutschland 1 : 1 Mio. (BÜK 1000). Hannover.

Statistisches Bundesamt (1997): Daten zur Bodenbedeckung für die Bundesrepublik Deutschland. Wiesbaden.

Deutscher Wetterdienst: Daten zur Klimatischen Wasserbilanz (1961-1990).

Karte 21: Prozessgefüge-Typen

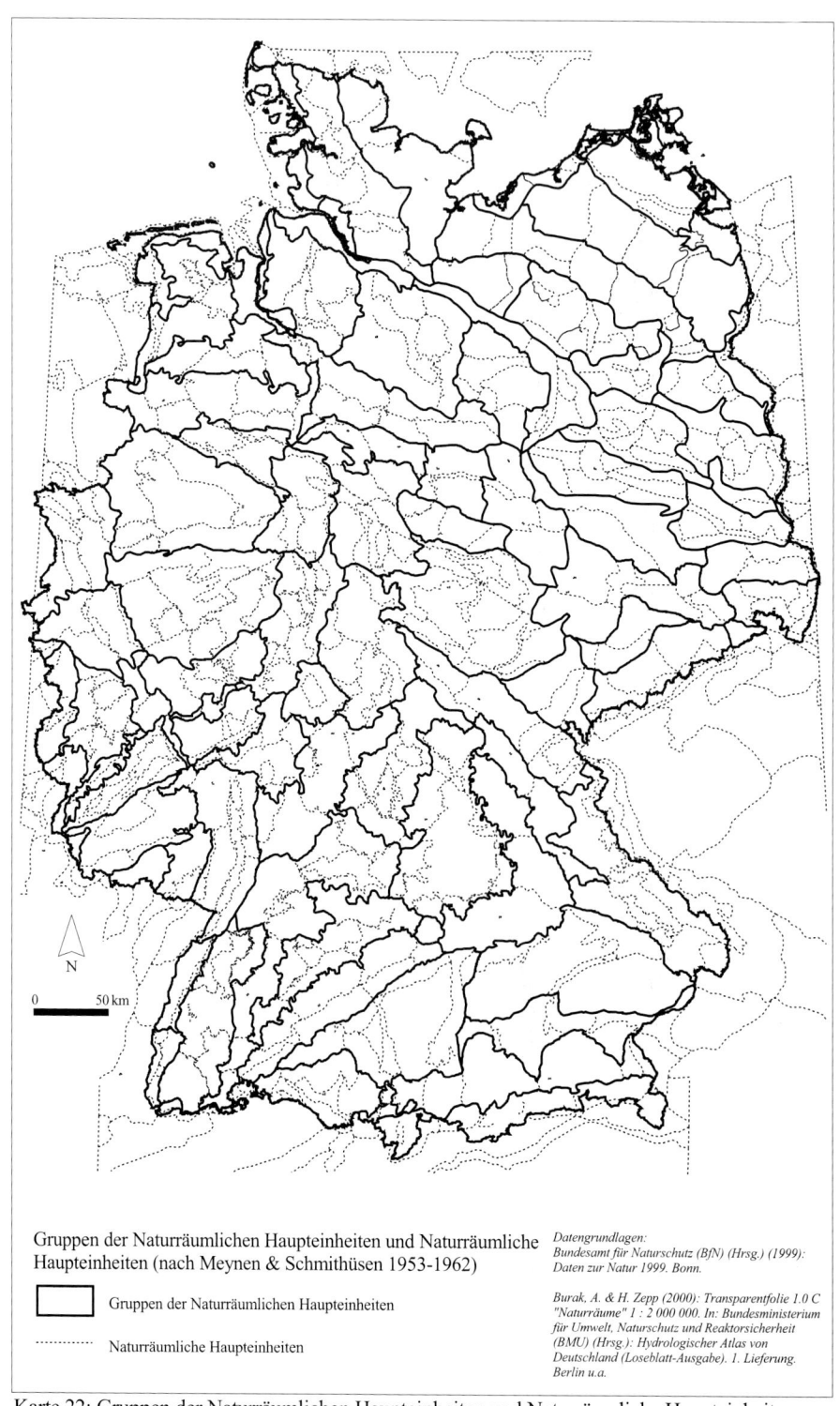

Gruppen der Naturräumlichen Haupteinheiten und Naturräumliche Haupteinheiten (nach Meynen & Schmithüsen 1953-1962)

- ▭ Gruppen der Naturräumlichen Haupteinheiten
- ┈┈ Naturräumliche Haupteinheiten

Datengrundlagen:
Bundesamt für Naturschutz (BfN) (Hrsg.) (1999): Daten zur Natur 1999. Bonn.

Burak, A. & H. Zepp (2000): Transparentfolie 1.0 C "Naturräume" 1 : 2 000 000. In: Bundesministerium für Umwelt, Naturschutz und Reaktorsicherheit (BMU) (Hrsg.): Hydrologischer Atlas von Deutschland (Loseblatt-Ausgabe). 1. Lieferung. Berlin u.a.

Karte 22: Gruppen der Naturräumlichen Haupteinheiten und Naturräumliche Haupteinheiten

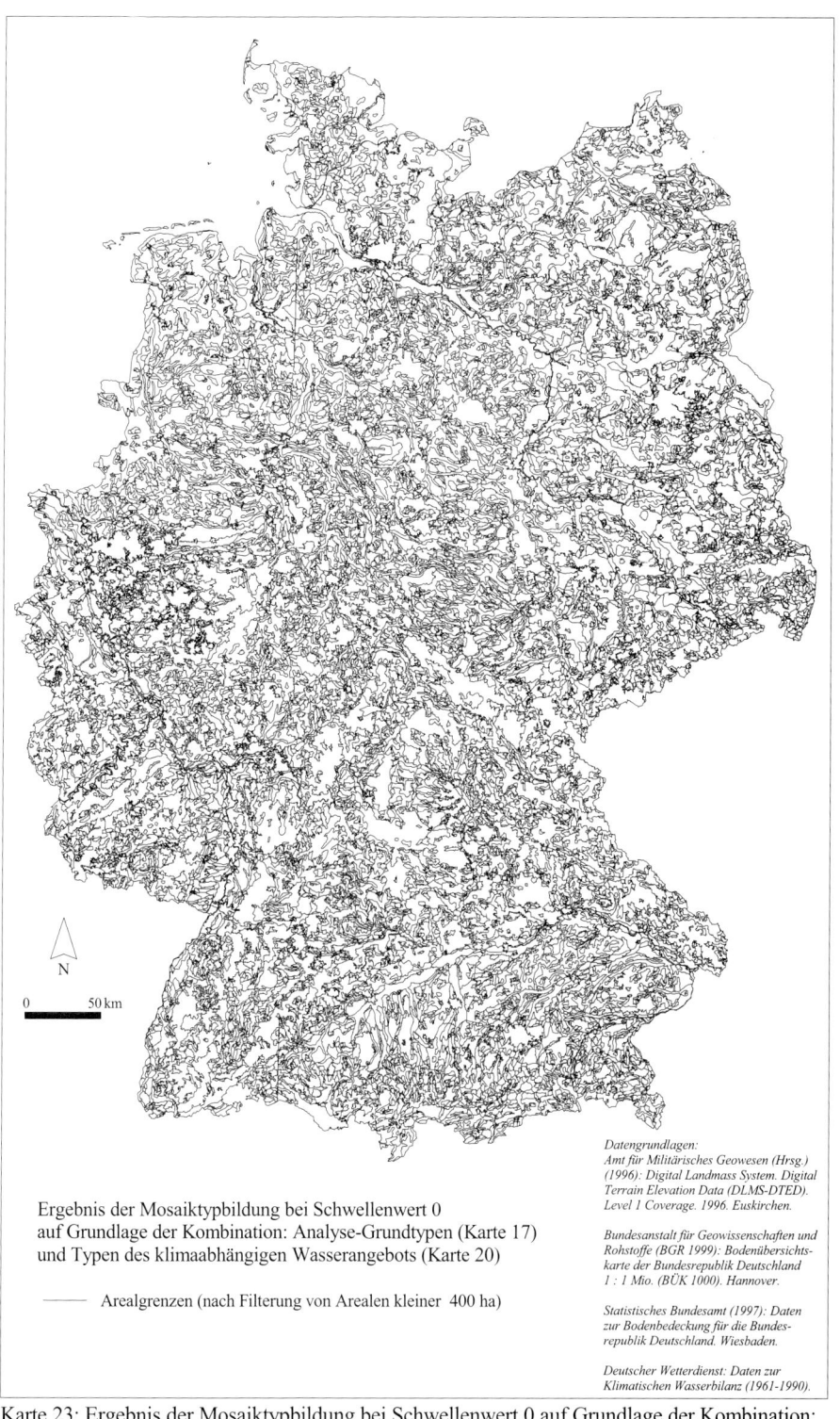

Ergebnis der Mosaiktypbildung bei Schwellenwert 0
auf Grundlage der Kombination: Analyse-Grundtypen (Karte 17)
und Typen des klimaabhängigen Wasserangebots (Karte 20)

——— Arealgrenzen (nach Filterung von Arealen kleiner 400 ha)

Datengrundlagen:
Amt für Militärisches Geowesen (Hrsg.)
(1996): Digital Landmass System. Digital
Terrain Elevation Data (DLMS-DTED).
Level 1 Coverage. 1996. Euskirchen.

Bundesanstalt für Geowissenschaften und
Rohstoffe (BGR 1999): Bodenübersichts-
karte der Bundesrepublik Deutschland
1 : 1 Mio. (BÜK 1000). Hannover.

Statistisches Bundesamt (1997): Daten
zur Bodenbedeckung für die Bundes-
republik Deutschland. Wiesbaden.

Deutscher Wetterdienst: Daten zur
Klimatischen Wasserbilanz (1961-1990).

Karte 23: Ergebnis der Mosaiktypbildung bei Schwellenwert 0 auf Grundlage der Kombination:
Analyse-Grundtypen (Karte 17) und Typen des klimaabhängigen Wasserangebots (Karte 20)